环境影响评价系列丛书

建设项目竣工环境保护验收调查（生态类）

（第三版）

环境保护部环境工程评估中心　编

U0266076

中国环境出版社·北京

图书在版编目（CIP）数据

建设项目竣工环境保护验收调查. 生态类 / 环境保护部
环境工程评估中心编. —3 版. —北京：中国环境出版社，
2014.1（2014.2 重印）
（环境影响评价系列丛书）
ISBN 978-7-5111-1647-5

Ⅰ. ①建…　Ⅱ. ①环…　Ⅲ. ①建筑工程—环境保护—
工程验收—技术培训—教材　Ⅳ. ①TU712②X799.1

中国版本图书馆 CIP 数据核字（2013）第 274881 号

出 版 人　王新程
责任编辑　黄晓燕　李兰兰
责任校对　唐丽虹
封面设计　宋　瑞

出版发行　**中国环境出版社**
　　　　　（100062　北京市东城区广渠门内大街 16 号）
　　　　　网　　址：http://www.cesp.com.cn
　　　　　电子邮箱：bjgl@cesp.com.cn
　　　　　联系电话：010-67112765（编辑管理部）
　　　　　　　　　　010-67112735（环评与监察图书出版中心）
　　　　　发行热线：010-67125803，010-67113405（传真）
印　　刷　北京市联华印刷厂
经　　销　各地新华书店
版　　次　2009 年 7 月第 1 版　2014 年 1 月第 3 版
印　　次　2014 年 2 月第 2 次印刷
开　　本　787×960　1/16
印　　张　20
字　　数　406 千字
定　　价　80.00 元

本书编写委员会

序

今年是《中华人民共和国环境影响评价法》（以下简称《环评法》）颁布十周年，《环评法》的颁布，是环保人和社会各界共同努力的结果，体现了党和国家对环境保护工作的高度重视，也凝聚了环保人在《环评法》立法准备、配套法规、导则体系研究、调研和技术支持上倾注的心血。

我国是最早实施环境影响评价制度的发展中国家之一。自从1979年的《中华人民共和国环境保护法（试行）》，首次将建设项目环评制度作为法律确定下来后的二十多年间，环境影响评价在防治建设项目污染和推进产业的合理布局，加快污染治理设施的建设等方面，发挥了积极作用，成为在控制环境污染和生态破坏方面最为有效的措施。2002年10月颁布《环评法》，进一步强化环境影响评价制度在法律体系中的地位，确立了我国的规划环境影响评价制度。

《环评法》颁布的十年，是践行加强环境保护，建设生态文明的十年。十年间，环境影响评价主动参与综合决策，积极加强宏观调控，优化产业结构，大力促进节能减排，着力维护群众环境权益，充分发挥了从源头防治环境污染和生态破坏的作用，为探索环境保护新道路作出了重要贡献。

加强环境综合管理，是党中央、国务院赋予环保部门的重要职责。规划环评和战略环评是环保参与综合决策的重要契合点，开展规划环评、探索战略环评，是环境综合管理的重要体现。我们应当抓住当前宏观调控的重要机遇，主动参与，大力推进规划环评、战略环评，在为国家拉动内需的投资举措把好关、服好务的同时促进决策环评、规划环评方面实现大的跨越。

今年是七次大会精神的宣传贯彻年，国家环境保护"十二五"规划转型的关键之年，环境保护作为建设生态文明的主阵地，需要根据新形势，新任务，及时出台新措施。当前环评工作任务异常繁重，因此要求我们必须坚持创新理念，从过于单纯注重环境问题向综合关注环境、健康、安全和社会影响转变；必须坚持创新机制，充分发挥"控制闸""调节器"和"杀手锏"的效能；必须坚持创新方法，推进环评管理方式改革，提高审批效率；必须坚持创新手段，逐步提高参与宏观调控的预见性、主动性和有效性，着力强化项目环评，切实加强规划环评，积极探索战略环评，超前谋划工作思路，自觉遵循经济规律和自然规律，增强环境保护参与宏观调控的预见性、主动性和有效性。建立环评、评估、审批责任制，加大责任追究和环境执法处罚力度，做到出了问题有据可查，谁的问题谁负责；提高技术筛选和评估的质量，要加快实现联网审批系统建设，加强国家和地方评估管理部门的互相监督。

要实现以上目标，不仅需要在宏观层面进行制度建设，完善环评机制，更要强化行业管理，推进技术队伍和技术体系建设。因此需要加强新形势下环评中介、技术评估、行政审批三支队伍的能力建设，提高评价服务机构、技术人员和审批人员的专业技术水平，进一步规范环境影响评价行业的从业秩序和从业行为。

本套《环境影响评价系列丛书》总结了我国三十多年以来各行业从事开发建设环境影响评价和管理工作经验，归纳了各行业环评特点及重点。内容涉及不同行业规划环评、建设项目环境影响评价的有关法律法规、环保政策及产业政策，环评技术方法等，具有较强的实践性、典型性、针对性。对提高环评从业人员工作能力和技术水平具有一定的帮助作用；对加强新形势下环境影响评价服务机构、技术人员和审批人员的管理，进一步规范环境影响评价行业的从业秩序和从业行为方面具有重要意义。

前　言

环境影响评价制度在我国实施以来，为推动我国的可持续发展发挥了积极作用，也积累了丰富的实践经验。为了进一步提高对环境影响评价技术人员管理的有效性，我国从 2004 年 4 月起开始实施环境影响评价工程师职业资格制度，并纳入全国专业技术人员职业资格证书制度统一管理。这项制度的建立是我国环境影响评价队伍管理走上规范化的新措施，对于贯彻实施《中华人民共和国环境影响评价法》，加强新形势下对环境影响评价技术服务机构和技术人员的管理，进一步规范环境影响评价行业的从业秩序和从业行为具有重要意义。

为了提高环境影响评价队伍的技术水平和从业能力，正确掌握行业环保政策、产业政策及各行业建设项目的环评技术，环境保护部环境工程评估中心组织编写了这套"环境影响评价系列丛书"，《建设项目竣工环境保护验收调查（生态类）》是该套书中的一册。《建设项目竣工环境保护验收调查（生态类）》（第一版）于 2009 年 7 月出版，出版以来一直作为环境影响评价工程师培训教材，也是从事生态类建设项目竣工环境保护验收科技与管理人员的工作参考书籍，深受广大读者欢迎。在发行使用过程中，我们收到了广大读者的意见和建议，也曾不断对教材内容进行修改，增补新发布实施的相关法律法规及标准，但仍不够全面。为了提高教材的质量和实用性，我们对第一版进行了修订。2012 年 10 月出版的第二版为该书纪念册。

此次《建设项目竣工环境保护验收调查（生态类）》（第三版）修订补充和更新了该书涉及的法律法规、政策和标准，增加了铁路和轨道交通类案例，更新了公路、港口航道类、水利水电类、煤炭开采类和输变电工程类案例。并根据生态类建设项目竣工环境保护验收的特点，对验收调查工作的方法与要求、验收调查文件编制及验收调查的主要内容等章节进行了修订，以满足广大读者需求。本版主要修订人员：第一章：李元实、刘振起；第二章：陈忱、刘伟生；第三章：张宇、蔡梅；第四章：第一节：陈忱，第二节：黄勇，第三节：卓俊玲、黄勇，第四节：张镀光，第五节：康拉娣、张镀光，第六节：陈凤先、张镀光，第七节和第八节：李子潆、黄勇；第五章：陈忱、孔令辉；第六章：第一节：赵岩、王应琳、张宇，第二节：刘长兵，第三节：李翔，第四节：黄勇，第五节：麦方代，第六节：聂峰、李子潆。统稿工作主要由刘振起、张宇、陈忱、王应琳、聂峰、陈凤先完成。2009 年版编写和统稿人员同为本书作者。

该册书的修订得到了环境保护部环境影响评价司的指导及郝春曦、薛联芳和于景奇等专家的帮助，在此一并表示感谢。

书中不当之处，敬请读者批评指正。

编　者

2013 年 11 月

目　录

第一章　建设项目竣工环境保护验收
相关法律法规与制度

第一节　建设项目竣工环境保护验收相关法律法规

建设项目竣工环境保护验收是环境保护主管部门依法履行环境保护监督管理职能的重要内容，是对建设单位在项目建设过程中，遵守国家环境保护法律、法规和环境影响评价文件及其行政审批意见落实情况的检查，同时也是对建设项目投入生产或运行后，对环境产生实际影响的调查。作为一项重要的环境保护管理制度和法定行政许可，建设项目竣工环境保护验收在控制新增污染源和污染物排放量、降低开发建设活动对生态环境的影响、防范环境风险、督促建设单位依法建设和控制污染物排放等方面发挥着关键作用，在整个环境管理体系中扮演着重要角色。

有关建设项目竣工环境保护验收的法律法规条款摘录如下：

（1）《中华人民共和国环境保护法》第二十六条："建设项目中防治污染的设施，必须与主体工程同时设计、同时施工、同时投产使用。防治污染的设施必须经原审批环境影响报告书的环境保护行政主管部门验收合格后，该建设项目方可投入生产或者使用。"

（2）《中华人民共和国水污染防治法》第十七条："水污染防治设施应当经过环境保护主管部门验收，验收不合格的，该建设项目不得投入生产或者使用。"

（3）《中华人民共和国大气污染防治法》第十一条："建设项目投入生产或者使用之前，其大气污染防治设施必须经过环境保护行政主管部门验收，达不到国家有关建设项目环境保护管理规定要求的建设项目，不得投入生产或者使用。"

（4）《中华人民共和国固体废物污染环境防治法》第十四条："固体废物污染环境防治设施必须经原审批环境影响评价文件的环境保护行政主管部门验收合格后，该建设项目方可投入生产或者使用。"

（5）《中华人民共和国噪声污染防治法》第十四条："建设项目在投入生产或者使用之前，其环境噪声污染防治设施必须经原审批环境影响报告书的环境保护行政主管部门验收，达不到国家规定要求的，该建设项目不得投入生产或者使用。"

（6）《中华人民共和国海洋环境保护法》第四十四条："环境保护设施未经环境保护行政主管部门检查批准，建设项目不得试运行；环境保护设施未经环境保护行政主管部门验收，或者经验收不合格的，建设项目不得投入生产或者使用。"

（7）《中华人民共和国放射性污染防治法》第二十一条："放射性污染防治设施应当与主体工程同时验收；验收合格的，主体工程方可投入生产或者使用。"

（8）《中华人民共和国环境影响评价法》第二十六条："建设项目建设过程中，建设单位应当同时实施环境影响报告书、环境影响报告表以及环境影响评价文件审批部门审批意见中提出的环境保护对策措施。"

（9）《建设项目环境保护管理条例》规定：

第十六条　建设项目需要配套建设的环境保护设施，必须与主体工程同时设计、同时施工、同时投产使用。

第十七条　建设项目的初步设计，应当按照环境保护设计规范的要求，编制环境保护篇章，并依据经批准的建设项目环境影响报告书或者环境影响报告表，在环境保护篇章中落实防治环境污染和生态破坏的措施以及环境保护设施投资概算。

第十八条　建设项目的主体工程完工后，需要进行试生产的，其配套建设的环境保护设施必须与主体工程同时投入试运行。

第十九条　建设项目试生产期间，建设单位应当对环境保护设施运行情况和建设项目对环境的影响进行监测。

第二十条　建设项目竣工后，建设单位应当向审批该建设项目环境影响报告书、环境影响报告表或者环境影响登记表的环境保护行政主管部门，申请该建设项目需要配套建设的环境保护设施竣工验收。

环境保护设施竣工验收，应当与主体工程竣工验收同时进行。需要进行试生产的建设项目，建设单位应当自建设项目投入试生产之日起3个月内，向审批该建设项目环境影响报告书、环境影响报告表或者环境影响登记表的环境保护行政主管部门，申请该建设项目需要配套建设的环境保护设施竣工验收。

第二十一条　分期建设、分期投入生产或者使用的建设项目，其相应的环境保护设施应当分期验收。

第二十二条　环境保护行政主管部门应当自收到环境保护设施竣工验收申请之日起30日内，完成验收。

第二十三条　建设项目需要配套建设的环境保护设施经验收合格，该建设项目方可正式投入生产或者使用。

上述法律规定均要求建设项目中防治污染的设施必须与主体工程同时设计、同时施工、同时投产使用，因此我们把这项制度简称"三同时"管理制度。该制度的实施是环境保护主管部门开展建设项目竣工环境保护验收的基础。

国家正在努力加强环境保护执法监督工作。2006年，在广州召开的全国环境影响评价工作会议上，国家环境保护总局向社会做出包括"强化验收"在内的"七项庄严承诺"，随后成立了环境保护验收管理机构，为推进环境保护验收工作创造了有利条件。2008 年环境保护部成立以后，在机构改革中对"三同时"和验收管理职责进行了划分调整。各环境保护督查中心参与建设项目竣工环境保护验收，受托承担国家审批的建设项目"三同时"现场监督检查工作，并提出关于验收的书面意见，报环境保护部审核。2009 年年底，颁布实施了《环境保护部建设项目"三同时"监督检查和竣工环境保护验收管理规程（试行）》（以下简称《规程》）。《规程》中明确了建设项目"三同时"监督检查工作机制，强化了对项目建设期和试运行期进行现场检查的要求，根据项目环境敏感程度实施分类管理，进一步完善了验收管理程序，实现了对建设项目的主动监管和全过程监管，在一定程度上弥补了现有法律、法规和部门规章的缺陷。2011 年，《国务院关于加强环境保护重点工作的意见》中，更加明确地提出了"全面提高环境保护监督管理水平"的具体要求，其中，突出强调要"严格执行环境影响评价制度""对环境影响评价文件未经批准即擅自开工建设、建设过程中擅自作出重大变更、未经环境保护验收即擅自投产等违法行为，要依法追究管理部门、相关企业和人员的责任"。我国主要执法行动及其成效见表 1-1。

近年来，各级环境保护部门多次采取环评"区域限批"和"行业限批"等措施，创新管理手段，有效地遏制了环境违法行为，成为国家推进节能减排、淘汰落后产能的重要抓手。

表 1-1　我国近年主要执法行动一览

时　间	行　动	成　效
2005 年	查处 30 家违法企业	总投资额达 1 179.4 亿元的项目被叫停，有效地提高了全社会的环境守法意识
2006 年	环境风险排查	排查了全国 7 555 个化工石化建设项目环境风险，全面提高了化工石化行业企业的环境风险防范水平
2007 年	实行"区域限批"措施	推动解决了一大批环评违法和人民群众反映强烈的突出环境问题，促进了区域的产业结构调整和环境质量改善
2008 年	配合全国人大开展环评法实施情况检查	促进环评法更加有效地实施，推动事业单位环评体制改革
2009—2011 年	环评审批工作专项执法检查与工程建设领域突出问题专项治理	系统梳理了地方环境保护部门环评审批工作的做法与经验、面临的现实矛盾与问题，提出了加强环评审批管理的对策建议
2012 年	开展全国环评机构大检查	促进环评队伍工作质量和业务水平提高

第二节　建设项目竣工环境保护验收管理制度

一、建设项目竣工环境保护验收管理的具体规定

《建设项目竣工环境保护验收管理办法》（原国家环境保护总局令第 13 号，以下简称《办法》），是原国家环境保护总局依据《建设项目环境保护管理条例》针对建设项目竣工环境保护验收而制定的部门规章，《办法》对环境保护验收的分类管理、验收范围、管理权限、申报程序、时限要求、验收文件、验收条件、公告制度和处罚办法等均作出了具体规定。如：

第四条　建设项目竣工环境保护验收范围包括：

（1）与建设项目有关的各项环境保护设施，包括为防治污染和保护环境所建成或配备的工程、设备、装置和监测手段，各项生态保护设施；

（2）环境影响报告书（表）或者环境影响登记表和有关项目设计文件规定应采取的其他各项环境保护措施。

第五条　国务院环境保护行政主管部门负责制定建设项目竣工环境保护验收管理规范，指导并监督地方人民政府环境保护行政主管部门的建设项目竣工环境保护验收工作，并负责对其审批的环境影响报告书（表）或者环境影响登记表的建设项目竣工环境保护验收工作。

县级以上地方人民政府环境保护行政主管部门按照环境影响报告书（表）或环境影响登记表的审批权限负责建设项目竣工环境保护验收。

第七条　建设项目试生产前，建设单位应向有审批权的环境保护行政主管部门提出试生产申请。

对国务院环境保护行政主管部门审批环境影响报告书（表）或环境影响登记表的非核设施建设项目，由建设项目所在地省、自治区、直辖市人民政府环境保护行政主管部门负责受理其试生产申请，并将其审查决定报送国务院环境保护行政主管部门备案。

核设施建设项目试运行前，建设单位应向国务院环境保护行政主管部门报批首次装料阶段的环境影响报告书，经批准后，方可进行试运行。

第八条　环境保护行政主管部门应自接到试生产申请之日起 30 日内，组织或委托下一级环境保护行政主管部门对申请试生产的建设项目环境保护设施及其他环境保护措施的落实情况进行现场检查，并做出审查决定。

对环境保护设施已建成及其他环境保护措施已按规定要求落实的，同意试生产申请；对环境保护设施或其他环境保护措施未按规定建成或落实的，不予同意，并说明

理由。逾期未做出决定的，视为同意。

试生产申请经环境保护行政主管部门同意后，建设单位方可进行试生产。

第九条 建设项目竣工后，建设单位应当向有审批权的环境保护行政主管部门，申请该建设项目竣工环境保护验收。

第十条 进行试生产的建设项目，建设单位应当自试生产之日起3个月内，向有审批权的环境保护行政主管部门申请该建设项目竣工环境保护验收。

对试生产3个月确不具备环境保护验收条件的建设项目，建设单位应当在试生产的3个月内，向有审批权的环境保护行政主管部门提出该建设项目环境保护延期验收申请，说明延期验收的理由及拟进行验收的时间。经批准后建设单位方可继续进行试生产。试生产的期限最长不超过一年。核设施建设项目试生产的期限最长不超过二年。

第十一条 根据国家建设项目环境保护分类管理的规定，对建设项目竣工环境保护验收实施分类管理。

建设单位申请建设项目竣工环境保护验收，应当向有审批权的环境保护行政主管部门提交以下验收材料：

（1）对编制环境影响报告书的建设项目，为建设项目竣工环境保护验收申请报告，并附环境保护验收监测报告或调查报告；

（2）对编制环境影响报告表的建设项目，为建设项目竣工环境保护验收申请表，并附环境保护验收监测表或调查表；

（3）对填报环境影响登记表的建设项目，为建设项目竣工环境保护验收登记卡。

第十五条 环境保护行政主管部门在进行建设项目竣工环境保护验收时，应组织建设项目所在地的环境保护行政主管部门和行业主管部门等成立验收组（或验收委员会）。

验收组（或验收委员会）应对建设项目的环境保护设施及其他环境保护措施进行现场检查和审议，提出验收意见。

建设项目的建设单位、设计单位、施工单位、环境影响报告书（表）编制单位、环境保护验收监测（调查）报告（表）的编制单位应当参与验收。

第十六条 建设项目竣工环境保护验收条件是：

（1）建设前期环境保护审查、审批手续完备，技术资料与环境保护档案资料齐全；

（2）环境保护设施及其他措施等已按批准的环境影响报告书（表）或者环境影响登记表和设计文件的要求建成或者落实，环境保护设施经负荷试车检测合格，其防治污染能力适应主体工程的需要；

（3）环境保护设施安装质量符合国家和有关部门颁发的专业工程验收规范、规程和检验评定标准；

（4）具备环境保护设施正常运转的条件，包括：经培训合格的操作人员、健全的岗位操作规程及相应的规章制度，原料、动力供应落实，符合交付使用的其他要求；

（5）污染物排放符合环境影响报告书（表）或者环境影响登记表和设计文件中提出的标准及核定的污染物排放总量控制指标的要求；

（6）各项生态保护措施按环境影响报告书（表）规定的要求落实，建设项目建设过程中受到破坏并可恢复的环境已按规定采取了恢复措施；

（7）环境监测项目、点位、机构设置及人员配备，符合环境影响报告书（表）和有关规定的要求；

（8）环境影响报告书（表）提出需对环境保护敏感点进行环境影响验证，对清洁生产进行指标考核，对施工期环境保护措施落实情况进行工程环境监理的，已按规定要求完成；

（9）环境影响报告书（表）要求建设单位采取措施削减其他设施污染物排放，或要求建设项目所在地地方政府或者有关部门采取"区域削减"措施满足污染物排放总量控制要求的，其相应措施得到落实。

第十九条　国家对建设项目竣工环境保护验收实行公告制度。环境保护行政主管部门应当定期向社会公告建设项目竣工环境保护验收结果。

根据上述规定，需要与建设项目同时建设和运行的各类污染防治设施、生态保护设施均应纳入竣工环境保护验收范围。

二、建设项目竣工环境保护验收的目的和工作要求

1. 建设项目竣工环境保护验收的目的

建设项目竣工环境保护验收是环境保护行政主管部门依据法律规定，履行环境保护监督管理职能的重要内容，是对建设单位在项目建设过程中，遵守国家环境保护法律、法规和环境影响报告书（表）及其行政审批意见落实情况的检查，同时也是对建设项目投入生产或运行后，对环境产生实际影响的调查。通过竣工环境保护验收，环境保护行政主管部门依据验收监测报告（表）、验收调查报告（表）和现场检查的结果，从环境保护设施、污染物排放、污染影响与生态破坏程度、环境管理等各个方面并在公众意见调查的基础上作出建设项目是否符合竣工环境保护验收条件的判断，从环境保护角度对建设项目是否可以正式投入生产或运行作出行政审批的决定。

通过建设项目竣工环境保护验收，可以有效地避免出现新的环保"欠账"，把建设项目对环境的影响控制在可接受的范围内，避免新建项目出现污染事故和污染纠纷。

2. 建设项目竣工环境保护验收的工作要求

承担建设项目竣工环境保护验收调查报告、调查表编制工作的咨询服务机构，以及参与现场检查验收的所有工作人员，应遵守以下工作要求。

（1）客观公正、实事求是

编制建设项目竣工环境保护验收调查报告或调查表时，必须如实地反映建设项目对生态环境的实际影响和对环境的污染状况；如实地反映污染防治设施建设运行情况、生态保护措施的落实情况及其效果；如实地反映建设项目对环境和环境敏感目标的实际影响；对公众调查所反映的主要环境问题，应如实予以说明；对存在问题或不符合验收条件的建设项目应实事求是地提出可行的整改意见。

参与现场检查和验收的工作人员，应对主要污染防治设施、生态保护措施的落实和运行情况进行现场检查，对验收调查报告或调查表所反映的主要环境问题和主要环境敏感目标所受到的实际影响进行现场核实，进一步听取项目属地环境保护行政主管部门、建设项目行业主管部门、环境敏感目标管理机构、环境影响评价单位、环境监理单位以及设计单位等的意见，特别应进一步调查群众对该建设项目环境保护工作的意见和投诉情况，了解投诉内容和处理结果；对群众反映强烈、建设单位尚未予以解决或政府及司法部门正在处理过程中的建设项目，应暂缓验收。

（2）方法科学、重点突出

建设项目竣工环境保护验收调查，必须按照有关技术规范的要求进行，对大型生态影响类建设项目，尽可能采用卫片、遥感等技术手段，说明项目建成后对环境的实际影响。调查的地域范围应参考环境影响评价范围，按照污染要素和生态的实际影响范围确定，调查内容既要全面，又应突出重点。"全面"是指建设项目对环境产生的所有影响，在验收调查报告或调查表中都应予以说明；"重点"是指对环境影响评价文件以及审批意见的有关要求、对环境敏感区域和环境敏感目标的影响必须一一予以说明。验收主要是通过对该区域或环境敏感目标的环境质量监测、环境影响调查，验证是否达到原环境影响评价文件规定的环境保护要求和是否满足上述区域或环境敏感目标的环境质量要求和管理要求。

（3）工作认真

环境影响评价文件及其审批意见是建设项目竣工环境保护验收的重要参考文件和验收依据，因此调查单位必须对其进行认真研究。由于项目建成后，对环境产生的实际影响往往与环评阶段的预测结果有一定差异，因此调查单位必须对建设项目的实际影响范围、影响程度进行认真调查。很多建设项目实际建设情况与可行性研究或初步设计相比，或者地理位置有所变化或者工程内容有所变化，环境保护设施的建设与环评要求也不尽相同，因此调查单位对这些变化应一一予以说明，对工程变化所带来的环境敏感目标的改变，也应认真进行调查。对公众调查中反映的主要问题，调查单位应认真对待，分析产生问题的原因，提出解决问题的建议。

三、建设项目竣工环境保护验收的工作程序

建设项目竣工环境保护验收的管理，原则上与该建设项目环境影响评价文件的分类、分级管理相同，生态影响为主的建设项目主要是指交通运输（公路、铁路、城市道路和轨道交通、港口和航运、管道运输等）、水利水电、石油和天然气开采、矿山采选、农业、林业、牧业、渔业、旅游等行业和海洋、海岸带开发、输变电线路，以及区域、流域开发等主要对生态环境造成影响的建设项目。

建设项目竣工环境保护验收的管理权限原则与建设项目环境影响评价文件审批权限相同，经有审批权的环境保护行政主管部门授权，下一级环境保护行政主管部门可以代表其上级环境保护行政主管部门对建设项目进行竣工环境保护验收。

建设项目竣工环境保护验收的工作程序是：

（1）建设项目竣工后，在建设项目试生产或试运行前，建设单位应向有审批权的环境保护行政主管部门提出试生产或试运行申请。对环境保护部审批环境影响报告书（表）或环境影响登记表的非核设施建设项目，由建设项目所在地省、自治区、直辖市人民政府环境保护行政主管部门负责受理其试生产申请，并将其审查意见报环境保护部备案。

对省级环境保护部门审批环境影响报告书（表）或环境影响登记表的非核设施建设项目，由建设项目所在地人民政府环境保护行政主管部门负责受理其试生产申请，并将其审查意见报省级环境保护部门备案。

试生产或试运行申请经有审批权的环境保护行政主管部门同意后，建设单位方可进行试生产或试运行。

（2）建设项目依法进入试生产后，建设单位应及时委托有相应资质的验收监测或调查单位开展验收监测或调查工作。

（3）验收监测或调查报告（表）编制完成后，由建设单位向有审批权的环境保护行政主管部门提交验收申请。对于验收申请材料完整的建设项目，环境保护部门予以受理，并出具受理回执；对于验收申请材料不完整的建设项目，不予受理，并当场一次性告知需要补充的材料。对受理的建设项目验收监测或调查结果按月进行公示（涉密建设项目除外）。

（4）环境保护行政主管部门受理建设项目验收申请后，组织现场检查和审查，在受理建设项目验收申请材料之日起 30 个工作日内办理验收审批手续（不包括验收现场检查和整改时间）。对完成验收审批的建设项目按月进行公告（涉密建设项目除外）。

经验收审查，对验收不合格的建设项目，由有审批权的环境保护行政主管部门下达限期整改。按期完成限期整改的建设项目应重新提交验收申请。对逾期未按要求完

成限期整改的建设项目，由有审批权的环境保护行政主管部门依法予以查处。

建设项目竣工环境保护验收具体工作程序如图 1-1 所示。

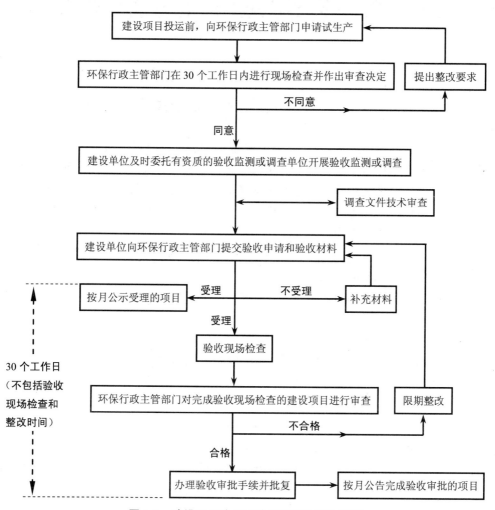

图 1-1　建设项目竣工环境保护验收工作程序

第二章　验收调查工作的方法与要求

第一节　验收调查工作程序

《办法》第三条规定：建设项目竣工环境保护验收是指建设项目竣工后，环境保护行政主管部门根据本办法规定，依据环境保护验收监测或调查结果，并通过现场检查等手段，考核该建设项目是否达到环境保护要求的活动。依据《办法》和相关管理规定，建设项目竣工环境保护验收工作是由试生产（运行）检查、验收调查、现场检查、对社会公示和行政审批等一系列环节构成的有机过程。

全面、深入、细致的调查工作是整个验收活动中最重要的环节，验收调查报告（表）是行政审批工作最主要的依据。

验收调查工作一般须经过资料收集，现场勘察，环境影响调查与监测，公众意见调查，验收调查文件的编写、审查与修改等过程。

《建设项目竣工环境保护验收技术规范—生态影响类》（HJ/T 394—2007，以下简称《规范总纲》）把验收调查工作总括为：准备、初步调查、编制实施方案、详细调查、编制调查报告五个阶段，具体工作程序见图 2-1。编制验收调查表或登记卡工作程序可适当简化。建设项目的竣工环境保护验收工作已开展了十几年，各主要类型建设项目的验收调查工作重点和方法已逐渐清晰和完善，单独编制实施方案及实施方案的审查，也已不再是必要的程序，但是，对于生态影响较大、影响要素较多、社会关注度较高的重大、复杂项目或验收调查经验不足的新型生态类建设项目仍应编制验收调查实施方案（即调查工作方案），必要时，还应组织专家对调查工作方案开展技术咨询。

一、准备阶段

收集、分析工程有关的立项文件、设计文件和区域环境相关资料，了解工程概况和项目建设区域的环境特征，明确环境影响评价文件及其审批意见的有关要求，制订初步调查工作方案。

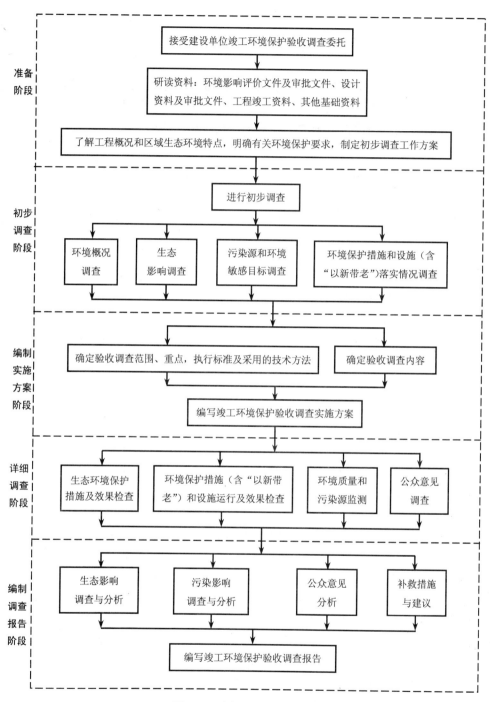

图 2-1　验收调查工作程序

二、初步调查阶段

核查工程设计、建设变更情况及环境敏感目标变化情况，初步掌握环境影响评价文件及其审批意见要求的环境保护措施落实情况、与主体工程配套的污染防治设施建设和运行情况以及生态保护措施的执行情况，获取相应的影像资料。

三、编制实施方案阶段

确定验收调查标准、范围、重点及采用的技术方法，编制验收调查实施方案文本。

四、详细调查阶段

调查工程建设期和运行期造成的实际环境影响，详细核查环境影响评价文件及初步设计文件提出的环境保护措施落实情况、运行情况和环境影响评价审批意见有关要求的执行情况，通过环境监测确定污染源达标排放情况和区域、环境敏感目标环境质量状况。

五、编制调查报告阶段

对项目建设造成的实际环境影响、环境保护措施的落实情况进行论证分析，针对尚未达到环境保护验收要求的各类环境问题，提出补救措施，明确验收调查结论，编制验收调查报告文本。

第二节　验收标准

与污染型建设项目有可能存在生态环境破坏问题一样，生态影响类建设项目也同样存在环境污染问题，因此，在生态影响为主的建设项目的竣工环境保护验收调查工作中，既要注意生态影响调查指标的选取，又要注意污染因子的甄别和验收标准的确定。

验收标准原则上采用建设项目环境影响评价阶段经环境保护部门确认的各项环境保护标准以及环境保护设施的工艺指标，对于已修订重新颁布或新颁布的环境保护标准，调查者需依据调查时的新标准对被验收项目进行校核。

建设项目竣工环境保护验收工作中，可能遇到某些要素或因子的环境保护标准不明确或缺少的情况，应当按照下列原则确定验收标准。

（1）环境影响评价文件及其审批意见中有明确规定的，将其规定标准直接作为验收标准。

（2）环境影响评价阶段提出的评价标准被修订，调查时环评标准已被重新颁布的标准替代，还可能出现验收调查时新颁布了相关环境保护标准的情况，对于上述新标准，调查单位应依据新标准对被验收项目进行校核，即对被验收项目的环境影响和污染物排放按新标准进行达标考核，作出项目是否符合新标准要求的评判；对于不符合新标准要求的，应提出验收后实施进一步改进的建议。

例如，煤矿项目中，环境影响报告书规定外排废水执行《污水综合排放标准》的二级标准，项目建设中《煤炭工业污染物排放标准》颁布，新颁布的标准中，各类污染物的排放限值普遍加严。验收时，应将《煤炭工业污染物排放标准》作为校核标准，对各污染物排放因子按新标准进行达标情况的分析评述，如外排废水的某些因子不满足新标准要求，应提出验收后在属地环境保护部门监管下采取进一步治理的建议。

（3）环境影响评价文件、设计文件和审批意见中都没有明确规定的，调查单位应在分析项目的影响情况、污染物的种类、实际排放去向、受纳环境功能等的基础上，依据国家和地方法规、标准以及部门规章提出验收标准的建议，经报请有审批权的环境保护行政主管部门同意后，以批准的环境标准作为验收标准。

（4）对于在被调查项目中存在影响突出、但在我国环境标准中尚未列入的污染物，调查单位可参考国际组织或其他发达国家的环境保护标准，提出验收参考标准，并在调查报告中予以说明。

例如，电气化铁路（含高速铁路客运专线），列车通过时弓网间的电火花会对沿线使用开路天线居民的电视收看产生影响，我国在这方面没有相关标准，验收中通常采用国际无线电咨询委员会（CCIR）制定的 CCIR500-1 号建议书《电视图像质量的主观评价方法》中的标准，即以有用信号和干扰信号差值（信噪比）35 dB 作为验收电视收看影响的标准。

又如，天然气开采、天然气输送管线、进口液化天然气（LNG）码头等项目中，非正常工况下厂界外排的天然气目前国内就没有相关排放标准，这类项目一般采用以色列的总烃标准作为验收的参考值。

第三节　生态影响调查指标

一、生态敏感目标

生态环境保护是生态类建设项目环境保护工作的核心内容，在现阶段，生态保护工作重点围绕生态敏感目标进行。建设项目涉及的生态敏感目标分为下述几种情况：

（1）在环境影响评价文件及其审批意见中提出的生态敏感目标。

（2）环境影响评价文件未能全面反映而项目实际建设中涉及的生态敏感目标。

（3）由于建设项目发生工程变更而新增的生态敏感目标。

《规范总纲》中提出的生态影响类建设项目可能涉及的具体的生态敏感目标见表 2-1。

表 2-1　生态敏感目标一览

生态敏感目标	主要内容
需特殊保护地区	国家法律、法规、行政规章及规划确定的或经县级以上人民政府批准的需要特殊保护的地区，如饮用水水源保护区、自然保护区、风景名胜区、生态功能保护区、基本农田保护区、水土流失重点防治区、森林公园、地质公园、世界遗产地、国家重点文物保护单位、历史文化保护地等，以及有特殊价值的生物物种资源分布区域
生态敏感与脆弱区	沙尘暴源区、石漠化区、荒漠中的绿洲、严重缺水地区、珍稀动植物栖息地或特殊生态系统、天然林、热带雨林、红树林、珊瑚礁、鱼虾产卵场、重要湿地和天然渔场等
社会关注区	具有历史、文化、科学、民族意义的保护地等

注：作为生态影响类建设项目不仅涉及生态敏感目标，还会涉及其他环境要素的敏感目标，如水环境、大气环境、声环境以及社会公众关注的具有特殊保护价值的敏感目标等，见本书相关章节。

二、生态影响调查指标

生态影响调查指标主要包括陆生生态、水生生态、农业生态、土地利用及景观影响等调查指标。

1. 陆生生态

调查工程占地对陆生生态的影响，占地包括临时占地和永久占地，调查指标包括占地位置、面积、类型、用途，临时占地的利用恢复情况；调查影响区域内主要植被类型、数量、优势物种、多样性指数、分布特点、覆盖率的变化情况，珍稀濒危、地方特有的动植物种类、保护级别、分布状况、生境要求及动物的生活习性、迁徙路线等。

2. 水生生态

调查指标主要包括：浮游动植物、底栖动物、水生维管束植物的种类组成、种群结构、生物量、密度、优势种，鱼类的种类组成、种群结构、资源量和生活习性（生境、产卵条件等）、"三场"分布情况等。

3. 农业生态

调查指标主要包括：调查影响区域内的土壤类型、理化性质、性状与质量（有机质、氮、磷、钾含量和相应标准），受外界环境影响（淋溶、侵蚀）以及土壤生物丰度、污染水平等；工程占用基本农田、耕地的数量等。

4. 土地利用及景观影响

调查指标主要包括：工程建设前后影响区域内土地利用方式变化（林地、灌草地、水域、农田及建设用地）、景观结构变化（斑块个数、斑块密度、最大斑块占景观面积的比例、斑块形状指数、景观 Shannon 多样性指数、Shannon 均匀度指数、景观优势度指数等）。

第四节　调查时段和范围

一、调查时段

对应于工程建设的节点，验收调查时对工程前期、施工期、试运行期（或运行期）三个时段各有侧重地开展调查。其中"工程前期"对实行审批制的建设项目主要包括项目立项、可研、初设等阶段；对实行核准制的建设项目主要指核准前的阶段；对实行备案制的建设项目主要指开工建设前的阶段。

1. 工程前期

重点调查建设项目环境影响评价制度执行情况和项目开工前遵守建设项目环境保护管理程序的情况，特别是该建设项目的环境影响评价文件及其审批意见中提出的环境保护对策和要求在设计中的落实情况。

2. 施工期

重点调查施工活动对生态环境特别是对环境敏感目标造成的影响；施工期所采取的生态保护与污染防治措施；环境影响评价文件及其审批意见规定的施工期环境保护要求的落实情况和施工期环境管理、环境监理、环境监测情况等。同时还应依据项目的环境影响评价文件，核查建设项目的性质、规模、地点以及采取的防止生态系统破坏、治理污染的措施是否发生重大变更。

3. 试运行期（或运行期）

全面调查工程运行后，对各环境要素产生的实际影响；各项生态保护措施、污染防治设施运行情况及其效果；全面核实环境影响报告书（表）及其预审意见、审批意见和设计文件中所提出的各项环境保护要求的落实情况；调查环境管理措施、环境监测计划、生态系统监测计划实施情况、环境风险事故防范措施及应急预案的制订情况等。

二、调查范围

一般情况下，验收调查范围主要包括两方面含义：一是验收调查工作的地理范围；二是建设项目所涉及的环境保护工作范围。

1. 确定验收调查地理范围的原则

验收调查的地理范围原则上应与环境影响评价文件的评价范围相一致，应能涵盖建设项目所有的工程区域及其影响区域，同时还须根据建设项目运行后的实际影响情况进行调整。如果因项目建设内容或建设方案发生变更或因环境影响评价文件未能正确预测建设项目的实际影响范围，调查范围应根据工程实际影响和工程变更情况结合现场踏勘确定。

2. 确定验收调查工作范围的原则

验收调查的工作范围主要依据《办法》第四条的规定确定。建设项目竣工环境保护验收范围包括：环境影响评价审批文件及环境影响评价文件和有关项目设计文件规定应采取的各项环境保护措施、环境保护设施，含为保护环境防治污染所建成或配备的工程、设备、装置和监测手段。目前，需要与建设项目同时建设和运行的各类污染防治设施、生态保护设施均已纳入竣工环境保护验收范围。

3. 确定验收调查范围的工作步骤

确定验收调查范围应当在资料调研和现场勘察的基础上进行：

（1）通过对环境影响评价文件及其审批意见和工程设计文件、环境监理文件（方案）等的研读，了解工程建设内容、建设方案及其变更情况，了解环境保护行政主管部门和行业主管部门对建设项目的各项环境保护要求；

（2）通过现场勘察，了解工程对环境的实际影响范围、区域环境特点和环境敏感目标、工程变更情况、环境敏感目标变化情况和生态保护措施、污染防治设施的建设落实情况。

对于分期建设、分期验收的建设项目，应注意说明被验收的本期项目的调查范围以及本期项目与整体项目之间的关系；对于改扩建项目，应注意说明本期验收的建设项目的调查范围以及其与既有工程之间的关系；有"以新带老"要求的建设项目，还须将"以新带老"要求的内容纳入验收范围。

第五节　验收调查的主要方法

生态影响类建设项目竣工环境保护验收调查，原则上应采用《环境影响评价技术导则—总纲》（HJ 2.1—2011）、《环境影响评价技术导则—生态影响》（HJ 19—2011）、《建设项目环境保护设施竣工验收监测技术要求（试行）》（环发[2000]38号）、《规范总纲》和公路、港口、水利水电、轨道交通、石油天然气开采等验收技术规范中规定的方法。

由于生态影响类建设项目对环境的影响主要表现为对生态环境的影响，具有影响范围广、时间长、不可逆等特征，而且这些特征往往因项目内容、所处地理位置、自然环境的不同而存在很大差异，难以用统一的定量标准进行评价；另外，由于生态科学诞生的时间较短、生态系统的含义和生态保护的内容非常广泛，其评价的标准和方法体系尚未完全确立，因此，生态影响类建设项目与工业类建设项目竣工环境保护验收所采用的方法有所不同。后者对环境的影响主要表现为污染物排放对各环境要素的影响，其竣工验收主要是通过监测的方法，获取污染物排放、污染防治设施运行效果、环境质量变化等信息，这类建设项目的竣工环境保护验收需要向环境保护行政主管部门提交验收监测报告。生态影响类建设项目的验收需要通过现场调查，获取生态影响范围、程度、动植物保护措施、其他生态方面的保护和恢复措施的实施情况及效果等一系列的信息，各项生态影响调查指标不存在国家或地方政府统一规定的标准，只能通过项目建设前后的指标对比进行评价，所以这类建设项目的竣工环境保护验收需要向环境保护行政主管部门提交验收调查报告（表）。由于生态影响类建设项目同时也可能存在污染问题，所以实际工作中必须采取生态影响调查与污染监测并重的方式，对建设项目造成的环境影响进行全面、系统的调查，才能真正反映项目建设是否符合环境保护要求，从而达到保护生态和防治污染的双重目的。

由于生态影响类建设项目的验收调查是在工程已经建成并投入试运行后进行的，一般情况下，环境影响评价文件、审批意见和设计文件所要求采取的环境保护措施应基本完成并投入正常使用，工程破坏的可恢复的生态环境已经基本得到恢复，建设项目所造成的近期生态环境影响在方式、程度和范围上均已基本确定，因此验收调查通常采用资料调研、现场勘察、公众意见调查与验收监测（现状监测）相结合的方法，并充分利用先进的科技手段和方法，如对一些影响较大的建设项目可采用卫星定位、航空和卫星遥感分析等技术手段；对于公路、铁路、输变电线路、管道和林纸一体化、大型矿山等路径长、跨度大或对区域环境影响较大的工程，应本着"全面调查、突出重点"的原则开展调查。

一、资料收集与研阅

资料收集与研阅是验收调查的基础性工作，需要收集并研阅的内容是：

1. 环境影响评价文件及其审批意见

项目环境影响评价文件和相关规划环境影响评价文件、环境影响评价文件的预审意见和审批意见。

（1）了解建设项目环境影响评价阶段的工程内容和建设方案、主要生产工艺或施工工艺；

（2）了解工程建设前的区域环境背景状况、环境影响评价阶段环境保护目标和环境敏感目标、环境影响预测结果和所提出的环境保护对策及措施；

（3）了解环境保护行政主管部门对该建设项目的环境保护要求；

（4）了解区域（流域）的资源环境制约因素、主要环境保护问题和保护对策，明确本项目环境保护工作在区域（流域）建设中的地位和作用。

2. 环境敏感目标管理和审批文件

与项目相关的（穿越或受到项目影响的）自然保护区、饮用水水源保护区、风景名胜区、重要文物古迹等规划报告及其审批文件，相应主管机关或管理机构出具的穿越许可和提出的保护要求，自然保护区科学考察报告、各敏感目标的相关图件和地理信息等。

（1）了解各环境敏感目标的边界、区划（功能分区）、级别、保护或服务对象、建设前环境敏感目标主管部门或管理机构给本项目规定的保护要求；

（2）了解项目与环境敏感目标的空间位置关系，确定项目的合法性，为调查项目影响奠定基础。

3. 其他环境管理资料

环境功能区划、总量控制要求、"以新带老"要求、改扩建项目和分期验收项目的前期验收资料、区域流域污染控制计划等。

（1）进一步明确验收标准；

（2）明确项目应遵守的其他环境保护要求。

4. 工程设计文件

初步设计及其批复、施工图设计、施工组织设计、水土保持方案及其批复、环境保护设施专项设计、主要环境保护设备技术指标和说明书等。

（1）了解设计阶段环境保护"三同时"制度执行情况，核查设计中落实环境影响评价文件及其审批意见中环境保护措施要求的情况；

（2）了解工程变更和环境保护设施的变更情况。

5. 工程总结性资料

工程初验报告、交工报告、施工总结、设计总结、与环境保护相关的施工总结、竣工工程量统计表、永久占地统计表、临时占地分类统计表、各项环保投资统计情况等。

（1）全面了解被验收项目主体工程和环境保护设施的实际建设情况（性质、地点、规模、生产工艺、原辅材料，相关环境保护设施的规模、工艺和参数，要求采取的环境保护措施的执行情况等）；

（2）了解与环境保护相关的单项工程的施工工艺是否符合建设前规定的环境保护要求（如水中的桥墩施工是否采用围堰法等）；

（3）了解建设过程中的施工扰动地块的分布和恢复情况、环境管理情况、生态保护和污染防治措施要求的落实情况等；

（4）进一步明确工程变更和环境保护设施及措施的变更。

6. 环境监理和监测资料

主要包括施工期和试运行期各环境要素的污染源监测数据、环境质量监测数据和生态监测资料；施工期环境监理方案及实施细则、月报、年报、整改指令和环境监理总结报告等；施工期地方环境保护部门的现场检查记录和环境事故监察记录等。

（1）通过监测资料可以了解项目施工期和试运行期的环境影响情况和环境质量的变化情况，以及对环境影响报告书（表）及其审批意见中规定的施工和试运行期监测要求的执行情况；

（2）通过环境监理、检查和监察资料可以了解环境监理要求的执行情况，还可以全面了解施工期实施的环境管理措施和环境保护工作的情况、施工中出现的环境保护问题及其整改情况、与环境保护相关的重大事件、施工期间的环境纠纷和公众反映的环境保护问题等。

7. 工程试运行情况资料

主要包括企业试生产运行时间、累计产量、生产事故和污染事故统计等资料。通过这些资料可以了解项目的试运行工况，为判断项目达到设计生产能力时各类环境影响的程度确定计算依据；还可以了解试运行期间风险事故的发生和应对情况等。

8. 运行期企业环境管理资料

运行期项目运行管理企业的环境管理组织机构和人员的设置资料、环境保护规章制度、环境保护设施的操作规程和运行记录、规范化排放口的设置情况；环境风险事故防范措施和规章制度、风险防范应急预案及预案备案资料。

9. 相关合同协议

与环境保护相关的合同协议，如对环境敏感目标的补偿协议、对敏感点的污染补偿协议、施工迹地恢复和绿化协议、农田开垦和补偿协议、委托处置垃圾和危险废物的协议等。

二、现场勘察

现场勘察主要包括对工程实际建设和运行情况的实地调查、对工程所在区域环境状况的实地调查、对可能受到工程影响的环境敏感目标的实地调查等，结合实地踏勘随访影响区公众、环境敏感目标管理机构和地方环境保护部门。通过对建设项目的实地调查，了解项目建成后的基本情况（项目组成、工程规模、工程量、主要工艺或调度运行方式等）、工程变更情况、项目的污染源分布情况；了解生态保护措施实施的情况与效果，污染防治设施的建设、运行、管理及达标情况；了解项目投入运行后所在区域各环境要素的状况、项目对环境的实际影响范围、可能受到工程建设和运行影响的环境敏感区域和环境敏感目标的分布；了解影响区公众和管理部门对项目环境保护工作的意见。

现场勘察应在收集与研阅资料的基础上进行，主要发挥以下几方面的作用：

（1）详查工程的实际建设内容；详查各类污染源的数量和分布、污染防治设施的建设和运行情况；观察了解工程的污染影响和区域的环境质量状况。

（2）查清环境敏感目标（自然保护区、敏感点等）的实际状况、数量及分布，确定环境敏感目标和被验收项目的空间位置关系。

（3）观察项目所在区域的生态环境状况及存在的突出问题，定性了解项目对生态环境的影响，详查各项生态保护措施实施情况和效果。

（4）实地核查环境影响评价文件及其审批意见、各级环境保护部门、敏感目标管理部门（机构）对被验收项目提出的各项环境保护措施要求的落实情况。

（5）对照环境影响评价文件，发现工程变更和环保措施的变更。

（6）直接听取影响区公众对项目环境保护工作的意见和建议，了解工程遗留的环境保护问题和隐蔽环境影响。

（7）随访环境保护部门，了解项目施工期和试运行期的污染事件、环保纠纷、信访和投诉情况等。

三、验收监测

验收监测是指在验收调查阶段（试运行期）针对被验收项目而开展的、用以反映生态保护和污染防治效果以及项目建成后对环境影响程度的污染源监测、环境质量监测和生态监测等。验收监测方案是在详细现场勘察，对项目的环境影响、环境敏感目标分布和敏感点分布充分了解的基础上制定的。

污染源监测是在建设项目正常生产（试运行）条件下，对各类污染物排放情况和污染防治设施处理效率的监测；环境质量监测是对工程影响范围内的各相关环境要素的监测和对环境敏感目标环境质量的监测；生态监测是指参照环境影响报告书的生态监测项目并根据项目建成后对生态环境的实际影响，对相关生态子系统指标和参数开展的监测、观测、调查和统计工作。

近年来，卫星和航空遥感技术被大量应用于生态监测，也常用谷歌地球（Google Earth）截图表达项目周围的环境情况、项目与敏感点的位置关系等。

验收监测中的污染源监测和环境质量监测应当委托有相应资质的单位进行。

四、公众意见调查

公众意见调查是建设项目竣工环境保护验收调查工作的重要内容，也是环境保护行政审批机关做出项目能否通过竣工环境保护验收决定的关键依据之一。

公众意见调查的方式一般为抽样问卷调查、咨询走访、座谈会或听证会等，大多采取"咨询走访+抽样问卷调查"的方式。公众意见调查的目的是，了解公众对建设单位环境保护工作的基本评价、公众最关注的与项目相关的环境保护问题及相关诉求、公众对项目环境影响的实际感受、曾经发生过的和仍存在的环境污染与生态破坏问题等。

第六节　资料整理和选用

验收调查需收集的资料比较多，研阅和整理资料中应注意以下问题：

（1）应按工程前期、施工期、试运行期三个时段对资料进行整理。

（2）用于支持验收调查结果的引用数据应充分有效，并注明资料来源、监测点位、监测时间和监测方法等，还应与验收监测的有关要求相符。

（3）应认真审核监测单位提交的验收监测数据，监测数据应合理、有效；对异常数据应与监测单位核实，由于监测时受到外界干扰而导致结果异常的，应重新监测。

例如，在公路项目的大量噪声监测数据中，在地形、地貌、距离和高差等类似的诸点位中，某点的监测值较同类点位差异很大，则应就这一数据异常的原因向监测单位做详细了解，如找不到合理原因，应重新监测。

（4）监测数据量较大的可归纳为图表，工程资料中与环境保护无关的内容应简化，以使调查结果紧扣环境保护主题，简单明了，避免调查报告冗长。

例如，水电站项目，需要反映蓄水期间上下游的水位和水量的情况，相关的数据很多，如果用数据表反映，就会篇幅很长而且呆板枯燥，如果将大量数据整理成曲线图，则调查结果就会生动直观。

再如，项目的工程数量表中，有很多内容与环境保护无关，如建设生产用房的数量和材料、拆迁电力通信设施的数量等，在调查报告中，应对这些内容进行删减，以使报告的主题突出、内容简明。

（5）涉及行政审批、环境质量、环保纠纷等对项目验收具有特殊意义的重要资料必须是出自政府、行政机关、管理机构和科研单位等正式发布、出版的资料，非正式的资料（如非官网资料、非正式投诉）不能作为验收调查报告的论据。

（6）应认真辨识和研读工程图纸，以获取项目附近环境敏感目标和环境的信息。

例如，在公路项目施工图设计的线路平面图中，通常绘制和标注了沿线村庄、住宅区、学校、医院等敏感点的名称、位置（桩号）、方位、规模（户数）、建筑物的结构和形式以及周围农田、鱼塘、果园、交叉道路等，通过对图纸上这些信息的研读，可以基本了解公路沿线敏感点的情况和环境情况，为实地踏勘提供有力的指导，为后续监测方案的制订和调查报告的编制提供重要参考。

再如，在煤矿的井田范围图和井上井下对照图中，通常绘制和标注了地形、井田内村庄（特别是首采区和接续开采区地面受沉陷影响的村庄）名称和位置、井（泉）的位置等信息，通过研读这些信息，可以了解井田的环境情况、可能受沉陷影响和地下水疏干影响的环境敏感目标的分布等。

第七节　图件的制备

在验收调查文件中，图件和照片是表达调查过程和结果的有力手段，也是支撑调查结论的重要论据。

一、图件的类型和要求

1. 图件的种类

各类项目的验收调查文件中，需要制备和提供的图件有：

地理位置图、线路走向图、线形工程平纵断面图、项目平面布置图、施工总平面图、水系和水域分布图、水平衡图、生产工艺流程图、产污流程图、污染治理设施工艺流程图、环境功能区划图、生态敏感目标边界及功能分区图、保护物种分布图、相关规划图、监测点位布置图（示意图）、污染防治设施监测图、环境敏感目标与工程的相对位置图、遥感影像图（土地利用、植被分布、空间位置关系等）、风玫瑰图、隐蔽工程地上地下对照图（如井上井下对照图）、单项工程施工工艺示意图、地质剖面图、地下水分布和流向图、公众意见调查点位分布示意图、利用监测和统计结果生成的趋势图或构成图（如折线图、曲线图、柱状图、饼图等）、表达局部环境和敏感点情况的谷歌地球（Google Earth）截图等。

2. 图件要求

（1）主题突出

应注意突出显示要表达的环境保护主题，可采用加粗、套色、单独标注等方法强调环境保护设施、敏感点、施工迹地、排放口等内容；与竣工环境保护验收无关的内容应淡化和简化。

（2）明确本次验收的范围和内容

改扩建工程、分期建设的工程应注意在图上确切表达本次验收的范围和内容，即突出本次验收的内容、淡化既有工程或前期工程。

（3）反映变更

可在同一图件中，直观反映工程发生的位置、规模、环境保护设施等的变更。

（4）地图信息

生态敏感目标及其分布图、地理位置图、线路走向图、水系和水域分布图等应同时包含基本的地图信息；遥感照片、谷歌地球（Google Earth）截图应叠加所在区域的基本地图信息。

（5）清晰可读

图上的所有文字、符号应可供辨识，建议不小于"小5号"字体；由工程图纸（CAD图纸）转化的图件尤其应注意加大图件中所要表达内容的字号。

（6）中文表达

图件名称、标注、注释等文字应全部采用简体中文。

（7）基本元素齐全

图件应符合工程制图的基本原则，剖视关系、透视关系、标注方式应正确；图名、图号、比例尺、指向标或指北针、图例等基本元素应齐全。

（8）监测符号

目前对验收调查文件中的污染源监测符号尚没有强制规定，《建设项目竣工环境保护验收技术规范—城市轨道交通》（HJ/T 403—2007）中推荐了下述的一套监测符号，建议在验收监测点位相关图件中参照使用。

水和废水：环境水质 ☆，废水 ★

空气和废气：环境空气 ○，废气 ◎

噪声：敏感点噪声 △，其他噪声 ▲

振动：敏感点振动 ◇，其他振动 ◆

电磁环境：厂界 ＊、其他 ＊

固体物质和固体废弃物：固体物质 □，固体废弃物 ■

二、照片

验收调查文件应通过大量照片反映工程现状、污染防治措施和设施、生态保护相关情况和项目存在的问题等。验收调查文件中载入的照片应满足以下要求：

（1）反映与被验收项目相关内容的照片应同时包含被验收项目和表达主体，如表达公路沿线敏感点的照片应同时包含被验收公路和被关注的敏感点。

（2）反映工程总体情况的照片应为表达工程全貌和各工艺单元或单项工程的系列照片，如煤矿俯瞰图+主井、副井、风井、选煤厂、煤仓等。

（3）反映污染治理工程、生态保护工程（如枢纽区绿化、增殖放流站等）的照片也应为表达该项工程全貌和各污染治理设施设备的系列照片，如污水处理厂全貌+格栅、曝气池、沉淀池、污泥脱水机等；增殖放流站俯瞰照片+孵化室、鱼苗培育车间、水循环系统等。

（4）表达环境敏感点、文物古迹、生态保护措施等的照片应采取远景和局部相结合的形式。

（5）应通过剪裁、放大等后期处理手段使被表达主体突出和清晰。

（6）必要时，应在照片上叠加标注，对表达内容作进一步的说明。

第三章 验收调查文件编制

第一节 实施方案的编制

一、基本要求

近几年，随着验收技术方法的不断完善，验收技术规范的相继出台，在行政管理程序上实施方案的审批环节已经取消，但对于承担验收调查工作的单位来说，实施方案作为指导验收工作的大纲，还应在充分研读项目有关文件资料和进行初步现场调查后编制。基本要求如下：

（1）了解环境影响评价阶段的环境敏感目标、环境影响预测结果和所提出的环境保护防治措施；

（2）了解环境保护行政主管部门在建设项目环境影响审批意见中的环境保护要求；

（3）了解工程实际建设与环评阶段建设方案的一致性、变化情况以及环境保护设施要求在设计中的落实情况；

（4）了解建设项目的基本建设情况（建设地点、项目组成、规模、工程量、主要工艺及流程等）、生态保护措施实施情况、污染物排放情况、污染防治设施的建设和运行管理情况；

（5）了解建设项目所在区域环境现状、主要环境敏感目标分布情况；

（6）了解建设项目所在地政府、环境保护行政主管部门的环境保护要求（环境保护规划、环境功能区划、总量控制计划、环境标准要求等）；

（7）涉及自然保护区、饮用水水源保护区、风景名胜区、文物古迹等环境保护敏感区域的，应向其主管部门和管理机构了解有关的保护要求。

二、主要内容

实施方案编制时，除应注意内容的系统性、完整性外，还要根据各行业建设项目环境影响的特点，在初步了解项目建设和环境影响的基础上合理确定调查内容，要有较强的针对性及可操作性。根据《规范总纲》的规定，实施方案应包括如下内容：

---

1. 前言
2. 综述
   (1) 编制依据
   (2) 调查目的及原则
   (3) 调查方法
   (4) 调查范围和验收标准
   (5) 环境敏感目标
   (6) 调查重点
3. 工程调查
   (1) 工程概况
   (2) 工程建设过程
   (3) 工程变更情况
   (4) 工程总投资及环保投资
   (5) 验收工况负荷
4. 环境影响报告书及审批意见回顾
5. 环境保护措施要求落实情况初步调查
6. 竣工验收调查内容
   (1) 工程调查
   (2) 生态影响调查
   (3) 污染影响调查
   (4) 社会影响调查
   (5) 公众意见调查
7. 组织分工与工作计划
8. 提交成果
9. 经费概算
10. 附件
   (1) 环境影响报告书审批文件
   (2) 其他相关文件，如环境影响评价文件执行标准的批复、试生产准许等

目前，对于环境影响复杂、影响范围很大、验收管理经验缺乏的重大项目或新型项目，有的验收调查单位仍编制实施方案并组织专家咨询。因实施方案不再是环境保护行政审批的必要文件，仅是作为调查单位的工作指导方案，因此，已没有必要再完全按以上固定格式进行编写，重点明确以下内容即可：

（1）调查范围、验收标准、调查重点与因子、环境敏感目标；

（2）工程概况；

（3）环境影响报告书及审批意见回顾；

（4）环境保护措施落实情况初步调查；

（5）调查内容及监测方案；

（6）工作计划。

下面分别进行介绍。

1. 调查范围、验收标准、调查重点与因子、环境敏感目标

（1）调查范围

包括工程验收范围及环境影响范围。工程验收范围需注意验收工程建设内容与环境影响评价阶段工程建设内容的一致性；环境影响范围按生态、水、气、声、固体废物、振动、电磁等各环境影响要素分别确定，并需说明与环评范围的一致性与差异性。

（2）验收标准

结合建设项目环境影响报告书和审批意见要求、环境影响评价标准、现行标准、行业标准、设计指标等确定验收标准。

（3）调查重点与因子

调查重点主要依据工程建设内容、区域环境特点、环境保护要求和受影响公众意见确定，需能直接反映出工程的主要环境影响及污染特征。一般来说，调查重点主要包括工程变更、环境保护措施、环境敏感目标、公众意见及生态、水、声等环境影响等方面。

通过对工程环评阶段、设计阶段和实际建成的建设内容、平面布置（或线路走向）、工艺流程、生态保护措施和污染防治措施的对比，了解工程环境影响的变化情况；通过核实工程建设对环境影响报告书及审批意见、行业主管预审意见、地方环境保护部门初审意见中各项环境保护措施的落实情况及验收监测结果，了解环境保护措施的有效性；通过区域环境现状的调查，了解工程影响范围内环境敏感目标的分布情况；通过环境保护主管部门及相关管理部门的走访，了解工程建设及运行期的环境纠纷和影响区公众的主要诉求。在以上工作的基础上，最终确定工程的验收调查重点。

不同行业的建设项目对环境的影响方式不同；同一行业建设项目由于工程内容、规模或所处区域不同，对环境的影响也不尽相同，因此，各建设项目的验收调查重点都不尽相同，需根据具体情况确定。不同行业建设项目的调查重点可参考表 3-1。

调查因子应根据项目所处区域环境特点和项目的环境影响来确定，尤其是环境影响报告书和审批意见中有明确要求的，均应列为调查因子。

表 3-1 调查重点一览

调查内容＼项目类型	公路、铁路、轨道交通	港口/码头	输油/气管线	石油/天然气开采	矿山采选	水利水电	输变电
工程环境保护措施调查	√	√	√	√	√	√	√
生态环境影响	√	√	√	√	√	√	
地表水环境影响	√	√	√	√	√	√	
地下水环境影响			√	√	√	√	
环境空气影响			√	√	√		
声环境影响	√						√
电磁环境影响	√（公路除外）						√
环境振动影响	√（公路除外）						
固体废物	√	√	√	√	√	√	
社会环境影响					√	√	
环境事故风险影响	√	√	√	√	√	√	√

注："√"表示重点调查专题。

（4）环境敏感目标

环境敏感目标是指建设项目影响区域内需要特别关注的保护对象，包括一切重要的、值得保护或需要保护的目标，最主要的是环境影响评价文件和审批意见提出的敏感目标，以及因建设项目发生变更而新增或环境影响评价文件未能全面反映出的敏感目标。

需附图、列表、按环境要素分别明确环境敏感目标的地理位置、保护范围与内容、与工程的相对位置关系、所处环境功能区等；如实际情况与环境影响报告书中有不同的，还应说明变化情况及原因。环境敏感目标主要有以下几个方面。

生态敏感目标：自然保护区；风景名胜区；森林公园；地质公园；重要湿地；自然遗迹；国家和地方重点保护动植物、地方特有动植物及其栖息地；野生鱼类的产卵场、索饵场、越冬场（简称"三场"）；洄游鱼类通道；海洋渔场；红树林；珊瑚礁；基本农田保护区等。

水环境敏感目标：生活饮用水水源保护区；工业和农业用水取水口；景观水体；渔业水域；具有特殊功能的水域（温泉、天然矿泉水等）。

声和振动敏感目标：居民集中居住区（居住小区、村庄等）、学校、医院、疗养院、高功能区（如执行 0 类标准的功能区）；对声敏感的动物栖息地；精密仪器仪表生产和使用单位等。

环境空气敏感目标：居民集中居住区、学校、医院、公共活动场所等。

固体废物敏感目标：与固体废物贮存、运输、处置有关的水环境（特别是地下水）、大气环境敏感目标。

电磁环境敏感目标：居民集中居住区、医院、学校、电台、导航台及有关的军事设施等。

社会敏感目标：居民集中居住区；移民安置区；文物古迹；公共活动场所；宗教活动场所；古树名木等。

2. 工程概况

（1）工程建设过程

对实行审批制的建设项目，应说明项目立项时间和审批部门，可研完成及批复时间，初步设计完成及批复时间，环境影响报告（表）完成及审批时间，工程开工建设时间，试生产批准时间和文件，环境保护设施设计单位和工程环境监理单位。

对实行备案制和核准制的建设项目，应说明环境影响报告书完成及审批时间，核准批复时间或备案时间、初步设计完成时间、工程开工建设时间，试生产批准时间和文件，环境保护设施设计单位和工程环境监理单位。

通过对建设项目建设过程的调查，明确工程环境影响评价制度的执行情况，是否遵守了程序管理要求。

（2）工程内容

首先，需说明建设项目所处的地理位置和工程建设基本情况的初步调查结果（包括项目组成、工程规模、工程量、主要经济或技术指标、主要生产工艺及流程、运行工况、主要污染源及环境保护设施、工程总投资与环保投资等）；如是扩建、改建和技术改造项目，还应介绍既有工程概况、说明新建工程和既有工程之间的关系。其次，说明工程建设内容或建设方案与环境影响评价阶段的变更情况和变更原因，并分析环境影响的变化情况。

如公路类建设项目，工程内容中应包括：线路的地理位置、线路走向、工程起止点（主要经过的城镇）、建设规模（路线长度、沿线服务与管理设施情况）、技术标准（公路等级、设计地形标准、路面及路基宽度、桥涵的设计洪水频率等）、预测交通量与试运行期的实际交通量、主要工程量（土石方量、桥梁及涵洞的数量、占地类型与面积、环保投资等）；油（气）田开发、矿山开采类建设项目，除需说明项目建设性质、建设期限、产品方案、工艺流程、工程平面布置等内容外，还需说明主体工程、辅助工程、公用工程与贮运系统、配套工程、环境保护工程等内容，以及主要污染物（废气、废水、固体废物、噪声等）的种类、排放方式、去向、处理工艺等情况。

3. 环境影响报告书及审批意见回顾

环境保护行政主管部门对建设项目的环境保护要求，主要体现在环境影响报告书审批意见及项目所在地环境保护部门的审查意见中；行业主管部门的环境保护要求，主要体现在环境影响报告书的行业预审意见中；验收调查阶段必须将文件中有关要求的落实情况作为重要内容进行调查。

环境影响报告书回顾的主要内容包括：各环境要素的环境现状、环境影响预测的结果和评价结论；主要环境敏感目标的保护措施，以及需采取的生态保护措施、污染防治设施、污染物排放与总量控制、清洁生产、环境风险防范措施、环境管理和监测等各方面要求。

审批意见的回顾包括环境保护行政主管部门、行业主管部门对建设项目所提出的各项环境保护要求。

4. 环境保护措施落实情况初步调查

按设计、施工、试运行三个阶段进行工程环境保护措施落实情况初步调查。调查内容主要包括两部分，一是环境影响报告书及其预审意见、审批意见中各项环境保护措施的落实情况；二是在工程建设过程中，根据实际影响情况增加的各项环境保护措施。调查结果可参考表 3-2 进行表述。

表 3-2　某水利水电工程环保措施落实情况初步调查

调查内容	环保措施要求	措施落实情况	未落实或变更原因说明
设计期			
生态环境保护措施	略	略	略
污染防治措施	略	略	略
……			
施工期			
生态环境保护措施	略	略	略
生态恢复措施	略	略	略
污染防治措施	略	略	略
人群健康保护	略	略	略
库底清理	略	略	略
文物古迹保护	略	略	略
工程环境监理	略	略	略
……			
试运行期			
生态环境保护措施	略	略	略
水土保持措施	略	略	略
水环境保护措施	略	略	略
环境监测管理	略	略	略
……			
审批要求			
生态环境保护措施	略	略	略
水环境保护措施	略	略	略
……			

5. 调查内容及监测方案

（1）专题设置

不同类型的建设项目，需设置的专题数量有所不同；同一类建设项目，因区域环境特点和受保护对象不同，专题设置也有差异。可根据收集与研阅资料的情况、初步现场勘察的结果综合确定。

可参考表 3-3 进行专题设置。

表 3-3　专题设置一览

专题名称 ＼ 项目类型	公路、铁路、轨道交通	港口/码头	输油/气管线	石油/天然气开采	矿山采选	水利水电	输变电
工程建设情况调查	√	√	√	√	√	√	√
工程环境保护措施调查	√	√	√	√	√	√	√
生态环境影响调查	√	√	√	√	√	√	√
地表水环境影响调查	√	√	√	√	√	√	—
地下水环境影响调查	—	—	√	√	√	—	—
环境空气影响调查	—	—	√	√	√	—	—
声环境影响调查	√	—	—	—	√	√	√
电磁环境影响调查	√（公路除外）	—	—	—	—	—	√
环境振动影响调查	√（公路除外）	—	—	—	—	—	—
固体废物影响调查	√	√	√	√	√	√	—
清洁生产调查	—	—	√	√	√	—	—
总量控制调查	—	—	√	√	√	—	—
社会影响调查	—	—	—	—	√	√	—
环境风险防范及应急措施调查	√	√	√	√	√	√	√
环境管理与监测计划执行情况调查	√	√	√	√	√	√	√
公众意见调查	√	√	√	√	√	√	√

注："√"表示必做专题；"—"表示可视项目所处的区域环境及项目影响状况而定。

（2）工作方案

工作方案应根据建设项目所在区域环境特点和工程环境影响情况，按各环境要素敏感目标分布情况，详细说明调查（监测）内容、调查（监测）因子、调查（监测）范围、调查（监测）时间、调查（监测）点位和调查（监测）方法。工作方案必须具有可操作性，施工期环境影响调查以资料调查（施工期环境监测结果）、公众意见调查和环境监理总结报告为依据；试运行期环境影响调查以现场勘察和环境监测为主，其中监测方案的制订应满足竣工环境保护验收技术规范和《建设项目环境保护设施竣工验收监测技术要求（试行）》的相关要求。

① 工程建设情况调查

主要采用资料调查与现场核查相结合的方法。核查工程实际的建设规模、建设内容、建设方案、生产工艺、环境影响、运行状况、环境保护措施与设施等内容，并与环评和设计阶段进行对比，了解工程变更情况及原因，分析由此带来的环境问题。

② 环境保护措施落实情况调查内容

核查工程在设计、施工、试运行阶段针对生态环境影响、污染影响和社会影响所采取的环境保护措施，并对环境影响报告书及其审批意见、设计文件所要求的各项环境保护措施的落实情况予以说明。主要包括已采取的生态保护与恢复措施、污染防治措施与设施，分析实施措施的有效性。

a. 生态保护与恢复措施调查，重点针对环境敏感目标和施工迹地生态恢复进行。包括自然保护区、风景名胜区、饮用水水源保护区等敏感区域的环境保护措施落实情况，陆生动植物的保护与恢复措施、水生生物保护与恢复措施、水文情势变化影响减缓措施、水温影响减缓措施、土壤质量保护和占地恢复措施以及生态监测措施等。上述措施中应根据建设项目对生态环境影响的不同特点有选择地进行调查，特别注意生态用水的保证措施，国家和地方重点保护、地方特有野生动植物的保护措施和野生鱼类的保护措施等。

b. 污染防治措施主要包括针对水、气、声、固体废物、电磁、振动等各类污染源所建成的污染治理设施。

c. 社会影响调查内容主要包括移民集中安置区的各项环境保护措施及针对文物保护等方面所采取的措施。

d. 环境管理措施调查主要包括环境管理组织机构、环境管理规章制度、环境监测和施工期环境监理等各项环境保护措施。

③ 生态环境影响调查方法和内容

生态环境影响调查应主要针对工程建设前后生态景观、生态功能和生物多样性等的变化进行。对区域内的生态敏感目标要给予特别的关注，如涉及森林、草原、湿地、河湖等重要生态系统的，应调查其系统的完整性是否受到破坏，保护、恢复措施是否有效；涉及自然保护区、风景名胜区、森林公园、地质公园等环境敏感区域的，应调查其功能是否受到影响，所采取的保护、恢复、补偿、重建措施是否有效；涉及国家和地方重点保护野生动植物、地方特有动植物的，应调查这些动植物是否受到影响或栖息地是否受到破坏，所采取的保护、恢复、补偿、重建措施是否有效；从占地影响、对农灌渠系的影响、对地下水的影响等方面分析对农业生态的影响；从占地恢复及生物、工程措施方面分析水土流失的影响。

在方案中需要明确进行生态环境影响调查的具体工作内容、调查地点、方法、时间、次数；要进行样方调查的，应说明样方确定的原则、样方的数量和位置，具体内容可按照《环境影响评价技术导则—生态影响》中的有关规定并结合本书相关内容确定。

④ 污染影响调查方法和内容

污染影响调查主要包括污染源和项目所在区域环境质量的调查与监测。在方案中，需根据相关的验收规范要求设定调查内容与监测方案，具体说明拟采取的调查方法和监测方法，包括调查内容、方法、时间、地点、资料收集范围和时限；监测方案应包括监测因子、点位布设、监测时间、频次、方法，并应附相应的调查、监测点位分布图（平面图）和示意图（立面图）。

如水环境影响调查中，分为环境质量影响和污染影响两部分进行。环境质量影响调查主要是指工程造成的河流、湖泊（水库）水位、流速、流量、泥沙、水温、气体饱和度等变化，以及这些变化对上下游用水、水生生物、河道生态系统、水环境容量、土壤（沼泽化、盐渍化）等的影响；污染影响主要是指水污染物排放对受纳水体水质造成的影响和水体富营养化影响。

⑤ 社会影响调查内容

主要包括移民安置、文物保护措施、公共设施淹没等的影响调查。

⑥ 环境风险防范及应急措施调查

环境风险防范及应急措施调查应建立在对项目环境风险因素识别的基础上，调查方案中应说明需调查的环境风险事故源及危险物质，侧重污染事故防范措施、污染事故应急处理预案、应急监测预案和应急物资储备、应急演练、与地方联动等的调查。

⑦ 公众意见调查

应明确调查方法、调查对象与调查范围、调查样本数量及调查内容等。

验收中的公众意见调查目前没有相关法规规定，可参照《环境影响评价公众参与暂行办法》执行，通过发放调查表、咨询专家意见、座谈会、论证会、听证会等形式公开征求公众意见。

调查范围应以工程所涉及的行政区域特别是直接影响区域为主，调查对象的确定要注意其代表性。代表性应从民族、性别、年龄、职业、居住地（直接影响区域与间接影响区域）等方面考虑，有拆迁或移民的建设项目，调查对象中应当包括拆迁或移民代表。调查样本数量的确定必须满足代表性要求，对大中型建设项目来说，一般不得少于100人。

调查内容主要应依据工程对环境的影响拟定，一般包括公众对污染防治效果是否满意、公众对生态恢复效果是否满意、公众对影响程度的反应和对所采取的减轻或消除影响措施是否满意、公众对建设单位环境保护工作的总体评价及针对本工程的环境保护意见或要求等内容。

调查内容应避免出现与本工程环境保护工作无关的问题或属于其他部门管辖的内容，如调查移民或拆迁群众对拆迁补偿是否满意等。

6. 工作计划

验收调查工作一般应在 3 个月内完成，根据工作需要合理设置各阶段工作的时间进度安排。特殊、重大项目可以适当延长完成时限。

第二节　验收调查报告的编制

一、基本要求

验收调查报告是环境保护行政主管部门进行建设项目竣工环境保护验收的技术依据，是在现场调查、现状监测、公众意见调查和文件资料核实等具体工作的基础上，通过对调查和监测结果的分析，从技术角度判断建设项目是否符合环境保护验收的条件。其基本要求如下：

（1）以环境影响报告书及审批意见、设计文件及相关工程资料为依据；

（2）以现场调查结果、监测数据资料为基础；

（3）以环境影响调查和环境保护措施调查为重点；

（4）全面、准确地反映工程运行后对环境产生的实际影响和影响程度；

（5）验证环境影响评价的预测结果；

（6）客观、公正地评价工程在建设前期、施工期和试运行期所采取的环境保护措施及其效果；

（7）针对工程运行后存在的环境问题，提出补救措施与建议，并给出工程是否具备开展竣工环境保护验收条件的结论。

二、主要内容

根据《规范总纲》的规定，调查报告应包括如下内容（具体编制内容可根据建设项目特点选择下列部分或全部内容进行编制）：

1．前言

2．综述

　　(1) 编制依据

　　(2) 调查目的及原则

　　(3) 调查方法

　　(4) 调查范围和验收标准

　　(5) 环境敏感目标

　　(6) 调查重点

3．工程调查

　　(1) 工程建设过程

　　(2) 工程概况

　　(3) 工程变更情况

　　(4) 工程总投资及环保投资

　　(5) 验收工况负荷

4．环境影响报告书及审批意见回顾

5．环境保护措施要求落实情况调查

6．施工期环境影响调查

7．试运行期环境影响调查

　　(1) 生态环境影响调查与分析

　　① 自然环境概况、生态环境影响、农业生态影响、水土流失影响调查等。

　　② 存在问题、补救措施建议。

　　(2) 污染影响调查

　　水、气、声、固体废物、环境振动、电磁环境等。

　　(3) 社会环境影响调查

　　移民、文物影响调查。

8．清洁生产与总量控制调查

9．环境风险防范及应急措施调查

10．环境管理状况调查及监测计划落实情况调查

11．公众意见调查

12．调查结论与建议

13．附件

　　① 环境影响报告书审批文件。

　　② 其他相关文件，如环境影响评价文件执行标准的批复，项目立项、核准批复文件，试生产批准文件等。

　　③ 验收监测报告、环境监理总结报告。

　　④ "三同时"竣工验收登记表。

下面选择部分章节，对其编写要求进行介绍。

1. 前言

前言部分主要是对验收建设项目的基本情况和验收任务情况进行介绍，包括：

（1）项目概要和建设过程，包括项目名称、地点、主要组成、开工时间、完工时间、投入试运行时间、总投资与环保投资等；

（2）试运行期的工况；

（3）环境影响评价制度执行情况，环境影响报告书编制单位与完成时间、行政审批时间及审批意见文号、试生产申请及审批情况等；

（4）承担验收任务的单位、工作时间及现场调查情况等。

2. 综述

主要是对验收调查工作依据、调查方法、调查范围、调查因子、验收标准、环境敏感目标、调查重点等方面进行说明。

编制依据主要包括：国家和地方性法律法规、政策；与项目有关的环境保护规划、环境功能区划、城市规划文件，自然保护区、生活饮用水水源保护区、风景名胜区等特殊保护区域的规划与管理文件等；项目的可研、设计及批复文件，工程建设中环保设施变更报批及批复文件，环保设计文件；环境影响评价文件及其预审、审批意见；环境监理总结、环境监测数据等。

3. 工程调查

在实施方案基础上，对工程建设内容、变更情况及建设过程进行补充完善，同时明确工程的工况负荷情况和环保投资情况。

工况负荷是判断工程环境影响程度的重要依据，如果工况负荷低，则环境影响不能充分反映出来。但生态影响类项目的行业特性决定了不同行业反映工况负荷的因子并不完全相同，如公路项目用车流量、铁路和轨道交通项目用列车对数、输油（气）管线用输油（气）量等，因此，不能用统一的某一百分比作为验收工况负荷的要求。按技术规范要求，验收调查在主体工程运行稳定、环境保护设施运行正常的条件下进行，按实际工况进行调查即可；但对于较低负荷的项目，需按环境影响评价文件近期的设计能力（或交通量）对主要环境要素进行影响分析。

环保投资是反映工程总体环境保护投入的一项指标，需按实际调查情况，分类、分项逐一列出金额，并与环评阶段的资金进行对比，明确变化情况，尤其发生重大变化的资金应对其加以分析说明。值得注意的是，在与环评进行对比说明时，需结合验收调查情况核查各项投资计入的合理性，是否有遗漏；另外，同时具有工程作用和环保作用的投资（如边坡防护），一般仅将投资按一定比例计入环保投资（可根据实际情况计入 15%～30%）。

4. 环境保护措施要求落实情况调查

对环境影响报告书及其审批意见中所要求的各项环境保护措施，逐一予以核实、说明。列出各项措施、要求落实情况的对照表，对未落实的环境保护措施、要求以及建设单位根据实际影响补充增加的环境保护对策措施，报告均应予以分析、说明。

（1）设计阶段

概括说明环境影响报告书及其审批意见所提的各项环保措施要求在工程设计中的落实情况，包括新增的环境保护措施和设施的设计变更情况。

（2）施工阶段

重点调查环境影响报告书及其审批意见中有关施工期环境保护措施要求的落实情况，主要通过研阅施工期生态保护措施与污染防治设施建设和运行资料、施工期监测资料、工程环境监理资料，再结合公众意见调查和现场踏勘得出调查结果。

（3）试运行阶段

重点调查环境影响报告书及其审批意见要求的有关试运行期环境保护设施和措施的建设运行情况。通过对生态保护措施的实施情况和生态恢复效果进行详细调查、对污染防治设施的运行情况和污染物排放情况进行调查和监测，得出试运行期环境保护措施要求落实情况的调查结果。

5. 施工期环境影响调查

施工期环境影响调查的有关信息主要通过施工期环境监测资料、环境监理资料以及公众意见调查获取。在分析上述资料的基础上，按生态、水、气、声、固体废物等环境影响要素给出施工期环境影响调查结果。

6. 试运行期环境影响调查

按照实施方案确定的内容、范围和方法开展调查及相关监测工作，并随着调查工作的深入及时调整方案中不完善的内容。

调查分析主要从四个方面着手：一是环境概况调查；二是污染源调查；三是环境质量和污染源监测；四是环境质量监测结果分析、污染源监测达标分析和污染物排放总量分析。

生态环境影响调查应重点说明以下问题：工程建设对区域生态景观、连通性、生物多样性、异质性是否产生影响；根据工程建设前后影响区域内野生动植物、水生生物生存环境及生物量的变化情况，结合工程采取的保护措施，分析工程建设对野生动植物生存的影响；工程建设临时占地的设置及措施实施情况；工程建成后环境影响与环境影响报告书中预测值的符合程度及减免、补偿措施的落实情况；工程建设对自然保护区、风景名胜区、重要湿地、森林公园、地质公园等生态敏感目标的影响，提供工程与生态敏感目标的相对位置关系图，可借助图片辅助说明调查分析结果，必要时可借助遥感分析的方法。

水环境影响调查重点说明以下问题：工程建设对区域内敏感水体的水生生物、水质是否产生影响；工程建设对区域内水源保护地、取水口、工农业用水是否产生影响；环境影响报告书及审批意见中要求的水污染防治措施是否落实、是否有效；水利水电项目还需关注工程建设对水文情势、水温等的影响，以及生态用水保证措施要求的落实情况。

声环境影响调查重点说明：环境敏感目标与环评阶段的变化情况，对新增敏感目标所采取的措施情况；环境影响报告书及其审批意见中要求采取的降噪措施是否落实、是否有效；工程建设后区域声环境质量是否满足标准限值要求；轨道交通项目还需注意二次辐射噪声的问题。

环境空气影响调查重点说明：环境影响报告书及其审批意见中要求的大气污染防治措施是否落实、是否有效；受影响区域空气质量是否满足标准限值要求；排放的各类大气污染物总量是否满足总量控制指标要求。

固体废物影响调查重点说明：固体废物来源、处置方式，尤其危险废物是否得到合理处置；采掘类建设项目需特别关注尾矿、矸石等的合理处置与相应的环境影响分析。

环境振动影响调查主要在铁路和轨道交通行业的建设项目中开展，重点关注环境影响报告书及其审批意见中要求的减振措施是否落实，工程建设后区域环境质量是否满足标准限值要求。

电磁环境影响调查主要在输变电、铁路、轨道交通行业的建设项目中开展，重点关注工程建设后区域环境质量是否满足标准限值要求。

社会影响调查的内容侧重于移民环境影响调查和文物古迹影响调查两方面。移民环境影响调查在水利水电行业和采掘类建设项目中尤为重要，需明确移民数量、安置方式、集中安置区环境保护设施的落实情况，以避免二次环境影响的产生；文物古迹影响调查重点关注环境影响报告中提出的相应措施的落实情况。

7. 清洁生产与总量控制调查

清洁生产与总量控制调查侧重于环境影响报告书及审批意见中清洁生产和总量控制要求的落实情况。清洁生产水平的调查应注意遵循已经发布的清洁生产标准，对尚未发布清洁生产标准的项目，主要从利用生产工艺与装备要求、资源与能源利用指标、污染物产生指标、废物回收利用指标、环境管理要求等方面进行分析；国家的总量控制指标为二氧化硫、化学需氧量、氨氮和氮氧化物，有的省根据实际情况制订了自身的总量控制指标。一般油气管道输送、石油和天然气开采、矿山采选等建设项目涉及该方面的内容。

8. 环境风险防范及应急措施调查

环境风险防范及应急措施重点调查工程试运行以来已发生过的工程事故或生产事故和由此产生的环境危害、采取的应急措施；环境影响报告书及审批意见所要求的环境风险防范与应急措施落实情况、环境风险应急预案制定及与地方联动情况、必要的应急设施和物资配备情况、应急队伍培训与演练情况；针对存在的问题提出改进措施与建议。

9. 环境管理状况调查及监测计划落实情况调查

环境管理状况调查及监测计划落实情况调查按施工期和试运行期两个阶段开展。环境管理状况调查内容为建设单位环境保护管理机构、人员设置情况；规章制度制定、执行情况；环境保护相关档案资料管理情况；环境监测计划落实情况、环境监理实施情况等。环境监测计划落实情况调查的主要内容为环境影响报告书和审批意见要求的监测计划是否实施，说明具体的实施频次、点位、因子等内容；分析建设单位"三同时"制度的执行情况，并结合本次验收调查情况，提出切实可行的运行期改进环境管理和监测计划的建议。

10. 公众意见调查

应覆盖工程的全部影响区域，逐项分类统计结果及各类意向或意见的数量和比例；定量说明社会公众对项目环境保护工作的认同度，有反对意见的，应分析说明反对的主要内容和原因；对公众反映突出的环境问题应予以重点调查，了解问题的具体内容和影响程度，分析公众意见的合理性，调查建设单位或地方政府为降低环境影响所做的工作及成效；走访环境保护管理部门及环境敏感目标的管理部门，了解公众投诉及工程的影响情况；结合调查结果，对公众反映强烈的环境问题提出解决的建议。

11. 调查结论与建议

调查结论是全部调查工作的总结，编写时须概括和总结全部工作。其内容主要包括两方面：一是按调查专题概括说明工程建成后产生的主要环境问题及现有环保措施的有效性，在此基础上对环保措施提出改进措施和建议；二是根据调查、分析的结果，客观、明确地给出结论，从技术角度确认工程是否符合竣工环境保护验收要求。

需注意的是，由于建设项目发生变更，带来主要环境敏感目标及主要环境保护对策措施发生变化的，要进行详细、深入、细致的调查与分析。

三、注意事项

调查报告的编写需注意以下事项：

（1）各环境影响要素的调查因子、调查范围、调查手段、分析方法、验收标准和验收依据须逐一予以明确，注意不要遗漏。

（2）调查结果应从防治措施效果和环境监测结果两方面进行分析。对监测结果进行统计分析时，特别注意监测方法的检出限和有效数字；引用其他资料的监测成果时，须注意说明资料的来源、资料的时效、监测单位资质、监测时间、监测点位、监测方法、监测频次等。

（3）各环境影响要素调查均应给出明确的调查结论。简要说明环境影响方式、影响范围和程度、影响性质（即项目建设所造成的正面或负面影响是永久性还是暂时性的）、验收调查意见（明确本专题有关情况是否符合验收条件）。

（4）应针对建设项目遗留的主要环境保护问题提出整改、补救措施的意见，并针对验收后需要继续完善、加强的环境保护工作提出建议；对策建议应具体、有针对性。

（5）附必要的图件，包括工程地理位置图、平面布置图或线路走向图、监测点位图、环境敏感目标分布图、生态保护措施和污染防治措施的照片等。

（6）附必要的文件与资料，包括环境影响报告书审批意见、地方环境保护部门初审意见、行业主管部门预审意见、环境影响报告书执行的标准批复、设计批复文件及经批复的建设项目开工报告、试生产批准文件、监测报告、环境监理报告、其他证明文件等。

第三节　验收调查表的编制

验收调查表的编制要求与验收调查报告的编制要求基本一致，内容可适当从简，但需全面、概括地反映出环境影响调查的全部工作，文字应简洁、准确，尽量采用图表和照片，以使提供的资料清楚、论点明确。如果调查表不能充分反映建设项目的环境影响和环境保护措施的实施情况，可以对其中的主要环境问题参照相应环境要素的调查要求进行专项调查。

验收调查表的格式可参照《规范总纲》中的附录 B，但《建设项目竣工环境保护验收调查技术规范—港口》（HJ 436—2008）有单独的验收调查表格式规定。

调查表的主要内容如下：

（1）项目总体情况：建设项目名称、建设地点、项目性质、投资等。

（2）调查范围、调查因子、调查重点、环境敏感目标。

（3）验收执行标准。

（4）工程概况：项目地理位置（附地理位置图）、主要工程内容及规模、实际工程量及工程建设变化情况、生产工艺流程、工程占地及平面布置、工程环保投资明细、有关的生态破坏和污染物排放、主要环境问题及环境保护措施等。

（5）环境影响评价回顾：环境影响报告表的主要环境影响预测及结论（生态环境、声环境、大气环境、水环境、振动、电磁、固体废物等）、各级环境保护行政主管部门的审批意见（国家、省、行业）。

（6）环境保护措施执行情况：设计阶段、施工期、运行期各阶段环境保护措施要求的落实情况。根据环境影响报告表及其审批意见要求选填相应内容。

（7）环境影响调查与分析：根据工程的环境影响选填相应内容并进行分析。

（8）环境质量及污染源监测。

（9）环境管理状况及监测计划。

（10）调查结论与建议。

（11）附图、附件。

① 主要图件如下：

附图 1 项目地理位置图（应反映行政区划、工程位置、主要污染源位置、主要敏感目标等）；

附图 2 项目平面布置图；

附图 3 反映工程情况或环境保护措施和设施的必要的图表、照片等；

附图 4 监测点位布置图。

② 主要附件如下：

附件 1 环境影响报告表审批意见；

附件 2 初步设计批复文件；

附件 3 其他与环境影响评价有关的行政管理文件，如环境影响评价执行标准的批复和项目的立项审批或核准、备案等。

第四章 验收调查的主要内容

第一节 工程调查

工程调查应以环境影响评价文件和审批意见、初步设计文件及相关工程资料为依据，将环境影响评价阶段、设计阶段和实际建成工程的建设内容、环境影响因素、投资等予以对照表述，并对工程相对于环境影响评价阶段的变化情况给予必要的说明。

工程调查部分的内容主要包括：地理位置（线路走向）和项目区环境概况、建设过程、建设内容、工程变更、工程的环境影响及其防治措施、运行状况和验收调查阶段工况负荷、投资情况等，见表4-1。

表4-1 工程调查的主要调查内容

调查项目	工作内容
地理位置与环境概况	所处或经过的行政区、区域环境概况、环境敏感目标的分布
项目建设过程	项目的立项（核准）、环评及其审批意见、初步设计及其批复、开工、竣工、试生产（或试运行）、批准试生产等的情况
项目建设内容	项目组成、工程规模、工程量、主要生产工艺及流程、运行方式，工程布置与工程占地，主要技术经济指标等
建设方案变更情况	与环境影响评价阶段相比较，工程发生的主要变更情况等
项目的影响及其防治措施	工程导致的生态破坏和污染影响，已采取的生态保护措施和已建成的污染治理设施
工况负荷	环评阶段预测的设计初期、近期的产量或能力、试运行期的实际产量或能力、验收调查期间的产量或能力
项目投资情况	工程概算总投资和实际总投资、概算环保投资和实际环保投资

工程实际建设情况的调查一般采取资料研阅和实地勘察相结合的方法，对于占地范围很大的工程，还可以辅以遥感影像图以反映项目的全貌。其中，工程建设过程专项的调查主要采取研阅资料的方法，工程建设情况、工程变更等其他各专项的调查必须在研阅资料的基础上进行细致的现场勘察（需要研阅的资料参见第二章第五节）。

现场勘察工作主要包括：对建设项目工程内容（包括生产设施、配套设施和附属设施，下同）实际建设情况和运行情况、所在区域环境状况（包括环境现状、敏感目标分布等情况）、环境影响评价文件及其审批意见要求的落实情况以及遵守"三同时"制度的情况进行现场调查核实；现场勘察应覆盖工程的整个建设区域和影响区域；对影响范围广、敏感目标分散的工程，如公路、铁路、管道、输变电线路等，应综合运用实地踏勘、遥感、咨询走访等方式对全线进行普查，对涉及环境敏感区、居民集中居住区和生态破坏严重、影响突出的点段应逐个开展详细调查。

一、地理位置（线路走向）和项目区环境概况

地理位置（线路走向）和项目区环境概况部分须明确工程所处或所经的各行政区以及区域的社会经济和自然环境概况，一般以图件、照片并辅以文字表示。在地理位置图或线路走向图上，除标明道路、河流、村镇等基本地图信息外，还应尽可能标明工程影响范围内自然保护区、风景名胜区、饮用水水源地、居民集中居住区等环境敏感目标的分布情况。

二、项目建设过程

调查项目建设过程的目的，就是要通过呈示项目各关键环节的完成和获批情况，反映项目遵守建设项目环境保护管理程序（先后次序的规定）和相关环境保护规定的情况。

另外，通过查看环境影响评价文件和设计文件的编制审批次序，就可以对项目能否落实环境影响报告书及其审批意见提出的环境保护措施和要求形成基本判断。《建设项目环境保护管理条例》第九条规定："建设单位应当在建设项目可行性研究阶段报批建设项目环境影响报告书、环境影响报告表或者环境影响登记表；但是，铁路、交通等建设项目，经有审批权的环境保护行政主管部门同意，可以在初步设计完成前报批环境影响报告书或者环境影响报告表"。按照现行的项目投资体制，只有环境影响评价文件在设计之前获得批复，环境影响评价文件及其审批意见中提出的环境保护措施要求才能纳入设计，环境保护措施要求才能有资金和实际建设方面的保证。

建设过程的调查内容：

（1）项目立项时间、审批机关和审批文件（或核准备案情况，时间和相关文件）；

（2）初步设计完成时间、审批部门和审批文件；

（3）环境影响评价文件的完成时间和编制单位、预审时间及预审机关，审批时间、审批机关和审批意见；

（4）工程开工建设时间；

（5）工程建设竣工及试生产（运行）时间；

（6）试生产（运行）申请时间，试生产（运行）批准机关、批准时间及批准文件。

除进行上述时间节点和相关资料的调查外，验收调查单位还应通过对环境影响评价文件与设计文件的时序关系的分析，给出项目遵守环境保护管理程序情况的结论。

三、项目建设内容

项目建设内容的调查应包括建设项目的全部实际建设内容，包括主体工程、配套工程和附属工程，工程布置、工程量、经济技术指标等。不同类型的生态影响类建设项目需表述的内容不完全一致，其基本情况一般如表 4-2 所示。

表 4-2　主要生态影响类建设项目的基本情况

项目	建设规模	主体工程	配套工程或附属工程	主要技术指标
公路、铁路、轨道交通	长度（km）	线路	服务区、收费站/车站、管理区，主变电站、输变电站、停车场、车辆段等	设计行车速度、最大坡度、路面宽度/轨道数、路面材料/路基形式等
港口/码头	吞吐量	泊位、航道长度	堆场、办公设施、生活基地等	泊位吨级、装卸方式、货物性质等
输油/气管线	长度	管线、站场	阀室、阴保站、管理中心等	管径、防腐材料、输气管线的输送压力、设计输送能力等
石油/天然气开采	采油/气能力	油/气井、净化厂、集输站	集输管线、道路工程、生活基地等	油/气井的设计规模、压力，净化厂和集输站的规模、压力等
矿山采选	开采能力	矿井、选矿厂等	尾矿库/矸石场、生活基地、污废水处理站、锅炉房等	规模、井筒数量和深度、服务年限、开采方式、可采储量、煤质等
水利水电	库容/电站装机容量	拦河坝、电站厂房、泄水建筑物、引水隧洞等	场内道路、办公生活区、渣场等	设计年发电量、装机容量、正常蓄水位、死水位、入库流量、下泄流量、总库容、淹没面积等
输变电	长度、电压等级	线路、变电站	值守人员生活设施	架线形式、塔高、输送功率、设备容量等
林业	面积	造林面积	育苗基地等	立地类型和造林树种、造林模式、采伐/更新计划

在反映改扩建工程或分期建设工程的基本情况时，应注意全面反映本次扩建工程或本期工程的内容和工程量，界定清楚新建工程和既有工程，以明确本次验收的范围和内容。

四、工程变更

工程建设内容的变更是指实际建成的工程与环境影响评价阶段工程相比的变化情况。按照《环境影响评价法》的规定，建设项目的环境影响评价文件经批准后，建设项目的性质、规模、地点、采用的生产工艺或者防治污染、防止生态破坏的措施发生重大变动的，建设单位应重新报批建设项目的环境影响评价文件。竣工环境保护验收调查单位作为技术咨询机构，有责任和义务将工程主要变更情况在调查文件中如实反映，同时须对发生的重大变更说明原因，对工程环保措施的实施情况和效果进行深入、细致的调查与分析。

对于各项法规中规定的导致项目需要重新报批环境影响评价文件的"重大变动"的界定，一直以来都是验收调查工作的重点和难点。有些行业已有相应的文件规定，例如，2007年12月1日，国家环保总局、国家发改委和交通部联合发布了《关于加强公路规划和建设环境影响评价工作的通知》（环发[2007]184号）；2012年1月30日，环境保护部和铁道部联合发布了《关于铁路建设项目变更环境影响评价有关问题的通知》（环办[2012]13号），对有关工程的重大变更作了界定、对项目发生工程变更后相应环境影响评价工作的开展也作出了具体规定。

工程变更调查的内容主要包括工程建设内容变更、建设方案的变更、运行方案的变更和环保设施的变更等方面。

1. 建设内容的变更

建设内容的变更主要是指生产设施数量和规模、主要生产工艺、建设地点等的变更、主要配套工程或附属工程的增减等。如采掘项目增减洗选设施、公路工程增减服务设施等。

2. 建设方案的变更

工程建设方案的变更主要包括建设位置、工程量、施工方案，以及由此引起的环境保护设施的变更。如施工中取弃土场设置数量和位置的变更、土方工程量的变更、道路工程和管线工程线路走向的调整、采掘项目首采区或首采工作面位置变化、隐蔽工艺由明挖改为盾构等施工工艺的变更等。工程建设位置和施工方案变更带来的最为直接的后果就是环境敏感目标和环境影响的变化，如公路走向变动带来声环境敏感目标的改变、取弃土场设置的变更带来生态敏感目标的变更等。

3. 运行方案的变更

运行方案的变更主要是指工程功能变更所导致的运行方式的变更，如水电工程在增加调峰、调频、调相等功能后，其相应的运行方式也要调整，而不同的运行方式对环境也会带来不同的影响，在增加调峰功能后，所带来的水文情势变化会对下游生态环境和用水造成新的影响。

4. 环境保护设施的变更

环境保护设施的变更主要是指生态保护设施和污染防治设施的变化，如增殖放流站规模和建设地点变化、锅炉除尘器形式变化等。引起环境保护设施或措施发生变更的原因主要有两个：一是工程建设方案发生改变，二是科技进步导致环境保护设施或措施优化。当然，也不排除建设单位未经许可擅自采用落后的污染治理设施或简化生态保护设施，甚至擅自取消环境保护设施的情况。

工程变更情况和敏感目标的变化多用表格的形式表现（参见表 4-3 至表 4-5），还可在相关图件中反映。

表 4-3　某管道工程量变化情况

序号	内容		环评	初步设计	实际	变化情况
1	管道长度	干线	476 km	480.8 km	485.8 km	工程建设内容有一定的变化，管线长度变化不大，站场数量有一定变化
		支线	24.2 km	24.2 km	24.5 km	
2	工艺站场	干线	8 座	8 座	6 座	
		支线	0 座	0 座	1 座	
3	截断（分输）阀室		16 座	17 座	20 座	
4	生产调度中心		与×站合建	与×站合建	与末站合建	位置变更
5	穿越工程	大型河流	1 处	1 处	1 处	与环评阶段相比工程量略有增加
		中型河流	9 处	12 处	12 处	
		铁路	9 处	10 处	10 处	
		等级公路	10 处	10 处	13 处	
6	施工道路		182.9 km	183.2 km	184.3 km	
7	生活污水处理设施		仅×站为地埋式污水处理装置，其余均为化粪池	仅×站为地埋式污水处理装置，其余均为化粪池	××共 4 座站场为地埋式污水处理装置，末站为化粪池，×站由市政罐车定期拉运	提高了污水治理措施水平，减少了污染物排放
8	线路变化情况		—	—	大体走向与环评一致，但在×处有所改变（具体变化见线路走向图）	

表 4-4　某公路工程量变化情况

项目	单位	环评工程量	实际工程量	比较结果
设计规模		双向四车道加连续紧急停车带	双向四车道加连续紧急停车带	从对比情况来看，实际工程量比环评阶段有一定的变化，主要体现在挖方和涵洞的变化方面。为了减少工程建设对区域内地表径流的影响，工程实际设置涵洞较多，并因此造成挖方量的大幅度增加
路线长度	km	59.9	58.9	
路基宽度	m	26	26	
挖方	10^4 m^3	10.9	59.39	
填方	10^4 m^3	1 181.6	1 080.99	
涵洞	道	132	268	
通道	座	18	17	
跨河渠桥	座	14	13	
分离式立交	处	42	44	
互通式立交	处	9	10	
服务区	处	1	1	
收费站	处	2	3	

表 4-5　某公路声敏感目标的变化情况

序号	敏感点名称	环评情况			本次调查情况			
		桩号	与路中心线距离和方位/m	高差/m	实际桩号	与路中心线距离和方位/m	高差/m	基本情况
1	××村	K1+600	东 50	−4	K1+500	东 37	−5.9	平房、窗户侧对路，房屋排列分散，房屋与路之间有稀疏的树木；100 m 范围内 96 户，直接临路 21 户
2	××村	K7+100	西 80	−7				因线路摆线，已不在调查范围内
3	××庄				K6+150	东 22	−5.7	新增敏感点。平房、窗户侧对路，房屋排列整齐，部分房屋与路之间有茂密的树木；100 m 范围内 16 户，直接临路 13 户
4	××小区				K8+600	东 82	−5.8	于本工程之后建设
5	××小学	K12+900	北 50	−4	K12+000	北 63	−5.2	面向公路，与本工程之间有茂密的树木；学生 160 人，教师 33 人，夜间无住宿。学校有围墙，三层教学楼，共 12 间教室
6	××敬老院	K43+300	北 20	−4				落实环评批复要求已搬迁到××地，距此 4 km

五、工程占地

工程占地分为永久占地和临时占地两类。永久占地是指因工程建设而改变用途、被永久占用的土地，如公路的路基、服务区，输气管线的站场、阀室，水库的枢纽和淹没区等；临时占地是指因工程建设过程中的需要，被临时占用、在工程结束后可以恢复利用的土地，如工程的取土场、施工材料的堆放场、施工人员的临时营地、施工便道等。

工程占地情况主要调查占用土地的类型、面积和原用途等，以便分析工程实际占地是否符合环境影响评价阶段提出的占地指标、对区域土地利用的影响程度等；临时占地同样需要调查占用土地类型、面积和原用途，重点是调查竣工后土地的恢复、利用情况。应注意的是，在调查中需特别关注建设项目是否占用了基本农田保护区、自然保护区、风景名胜区等环境敏感目标区的土地，如果占用必须取得相应行政主管部门的许可（审批）。

六、主要环境影响因素

建设方案确定以后，工程的建设施工和生产运行都会对环境产生不同的影响。项目的环境影响调查应对施工期和试运行期进行全面的调查分析。某气田开发工程的环境影响因素分析如图 4-1 所示。

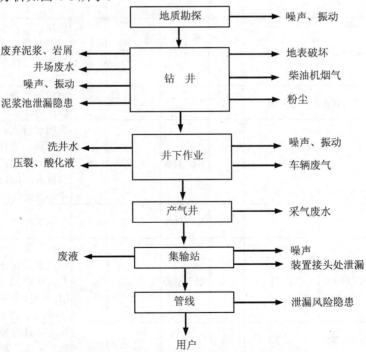

图 4-1　某气田开发过程环境影响因素及产污环节

1. 生态环境影响

工程在施工期和运行期都会对生态环境产生影响，其中施工期的影响主要是源于工程占地、地表扰动以及施工活动；运行期的影响主要是造成自然生态系统功能的改变和对系统的分割，如水利工程将河流生态系统改变为湖泊生态系统、道路工程对森林或湿地系统的分割等。

2. 污染影响

污染影响主要指水、气、声、固体废物、振动、电磁等方面的影响，需调查污染源、污染因子、污染物排放量、处理方式、排放去向等内容，可用表 4-6 的方式表示，还可以采用产污流程图来形象地表示污染物随生产工艺的产生过程和产生量。

表 4-6　某铁路工程水污染源的处理和排放情况

序号	位置	名称	水污染源	排放量/(m^3/月)	主要污染因子	排放去向
1	K0+100	××车站	生活污水	200	pH、COD、BOD_5、NH_3-N、动植物油	二级生化处理→绿化
2	K122+800	××停车场	生产废水	800	pH、COD、石油类	沉沙→隔油→生化处理→绿化
...						

3. 社会影响

社会影响主要关注工程征地拆迁（移民）所带来的环境影响和工程建设对文物古迹所产生的影响，重点调查环境保护措施的实施情况。

在开展工程环境影响因素调查时，应同时对已经采取的对应的减缓措施（设施）开展调查，并注意核实环境影响评价文件及审批意见中有关要求的落实情况，还要根据调查结果对工程落实"三同时"要求的情况予以评述。

七、试运行期生产或运行状况调查

原国家环境保护总局《关于建设项目环境保护设施竣工验收监测管理有关问题的通知》（环发[2000]38 号）第六条规定："建设单位应保证的验收工况条件为：试生产阶段工况稳定、生产负荷达 75%以上（国家、地方排放标准对生产负荷有规定的按标准执行）、环境保护设施运行正常。对在规定的试生产期，生产负荷无法在短期内调整达到 75%以上的，应分阶段开展验收检查或监测。"《规范总纲》也规定："对于公路、铁路、轨道交通等线性工程以及港口项目，验收调查应在工况稳定、生产负荷达到近期预测生产能力（或交通量）75%以上的情况下进行；生产能力达不到设计能力75%时，可以通过调整工况达到设计能力75%以上再进行验收调查；如果短期内生产能力（或交通量）确实无法达到设计能力75%或以上的，验收调查应在主体工程运行稳定、环境保护设施运行正常的条件下进行，注明实际调查工况，并按环境影响评价文件近期的设计能力（或交通量）对主要环境要素进行影响分析；对于水利水电项目、输变电工程、油气开发工程（含集输管线）、矿山采选可按其行业特征执行，在工程正常运行的情况下即可开展验收调查工作；对分期建设、分期投入生产的建设项目应分阶段开展验收调查工作，如水利、水电项目分期蓄水、发电等。"

生态影响类建设项目建成后，一类项目是提供实际的产品，如煤矿出产煤炭，其衡量指标是产品产量，另一类是提供公共服务，如公路和铁路形成运输能力，其衡量指标是交通量和运输量等，《规范总纲》所称的"生产能力"是指项目的产品产量或服务能力。试生产（试运行）或验收调查期间的实际生产能力和环境影响报告书中提出的设计生产能力之比即为负荷（以%表示），而工况是指企业和环境保护设施的运行状态（工作状况）。对工程试运行期的生产或运行状况的调查就是指对项目工况和负荷的调查与分析。

项目的环境影响大多与其工况和负荷直接相关，如公路的噪声源强和声环境影响就与车流量呈正相关，故查清项目在试生产期间特别是在验收调查监测期间的工况和负荷就显得十分必要。生态影响类建设项目验收调查时，项目的实际生产能力与环境影响报告书（表）提出的设计能力往往存在较大差异（即负荷往往不是100%，举例见表4-7），当实际生产能力远低于设计能力时，根据验收监测的数据就无法对项目生产能力达到设计值时其环境影响是否达标、采取的措施是否有效作出判断。所以，正确的做法是，当负荷较低时，在被验收项目及其所属的环境保护设施都正常稳定运行的情况下，直接开展验收监测并记录监测时的负荷，再根据监测结果分析计算出项目生产能力达到设计值时的环境影响程度，最终基于满足设计值时的影响程度的数据得出项目已经采取的减缓措施是否足够有效、是否可以通过竣工环境保护验收的结论。这也就是《规范总纲》提出的"如果短期内生产能力（或交通量）确实无法达到设计能力75%或以上的，验收调查应在主体工程运行稳定、环境保护设施运行正常的条件下进行，注明实际调查工况，并按环境影响评价文件近期的设计能力（或交通量）对主要环境要素进行影响分析"的含义。例如，某高速公路，验收调查时的车流量只有近期设计值的30%左右，调查中无法人为提高车流量至设计值的75%以上；在这种情况下，调查仍可以对沿线敏感点开展声环境影响监测并记录监测时的车流量；取得敏感点环境噪声数据后，再利用实际的监测结果计算出当车流量达到设计值100%时敏感点受到的噪声影响情况（即环境噪声值），并据此得出当车流量达到设计值100%时沿线声环境敏感点达标情况的结论，再据此对已采取的噪声减缓措施的有效性进行评述。

表4-7　某公路试运行期负荷情况　　　　单位：（标准小客车）辆/d

路　段	预测交通量（设计能力）			实际交通量（实际生产能力）	相对于2005年设计能力的负荷
	2005年	2010年（近期）	2020年（中期）	2005年	
起点—A段	33 349	44 531	66 165	24 011	72%
A段—B段	22 476	33 441	52 697	13 935	62%
B段—终点	17 448	26 325	41 628	13 086	75%

八、工程投资与环保投资

明确环境影响报告书（表）中工程总投资（概算）和实际总投资、环保投资预算和实际环保投资，需逐一对比核实环境影响评价文件中要求的环保投资落实情况并对变化原因加以分析。对环保投资的逐项对比也是发现环境保护设施变更的一个重要途径。某项目环保投资举例见表4-8。

表4-8　某项目环保投资落实情况

项目名称	投资额/万元		备注
	环境影响评价阶段	实际	
施工期环境监理	49	69	
地表平整	248	207	因场地减小，费用节省
防沙治沙	255	394	由砾石压盖变为草方格
植被恢复	64	87	
站场绿化	53	88	
废水处理	45	105	在隔油池后增加了气浮设备
合计	714	950	

第二节　生态环境影响调查

在生态影响类建设项目竣工环境保护验收工作中，需要通过生态环境影响调查了解建设项目对生态环境的影响方式、影响范围和影响程度，调查建设项目所采取的生态保护措施及其效果，从而得出建设项目在生态环境影响方面是否符合竣工环境保护验收条件的结论。

生态环境影响调查采用的方法主要是资料收集、现场勘察、专家咨询与公众意见调查、生态监测、遥感调查等方法；海洋生态调查的方法参照 GB/T 12763.9—2007，水库渔业资源调查方法参照 SL 167—1996。

调查应尽量采用定量的方法进行描述和分析，当现有科学方法不能满足定量需要或因其他原因无法实现定量测定时，生态环境影响调查可通过定性或类比的方法进行描述与分析。总之，生态环境影响调查应力求将调查得到的信息进行量化，定量、翔实、细致地描述工程建成后生态环境现状和存在的问题，分析工程建设前后生态环境质量的变化与生态保护措施的有效性，并对存在的问题提出补救措施与建议。

一、生态环境影响分析

在进行生态环境影响调查前，首先需了解建设项目的特点和工程所在区域的环境状况。由于人类建设开发活动对生态环境的影响是复杂、多样的，影响可划分为不利影响和有利影响，直接影响、间接影响和累积影响，可逆影响和不可逆影响等。不仅同一区域不同建设项目的影响不同，而且同一个建设项目位于不同区域的环境影响也不相同，竣工环境保护验收调查主要针对已经发生的直接环境影响和间接环境影响进行调查。

1. 交通运输

按照《国民经济行业分类与代码》（GB/T 4754—2002），通常所说的交通运输包括公路、铁路、港口、航运、管道、城市道路和轨道交通等。

（1）公路、铁路、城市交通和轨道交通建设项目

该类建设项目对生态环境的影响主要表现在对自然生态系统和城市生态系统的影响，其中包括对农业生态、草原、森林、湿地生态系统的影响，对野生动植物、水资源的影响，对自然保护区、风景名胜区、重要湿地等生态保护区或敏感与脆弱区的影响、视觉景观影响等方面。公路运行期还存在危险化学品运输事故风险，可能对敏感水体的水生生态环境造成影响。

（2）港口和航道类建设项目

航运和港口建设项目由于涉及疏浚、炸礁炸山、抛泥、修筑堤坝、码头泊位建设、陆域吹填等活动，因此其建设可能对河流湿地和海岸带生态系统以及陆生生态系统产生影响，如堤堰、码头的修筑可能改变海洋潮汐流向、流速，引起泥沙淤积；港池和航道疏浚可能破坏沿海滩涂地貌，破坏或减少生物栖息地，造成生物种群变化甚至某种物种灭绝；抛泥可能影响抛泥区的海洋生态环境等。

航运和港口项目的建设可能涉及一些重要的自然保护区、风景名胜区等特殊、重要生态敏感区，如红树林、珊瑚礁等，水生生物的自然产卵场、索饵场、越冬场和洄游通道、天然渔场等，在进行现场调查时需予以特别关注。

（3）管道工程

管道工程主要指油品和天然气管道的建设工程。该类项目影响范围较大，且呈带状分布，穿越不同的生态类型区域，对土壤、植被、地表形态、地表径流均会产生一定影响。同时，工程伴有的施工道路的开辟、巡护道路的修建以及管道上方不允许种植深根植物的要求，也会对当地的生态环境产生一定的影响。另外，管道输送工程的突发事故也有可能造成环境大面积的污染，导致局部地表水、土壤、植被的破坏。

2. 水利水电

水利水电项目从其修建的功能来分，主要有防洪工程（如堤防）、灌溉工程、供水工程（流域内和跨流域调水工程）、水电工程等。水利水电项目对生态环境的影响都是由于水资源利用方式的改变、水资源时空分配的改变或兴建水工构筑物而引起的，主要体现在对河道的阻隔、水文情势变化、淹没与移民等方面。如闸坝的阻隔作用会严重影响上下游水生生物的种群交流，特别是使洄游性鱼类不能顺利完成其生活周期，进而影响到物种的延续，流域梯级开发对洄游性鱼类的影响尤为突出；水资源分配方式的变化有可能使下游出现减脱水段；水文情势的变化将破坏某些鱼类的产卵场、索饵场和越冬场，还有可能导致水体富营养化，水温的改变对引河水灌溉的农业生态造成影响等；水库不仅仅使农、林、牧业等的土地资源丧失，而且还会使某些生物栖息环境遭到永久性破坏，某些优美的自然景观、历史文化遗迹等也会由于淹没而消失；移民带来的环境影响是水利水电项目最大的社会环境影响，如果移民集中安置区选址不当，还会引发地质灾害、水土流失等一系列生态问题。

3. 石油和天然气开采

石油和天然气开采项目主要是指海域和陆域石油天然气资源的勘探、开发等活动。海洋石油和天然气开发活动的生态环境影响主要是对海洋水质、海洋生物、海洋沉积物的影响；陆域石油和天然气开发活动对生态环境的影响在勘探期即已开始，该类项目除产生与其他生态影响类建设项目相同的占地、破坏植被、水土流失等影响外，还产生废弃泥浆和生产废水等，如处理不当，容易导致土壤、地表水、地下水的污染。有的石油和天然气开采项目涉及自然保护区、湿地等生态敏感目标，对自然生态系统造成影响。

4. 矿山采选

矿山采选属于自然资源开发项目，包括煤炭采选、黑色金属矿采选、有色金属矿采选、非金属矿采选等，其开采方式有露天开采和地下开采两种。矿山采选项目产生的生态环境影响是巨大而深远的。对生态环境的主要影响是：地面沉陷导致地表植被影响甚至生态类型的改变；地下水的疏干、大面积的清除植被、剥离土壤、劈山开路、填塞沟渠，导致地表植被破坏、水土流失加剧或荒漠化，甚至引发山体滑坡、泥石流等地质灾害；矿山排水易造成河流和土壤污染，对水生生物和农业生态造成影响等。

5. 输变电工程

输变电工程包括输电线路、变电站及相关工程（如道路）等。其生态环境影响主要发生在施工期，主要是牵张场、材料场、施工临时道路等临时占地扰动地表、砍伐林木等；另外，输变电工程一般线路比较长，可能途经一些生态敏感区（如自然保护区、风景名胜区等），在开展生态环境影响调查中必须予以重点关注。

6. 林业

林业包括采种、育苗、植树、造林、森林抚育、天然林场的经营管理，以及对经济林树种的种植和其林产品的采集。近年来，环保验收涉及的林业项目一般是林纸一体化项目中的浆纸林基地项目。该类项目产生的生态环境影响主要是使生态系统结构趋于单一化，并对生物多样性、土壤肥力和水土保持等方面产生影响。

二、调查内容

根据生态影响的空间和时间尺度特征，相关调查应侧重调查影响区域内生态系统类型、结构、功能和过程，以及相关的非生物因子特征（如气候、土壤、地形地貌、水文和水文地质等），重点调查受保护的珍稀濒危物种、土著种、关键种、建群种和特有种以及天然的重要经济物种等，生态保护措施落实情况、实施效果，环境敏感目标以及环境影响评价文件和审批意见提出的其他生态保护要求。生态环境影响调查如涉及国家级和省级保护物种、珍稀濒危物种和地方特有物种时，应逐个或逐类说明其类型、分布、保护级别、保护状况等；如涉及重要生态敏感区时，应逐个说明其类型、等级、分布、保护对象、区划和保护要求等。生态保护措施落实情况和效果调查应包括工程土石方量，临时占地的恢复措施与恢复效果，防护工程、绿化工程建设情况及其效果，国家和地方重点保护野生动植物的保护、恢复、补偿、重建措施和效果，以及保证生态下泄流量的措施、减缓水温变化影响的措施、土地保护措施、生态监测措施等。

从上文的生态环境影响分析中可以看出，工程的建设特点决定了生态环境影响的性质，不同建设项目对生态环境影响的内容和程度有很大区别，因此调查的侧重点也会有所不同。生态影响类建设项目的生态环境影响调查内容见表4-9。

表4-9　生态环境影响调查内容

调查内容 ＼ 项目类型	公路、铁路、轨道交通	港口/码头	输油/气管线	石油/天然气开采	矿山采选	水利水电	输变电
陆域野生动植物	√		√	√	√	√	√
水生生态环境		√				√	
生态敏感目标	√	√	√	√	√	√	√
永久占地和临时占地	√	√	√	√	√	√	√
农业生产影响（重点是基本农田的影响）	√		√	√		√	√
土石方量	√	√	√	√	√	√	√
生态保护措施落实情况和效果	√	√	√	√	√	√	√

注："√"表示必做内容。

1. 自然生态环境影响调查

（1）动植物影响调查

根据工程建设前后影响区域内野生动植物、水生生物生境的变化情况，结合工程采取的保护措施，分析工程建设对其生境的影响。

野生动植物生境的变化依建设项目对其影响的方式、强度、范围、时间长短的不同有很大的差异，因此，在进行影响分析时，应做出如下判别：

① 确认是否对国家和地方重点保护野生动植物、地方特有野生动植物产生影响；

② 调查栖息地是否减少，鱼类"三场"是否被破坏、鱼类洄游或种群交流阻隔等影响程度；

③ 所采取的生态修复和保护措施是否有效；

④ 重大项目应进行生态景观及生产力变化分析。

港口、航运、水利水电、海洋和海岸带开发建设项目对动植物的影响主要由于水域或海域生态环境变化所带来的，目前一般可借助生态监测手段分析影响情况；而公路、铁路、管线等生态类建设项目，对生态环境的影响主要是由于分割效应、生境破碎、栖息地减少等原因，对陆域动植物产生一定的影响，在竣工环境保护验收调查阶段一般还仅限于进行定性分析；运行期，工程需要开展长期的生态跟踪监测。

例如，为分析××港口项目建成后对海域内水生生态系统的影响，可选择与环境影响评价相同的有代表性的点位进行监测，如港区外侧、航道区、敏感目标所处海域等；监测因子可选择浮游植物、浮游动物、底栖生物的种类组成、数量分布、群落结构、生物多样性特征等，方法按《海洋调查规范》（GB/T 12763.9—2007）和《海洋监测规范》（GB 17378—2007）执行；同时应注意验收监测时间与环评监测时间的可比性。监测结果如表4-10所示。

表 4-10　海域浮游植物监测结果

站位	种类数/种			总密度/（10^5个/m³）			生物多样性指数 H			均匀度指数 D		
	环评阶段	施工期	试营运期	环评阶段	施工期	试营运期	环评阶段	施工期	试营运期	环评阶段	施工期	试营运期
港区外侧	5	27	29	2.38	7.92	32.86	1.39	1.33	0.38	0.597	0.293	0.542
航道区	5	19	32	4.74	3.15	31.24	1.46	0.99	0.37	0.627	0.444	0.541
敏感目标海域	7	23	28	2.18	0.36	3.40	2.03	1.06	0.38	0.721	0.333	0.547

（2）生态敏感区影响调查

在生态环境影响调查中，特殊或重要生态敏感区是调查工作的重点，验收调查工作中所称的生态敏感目标见表 2-1。由于生态影响类建设项目的建设区和影响区范围较广，往往不可避免地会涉及一些生态敏感区，尤其是公路、铁路、管道运输、水利水电等影响范围较大的项目，一个项目甚至会涉及几种生态敏感区。这些生态敏感区应进行详细调查，必要时需辅以遥感、定位、生态监测等技术手段，以了解区域内生态系统结构、功能的变化趋势，分析已采取的生态保护措施的有效性。

调查内容如下：

① 工程影响区域内敏感区的分布状况，敏感区的设立时间、保护级别、保护对象、保护范围等；

② 工程与敏感区的相对位置关系，敏感目标的区划（如自然保护区需明确核心区、缓冲区、实验区）；

③ 工程建设对敏感区的影响和为减轻或避免影响所采取的保护措施。

2. 农林牧渔业生态影响调查

生态影响类建设项目对农业生态的影响调查以关注直接影响为主，重点调查占用基本农田、农灌系统等具体情况，为避免、降低影响所采取的补偿、减缓、替代措施情况，如基本农田补偿方式、临时占地复垦、复耕情况等，进而分析工程对农业生态的影响。

对林业的影响调查也是关注直接影响，重点调查林地的占用和补偿等具体情况，重要经济树种、资源植物等需调查就地保护、避让或异地保护等要求的落实情况，进而分析工程对林业的影响。

牧草地资源是畜牧业生产中最基本的生产资料，生态影响类建设项目对畜牧业的影响主要关注的是牧草地资源的占用量，以及项目可能对畜牧业结构的影响，进而分析工程对畜牧业的影响。

渔业即水产业，是人类利用水域中生物的物质转化功能，通过捕捞、养殖和加工，以取得水产品的社会产业。根据《渔业法》和《水产种质资源保护区管理暂行办法》，项目涉及水产种质资源保护区的，应对照环境影响评价文件或专题报告审批意见，重点调查要求（如避让、补偿、增殖放流等）的落实情况，对比分析工程建设前后渔业资源量、结构的变化情况，进而分析工程对渔业的影响。

（1）占地影响调查

占地影响是生态影响类建设项目产生的重要影响之一，尤其以交通项目和水利水电项目更为突出。公路、铁路项目路基占地、水利水电项目淹没占地等使原本紧张的土地资源更为紧张，特别是占用耕地的情况，会对影响区域的农业生产产生较大影响。

工程占地可分为永久占地和临时占地两类。永久占地是指工程建设永久征用、彻底改变其用途的土地，如公路路基、油气田开发场站、水库淹没等；工程仅临时征用，施工结束后可恢复原土地功能或交还原土地使用单位、个人继续使用的占地通常称之为临时占地，临时占地主要有取料场、弃土（渣）场、拌和站、预制场、砂石料加工厂、制梁场、轨排场、施工营地、施工便道等工程用地。

在占地影响的调查中，应特别注意所占用土地的性质、面积等，对占用园地、林地、牧草地和其他农用地（如坑塘和养殖水面）的应注意调查对森林生态系统、草原生态系统和湿地生态系统的影响；对占用耕地，尤其是占用基本农田的应注意调查补偿方式及其可能带来的环境问题。

值得注意的是，占地所带来的最大影响就是土壤性质的改变，土地原有功能降低或丧失。为了说明其影响程度，可借助土壤质量、土壤肥力的监测进行判定。

（2）农业灌溉影响调查

由于公路、铁路项目多采用高路堤，可能会对地表径流和浅层地下水造成阻隔、改变径流的方向，进而造成旱、涝、渍等局部影响。如过水涵洞不足，可能引发局部地下水位的抬升造成盐渍、洪水期则又因洪水壅塞使局部受淹。工程建设还有可能切断区域内的农田灌溉渠网，破坏原有灌溉系统的整体性，进而对区域农业生态系统产生影响。

3. 生态恢复和水土保持措施调查

水土流失是指在水流作用下，土壤被侵蚀、搬运和沉淀的整个过程。在自然状态下，纯粹由自然因素引起的地表侵蚀过程非常缓慢，常与土壤形成过程处于相对平衡状态；而在人类活动影响下，特别是人类严重地破坏了地表植被后，由自然因素引起的地表土壤破坏和土地物质的移动，流失过程加速，即发生水土流失。

水土流失是我国土地资源遭到破坏的最常见的地质灾害。由于我国的地理特征、气候特点，再加上长期的农业耕作历史，以及许多不合理的开发、建设、施工方式，造成我国水土流失面积广、强度大的局面。

《水土保持法》（2010 年 12 月 25 日修订）第五条规定："国务院水行政主管部门主管全国的水土保持工作。国务院水行政主管部门在国家确定的重要江河、湖泊设立的流域管理机构（以下简称流域管理机构），在所管辖范围内依法承担水土保持监督管理职责。县级以上地方人民政府水行政主管部门主管本行政区域的水土保持工作。县级以上人民政府林业、农业、国土资源等有关部门按照各自职责，做好有关的水土流失预防和治理工作。"自 1991 年 6 月 29 日《水土保持法》颁布以来，水土保持工作在主管部门的组织领导下，已经形成了比较完整的法规体系、管理体系和标准体系。在以往的环境影响评价和竣工环境保护验收工作中，有的项目把水土保持也作为重要的评价和验收内容，造成了管理职能上的交叉和工作内容上的重复，这种情况应当避免。

（1）生态恢复措施

在生态影响类建设项目的竣工环境保护验收调查中，应依据环境影响评价文件及其审批意见的具体要求，对兼具水土保持作用的生态恢复措施要求的落实情况进行调查，并根据区域生态环境的实际状况评述项目已经采取的生态恢复措施的效果。

生态恢复，是指通过人工的方法加速自然演化过程，使受到项目建设扰动的地块与周边区域的自然生态系统同质化的过程。目前，验收中对生态恢复措施的调查多从土石方量、临时占地恢复、取弃土（渣）场防护和植物防治措施、绿化等角度反映工程生态恢复的基本情况。

调查时，应全面调查所有的施工迹地（即所有扰动或破坏过的地块），调查结果应能反映各地块（全部迹地）原来和现状的用途、面积、采取的恢复措施及效果（辅以必要的图件和照片）。

土石方量、施工迹地恢复调查举例见表 4-11 至表 4-13。

表 4-11　某公路项目的土石方量统计　　　　单位：$10^4\ m^3$

序号	施工桩号	路基挖方		改河渠挖方		填方		借方		弃方	
		土方	石方	土方	石方	土方	石方	土方	石方	土方	石方
1	K0+000～K5+100	27.3	60.8	0	0	38.2	60.8	19.7	0	8.9	0
2	隧道	3.1	3.2	0	0	0	0	0	0	3.1	3.2
3	K5+100～K17+000	67.4	226.1	0	0	37.2	176.1	22.3	9.3	52.5	59.3
4	K17+000～K27+960	30.8	91.4	0.1	0	17.6	70.4	0	0	13.4	21.0
5	K27+960～K35+080	25.2	105.1	0	0	14.4	110.3	0.9	18.7	11.8	13.5
6	K35+080～K46+700	55.4	261.4	0	0	10.3	113.8	0	0	45.1	147.6
7	K46+700～K54+780	50.0	60.0	1.2	1.4	31.0	52.5	0	0	20.2	8.9
合计		259.2	810.7	1.3	1.4	148.7	583.9	42.9	28.0	155.0	253.5
		1 067.2		2.7		732.6		70.9		408.5	

表 4-12　施工营地、拌和站等临时占地的恢复情况

序号	桩号	方位	用途	占地类型	面积/hm²	恢复情况
1	K4+700	左	施工便道	道路	0.12	已恢复为道路
2	K11+100	右	施工营地	民房	0.06	已改为仓库
3	K15+000	右	沥青拌和站	弃土场	6.67	利用弃土场修建而成，拌和站已拆除，场地周围进行植树绿化，但植株幼小；拌和站高于路面，边坡绿化较好
4	K21+400	右	施工营地	荒地	0.20	废弃营房未进行拆除，已移交当地政府，被村民利用，但周围仍有少量废渣堆弃

表 4-13　取料场、弃土（渣）场生态恢复情况

编号	桩号	方位	取料量/m³	占地规模（长×宽×深）/m³	占地类型	目前的恢复情况
取土（石）场						
1	K12+300～400	右	145 192	80×60×30	林地	取料后原覆盖植被及土层受损，下部岩石裸露，目前已进行平整，但植物难以生长
2	K16+300	左		150×100×12	荒山	依山体就近采石，岩石裸露，难以恢复，抗风蚀、水蚀能力下降，目前已进行混凝土喷浆处理
弃土（渣）场						
1	K5+100	左	33 000	150×80×6	荒地	平整后进行了植树、植草绿化，部分已种植农作物，建有挡土墙，但场地有百姓开挖痕迹
2	K6+000	右	20 000	110×70×5	荒山	深挖段弃渣，坡顶进行了绿化，坡面进行了平整，建有拦渣墙和截水沟，有自然恢复痕迹
3	K8+300	右	40 000	160×80×7	荒地	原为施工工棚，工棚现已拆除。现表面有施工弃渣，场地周围建有截水沟，仅在路边植树
4	K12+600	左	50 000	85×79×8.3	农田	周围建有挡土墙，现已恢复为原土地类型，全部种植玉米

植物防治措施是建设项目最常使用的防治措施之一，它对改善工程景观、净化空气、固土护坡及防止水土流失均有一定的作用。在进行植物防治措施调查时，除需注意调查绿化位置、面积等方面问题外，对引进外来物种的项目，要特别注意调查外来物种对当地土著物种的影响。

（2）防风固沙措施

当建设项目经过荒漠草原或沙漠（固定、半固定沙丘）时，建设活动极有可能使

土壤表面活化，破坏原有的沙生植被，加剧风蚀、引起沙埋、岩坡沙丘坍塌、填淤河道等影响，使原本已十分脆弱的生态环境遭到无法恢复的破坏，因此必须采取必要的人工防护措施。

目前，常用的防风固沙措施主要有植物固沙、草方格固沙、土工网固沙等，其中草方格固沙是使用较为普遍的一种方法，即在流沙表面用麦草、稻草扎成草方格，以降低近地面风速，使流沙不易被风吹起，达到阻沙、固沙的目的；在条件允许时，还在草方格内栽种沙生植物，建立起旱生植物带，营造防风固沙林等。

《防沙治沙法》第五条规定："在国务院领导下，国务院林业行政主管部门负责组织、协调、指导全国防沙治沙工作。国务院林业、农业、水利、土地、环境保护等行政主管部门和气象主管机构，按照有关法律规定的职责和国务院确定的职责分工，各负其责，密切配合，共同做好防沙治沙工作。县级以上地方人民政府组织、领导所属有关部门，按照职责分工，各负其责，密切配合，共同做好本行政区域的防沙治沙工作。"

在生态影响类建设项目的竣工环境保护验收调查中，应核实环境影响评价文件及其审批意见提出的防沙治沙要求的落实情况；可针对具体要求，对建设项目开展治沙工作的地点、采取的固沙措施、固沙面积、固沙植物、固沙效果进行详细调查。

4. 生态保护措施落实情况调查

（1）施工期和试运行期调查

累积影响是生态环境影响的一个主要特征，项目对生态环境的影响开始于施工期，在项目建成投入使用后的整个周期内，长期累积的影响可能远远大于施工期及试运行期的影响。但受到现行管理模式的限制，对生态影响类建设项目的生态环境影响调查仅局限于施工期和试运行期，这时建设项目对生态环境的潜在和累积影响的结果往往还没有显现，因此，除调查施工期和试运行期已经显现的生态影响外，调查者还应特别注意发现和分析项目可能存在的长期的和隐性的环境影响，并提出运行期需要执行的生态监测方案或将来开展后评价等建议。

施工期的影响主要是施工活动造成的，调查方法主要是查阅施工期有关资料、监测报告、环境监理报告，踏勘中随访并结合公众意见调查的方式，现场调查施工迹地的生态恢复措施与效果。试运行期以现场调查和分析评估为主，针对工程施工期遗留或试运行期实际产生的生态影响，在现场调查和监测基础上，结合必要的施工设计文件核查，分析、确定工程生态影响的性质、程度及采取的保护措施的有效性。

（2）核查结果

根据实际调查结果，列表逐一说明环境影响评价文件及其审批意见中所提的各项措施要求的落实情况和实施效果。对未落实的措施和建设单位根据实际情况补充增加或更改的措施，调查文件需说明原因，并分析根据实际情况调整后措施的有效性。某输气管道项目生态环境保护措施落实结果如表4-14所示。

表 4-14 某输气管道生态环境保护措施要求落实情况

时段	环评阶段的环境保护措施	实际采取的环境保护措施
设计阶段	① 线路无法绕避××地的Ⅷ、Ⅸ度地震烈度区，设计单位应严格按《工程场地地震安全性评价研究报告》计算结果进行工程设计；② 线路尽量避免通过城镇和工矿区，不可避免时，应与其发展规划紧密结合，合理选线；③ 线路尽量靠近现有公路，方便运输、施工和维护；④ 在确定管道线路走向时，尽可能避开或减少通过林木集中地段，减少占用耕地	基本符合环评要求；在经过××地时与当地规划紧密结合设计路线；工程80%以上的线路均位于无人区
施工期	① 选择最佳时间施工，尽量避开农作物生长季节；实行分层开挖、分层回填的制度；② 工作业带清理应由熟悉了解施工区段内自然状况、施工技术要求的人员带队；③ 实施分段作业，避免长距离施工。施工完成后，做好现场清理恢复工作，包括田埂、农田水利设施等；④ 对于临时占地和新开辟的临时便道等破坏区，竣工后进行土地复垦和植被重建工作；⑤ 保护好沙地的建群种油蒿，不允许大面积破坏，对于施工过程中破坏的乔木和灌丛，制定补偿措施，原地补充或异地补充；⑥ 采取固沙、绿化等植被恢复、防止生态系统退化措施；⑦ 加强管理，强化施工人员的环保意识；⑧ 建议采用第三方进行监理，加强施工管理，尽可能降低影响；⑨ 开展施工期水土流失监测计划，施工前后各监测1次，监测降雨强度、降雨量、风速、风向、水土流失量（水蚀、风蚀）、水土保持措施防护功能等。监测可委托地方具有相应监测资质和经验的机构承担，但建设单位设专人负责该项工作	① 受当地季节和气候条件的限制，施工季节未避开农作物生长季节，但工程对其给予了一定补偿；② ～⑧ 得到较好的落实，施工中人员活动范围严格控制在11～13 m，且固沙措施已基本完成；但施工期水土流失监测未进行
试运行期	① 对沙漠边缘地段在施工结束后，采用工程措施和生物措施相结合的方式，防沙治沙、恢复植被；② 各站场按规范要求进行绿化，绿化面积不低于10%	受当地气候条件限制，至2004年6月（验收调查踏勘时间），固沙工作完成97%；站场绿化已完成，绿化率达到12%
批复要求	① 原国家环境保护总局：认真落实报告书提出的各项环境保护措施，施工中必须严格量化施工作业区域，控制施工活动范围以及车辆、重型机械的运行范围。伴行道路的管理应纳入工程管理工作，并应满足环境保护的要求。按照设计标准严格控制开挖面，对植被覆盖的表层土壤实施分层开挖、分别堆放、分层复原的作业方式。施工结束后，应对管道沿线及施工便道进行平整，恢复自然地貌。认真落实报告书中的水土保持方案，防止水土流失；② 地方环境保护局：加强施工期环境保护监督管理工作，制定严格的施工期环境保护监理制度，尽量做到少占地、减少植被破坏和水土流失，施工结束后必须按《报告书》和《水土保持方案》及时进行植被的恢复和水土保持工作（包括施工便道），使管线途经区域生态环境较项目实施前有所好转	除施工期环境保护监理制度外，其余各项措施已落实。本工程施工期未设置单独的环境监理，但制定了《健康、安全与环境保护（HSE）管理规程》，对工程的全过程实施管理，并与施工单位、工程监理单位签订合同，明确了环境保护措施和要求

5. 景观影响调查

由于个人审美观的不同、景观的敏感度不同，视觉景观影响的感受和结论也就不尽相同。目前建设项目竣工环境保护验收工作中，对景观的影响调查还仅限于在涉及景观敏感目标的验收工作中进行，如风景区的索道建设项目。景观影响调查应重点调查建设项目对周围自然景观和人文景观的影响，特别是对风景名胜区的影响，分析工程与景观的协调性，调查工程景观保护措施的落实情况和有效性，并针对存在的不协调提出改进措施与建议。

6. 生态保护措施有效性分析与补救措施建议

（1）生态保护措施有效性分析

生态保护措施的效果可以通过现场调查和生态监测的方法对其做出判断。

① 现场调查

生态保护措施有效性分析应在措施要求落实情况调查及详细的现场踏勘（走访）的基础上进行。主要从自然生态影响，特别是特殊或重要生态敏感区影响、农业生态影响、施工迹地生态恢复等方面分析采取的生态保护措施的有效性。分析内容包括生境条件变化、生态景观变化、生物量变化、生物多样性变化、特有物种的增减量、视觉景观效果、农田复耕情况、施工迹地生态恢复情况等；评述采取的生态保护措施是否能有效地保护影响区域内的生态系统、是否能达到预期的保护效果、是否能有效减缓工程建设对生态环境影响等。

② 生态监测

生态监测应按照规范的生态调查方法进行，监测指标重点是生物量和生物多样性指标，样方的选取应有代表性，样方的位置应尽量与环评阶段调查的位置相同或接近，通过与背景调查结果或环评调查结果的对比，说明措施实施后的生态保护效果。

例如，某公路项目的弃土场，经播撒草种和自然恢复后生长有多种灌木和草本植物，在取土场内随机选取 3 个样点（1 m×1 m），以单眼相机搭配鱼眼镜头垂直向下拍照，弃土场植物状况如表 4-15 所示。

如果生态保护与恢复措施未达预期效果，需分析原因，一般可从以下几方面进行分析：

a. 工程实际建设内容与环境影响评价阶段内容发生的变更；

b. 环境影响评价文件及其审批意见中提出的要求是否落实；

c. 生态保护与恢复设施管理；

d. 自然条件。

表 4-15 弃土场植物状况

中文名	拉丁名	植物高度/cm	植物多度/（株/m²）	植物覆盖率/%
狐尾草	*Chloris virgata*	10	20	45
阿尔泰狗娃花	*Heteropappus altaicus*	12	2	3
碱蓬	*Suaeda glauca*	8	4	30
田旋花	*Convolvulus arvensis*	3	4	5
苦菜	*Ixeris sonchifolia*	12	3	5
骆驼蓬	*Peganum harmala*	6	4	1
宽叶猪毛蒿	*Salsola pellucida*	18	4	8
细叶鸦葱	*Scorzonera pseudodivaricata*	20	1	1
黄花蒿	*Artemisia annua*	34	1	1
白草	*Pennisetum centrasiatum*	27	3	1
细叶苔草	*Carex* sp.	15	1	1
红柳	*Tamarix ramosissima*	87	2	1
红砂	*Reaumuria soongorica*	20	1	1

（2）补救措施与建议

根据上述分析结果，结合工程所在区域生态环境的特点和保护要求，应按照避让、减缓、补偿和重建的次序提出具有操作性的生态环境影响防护与恢复的措施和建议。

① 避让措施

避让措施是必须优先考虑的生态保护措施。凡涉及不可替代、极具价值、极敏感、被破坏后很难恢复的生态敏感目标（如特殊生态敏感区、珍稀濒危物种）时，必须给出科学的避让措施或生境替代方案。在环境影响评价阶段，避让措施可从选址、选线、控制施工作业时间等角度实施。在验收阶段，因工程已建成，生态环境影响已经发生，因此考虑的主要是减缓、补偿和恢复措施。

② 减缓措施

减缓措施是减少和缓和生态影响的措施，尽量降低和减少生态影响的程度和范围。如为野生动物修建"动物通道"，临时占地及时进行植被恢复，下泄生态流量措施，珍稀、濒危动植物保护措施等。

③ 恢复措施

人类的开发建设活动不可避免地会对区域内生态环境造成影响。虽然经过后期的补救措施，可使生态系统的结构或功能得到一定程度的修复，但恢复到原来的自然状况可能很困难或需要很长时间，因此需要采取人工恢复措施，如通过珍稀动植物的人工繁育可加速其种群的恢复，通过人工绿化措施可使裸露地表的植被尽快恢复。

④ 补偿措施

当一个生态系统或某一物种的生境遭到破坏，在原地理位置上难以恢复或重建时，必须采取补偿措施，即采用人工的方式修复已经受损的生态系统，例如，通过植树造林恢复原有林地的面积等；当地已经不存在受损害物种的适宜生境时，寻找适宜生境进行迁地保护或采取人工繁育异地保护措施；异地建立珍稀动植物的保护区或繁育基地；耕地资源的异地补偿等。

（3）小结

根据调查结果，从生态保护角度论证工程是否符合建设项目竣工环境保护验收条件，主要包括以下几方面：

① 环境影响评价文件及其审批意见提出的生态保护措施和要求的落实情况；

② 工程建成后，区域生态环境质量是否发生明显改变；

③ 已采取的生态保护措施的有效性；

④ 对生态保护措施提出改进意见和建议；

⑤ 根据调查分析结果，客观、明确地给出工程在生态环境影响方面是否符合竣工环境保护验收条件的意见。

三、生态环境影响调查的相关图件

生态环境影响调查是生态影响类建设项目验收调查工作的重点，由于生态环境影响调查和评价的标准和量化指标较少，所以图件和影像资料往往成为反映调查结果的重要手段。生态环境影响调查的图件一般应包括：工程防护措施照片、植物防护措施照片、珍稀动植物保护措施照片，以及其他保护措施的效果照片和影像资料等；当调查项目涉及重要生态敏感区时，应提供反映敏感特征的专题图，如敏感目标位置和区划图、保护物种空间分布图、生态监测点位图、工程与敏感目标相对位置关系示意图、土地利用或水体利用现状图、植被类型图、典型生态保护措施平面布置图等。

第三节　水环境影响调查

水环境影响调查的目的是，通过对建设项目所在区域的水环境状况、水污染源及其处理设施的调查，并根据水环境质量和水污染源监测结果，分析污水排放对环境敏感目标及受纳水体的影响程度、范围和对水环境功能区管理目标的影响；分析环境保护措施的有效性并提出切实可行的建议。

一、水环境调查

1. 水环境状况

水环境状况调查主要包括以下内容：

（1）水资源调查：包括地表水和地下水两部分，调查因子主要包括水质、水量、水生生态环境和海洋生态环境的有关因子等，地下水调查中还要明确其补给情况及水力联系等，水量调查应包括水资源量与水资源的分配（包括生态用水量）。

（2）调查与工程有关的国家或地方水污染控制政策、规定和要求，如水环境功能区划、地方水污染物排放标准、水污染物总量控制要求等，特别应注意调查与环评阶段相比这些要求是否发生变化。

（3）调查影响范围内地表水和地下水的分布、功能、水质状况。重点调查影响范围内河流、湖泊或水库、泉域、水环境敏感目标（如饮用水水源保护区）的位置、功能区划、用途和取水口等与项目的相对位置关系，并给出水系分布图、水环境功能区划图、与建设项目相对位置关系的图表等。涉及影响地下水的建设项目如油气田开发和矿山开采等，必须对地下水进行调查；水利水电项目需说明项目影响区域内的水文情势，还应重点调查库区水质及水体富营养化指标等。

（4）水利水电项目还应开展水文情势、水温、泥沙和下泄生态流量等方面的调查。

2. 水环境质量监测

对水环境产生影响的建设项目都需要开展水环境质量监测，海岸工程和海洋工程还需进行海水质量监测；调查报告中需明确水环境质量的监测因子、监测点位、监测频次和监测方法等内容，并绘制水环境监测点位图，以反映监测点位与污染源的相对位置关系。

有可能对地下水造成污染的建设项目，建设单位应设置地下水水质监测井，以满足验收监测和日常环境管理的需要。没有设置监测井的，在进行环境保护验收现场勘察时应向建设单位提出，要求建设单位提供测试条件。

为判断建设项目对水环境质量（包括地表水、地下水和海水）的实际影响，验收阶段水环境监测数据需与环境影响评价阶段的监测数据（项目建设前的背景数据）进行对比，为使数据有较好的可比性，验收阶段的水环境质量监测点位一般应与环境影响报告书（表）的监测点位或地方控制水质的常规监测点位相同，监测方法亦应保持一致。特殊情况下，无法采用原监测点位或环境影响评价阶段未进行监测的，应选择不受本工程影响的背景监测点作为对照点来分析影响。

3. 水环境质量监测结果分析

通过对建设前后水环境质量监测结果的对比分析，并综合考虑区域其他污染源和本项目对水环境的影响，分析评述项目建设及污水排放对水环境敏感目标的影响程度和对受纳水体的影响程度、影响范围及环境功能区管理目标的可达性。

二、水污染源调查

水污染源调查以工程及其附属设施排放的污水为主，有"以新带老"要求的，还应调查既有水污染源的情况以及"以新带老"要求的落实情况。

1. 水污染源状况

调查主要包括工程的水污染源情况、污染源治理情况和达标排放情况等：

（1）水污染源情况：建设项目各种设施的用水情况、污水产生环节、产生量、排放量、主要污染物、水资源重复利用情况等；

（2）污染源治理情况：污水处理工艺和流程、处理规模、污染物去除效率、污水排放去向和受纳水体情况；

（3）达标排放情况：通过监测，调查各排污口是否实现达标排放，有水污染物排放总量控制要求的，还应调查该要求是否得到落实。

下面以某高速公路试运行期的水污染源调查为例加以说明：

高速公路试运行期的水污染源主要在服务区、管理区、收费站等附属设施内，某高速公路全线设置了 5 个收费站，2 个服务区。这些服务区、收费站均建有污水处理设施，除其中一个服务区采用中水回用处理设施外，其余服务区、收费站生活污水均采用地埋式一体化污水处理设施处理后达标排放（表 4-16）。服务区、收费站产生的粪便污水先经化粪池、厨房洗涤污水经隔油池预处理后，排入一体化污水处理设施或中水回用系统进行深度处理，服务区、收费站生活污水处理设施的工艺流程见图 4-2。

表 4-16　公路沿线设施的污水处理设施设置情况

名称	人数（略）	用水及排水量（略）	污水处理方式	污水排放去向
A 收费站			地埋式一体化污水处理设备	城市污水管网
1#服务区			地埋式一体化污水处理设备	边沟
B 收费站			地埋式一体化污水处理设备	边沟
C 收费站			地埋式一体化污水处理设备	边沟
D 收费站			地埋式一体化污水处理设备	边沟
2#服务区			中水回用系统	绿化回用
E 收费站			地埋式一体化污水处理设备	边沟

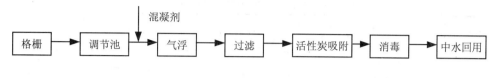

图 4-2　2#服务区污水处理系统（中水回用系统）工艺流程

一体化污水处理设施工艺流程图（略）。

2. 水污染源监测

（1）监测方案

水污染源监测包括与建设项目配套的各类工业废水处理设施、生活污水处理设施以及与外部水环境相沟通的排放口。一般生态影响类建设项目可仅开展排放口达标监测，但环境影响评价文件或环境影响评价审批意见对污水处理设施（包括回用水的处理设施）的处理效率有指标要求的，应在该污水处理设施的进口、出口设置监测点位，进行处理效率的监测；有排放总量控制要求的，应按照总量控制监测的有关要求，进行污染物排放总量监测；改扩建项目有"以新带老"要求的，不仅应对改扩建项目本身产生的生产废水、生活污水进行监测，同时还应对"以新带老"有关要求的落实情况和达标情况进行调查或监测，以判断建设单位是否遵守了"以新带老"的要求，同时解决了原有的水污染问题。

监测点位的布设应在资料研阅和现场勘察的基础上进行，在确切了解环评阶段水环境监测点位布设情况和对水污染防治设施的有关要求的基础上，通过对污染源、污水处理设施、排放情况的实地调查确定验收监测点位。水污染源监测应绘制监测点位图并附监测点位的照片，监测点的标识应采用规范用法（参见第二章第七节）。

建设项目的污水外排口，除独立的雨水排口外，均为必测点位。需注意污水综合排放标准中规定的第一类污染物的监测点位要布置在其产生车间、装置或单独的处理设施排口，在与其他类型的污废水混合前进行监测分析。污废水经处理后全部回用不外排的，除调查回用设施的建设、运行情况外，还应调查污废水处理设施的运行管理和事故防范措施，在事故情况下向外排放的，需说明外排污水水质和应急处理措施。

污废水中所含污染物的种类因建设项目类型、工艺路线、污废水来源的不同而有所不同。验收监测中所监测的污染因子要能够反映不同类型污废水的特征。因此，为了正确确定监测因子，验收调查人员要在仔细研阅环境影响报告书（表）和有关设计文件的基础上，必须深入现场了解工艺路线和污废水排放特征，确定污废水监测的项目，做到不缺项、不漏项。

例如，某煤矿矿区的水污染源主要是工业场地生活污水和井下开采产生的矿井水，其主要来源及监测因子确定如表 4-17 所示。

表 4-17 主要水污染源情况

名称	主要来源	产生量/（m³/d）	主要污染物及监测因子	处理设施	排放去向
生活污水	职工宿舍、浴室、洗衣房、食堂、冲厕等生活用水	210	pH、SS、LAS、BOD$_5$、COD、NH$_3$-N、动植物油	地埋式一体化生活污水处理装置	经处理后排入农灌河流
矿井排水	井下开采	3 120	pH、SS、COD、石油类、硫化物、氟化物、砷	全自动净水器	部分外排，部分回用于选煤厂和井下消防等

（2）监测频次

《建设项目环境保护设施竣工验收监测技术要求（试行）》（环发[2000]38 号）规定，对有明显生产周期、污染物排放稳定的建设项目，污染物的采样和测试频次一般为 2～3 个周期，每个周期 3～5 次，但不应少于执行标准中规定的次数。《污水综合排放标准》（GB 8978—1996）和《重点工业污染源监测暂行技术要求（废水部分）》规定，生产周期在 8 h 以内者，至少 1～2 h 采样一次；生产周期大于 8 h 者，至少 2～4 h 采样一次。在实际验收监测工作中：① 对连续、稳态排放的点位，监测频次以 4 次/d、连续监测 3 d 为宜；② 对不能稳定排放的点位，应按生产周期确定采样频次或按污水量进行比例采样；③ 对间断排放的排污口，应具体情况具体分析，有些不连续运行的设施是在污水积攒到一定体积或数量时才排放的，如果在验收监测期间工况达不到验收监测要求，可考虑进行模拟污水监测或在工况达到验收监测要求时再监测。样品采集和监测的具体要求，应符合《地表水和污水监测技术规范》（HJ/T 91—2002）的要求。

（3）水污染源监测结果分析

首先，对监测结果进行汇总，分析其数据的合理性，发现异常数据应及时与监测单位沟通，了解监测现场的实际情况，查找异常数据产生的原因，必要时应要求重新监测；其次，将监测结果与相关标准进行对比，明确污废水处理设施的去除效率和排放达标情况，并分析超标的原因。

三、水环境风险防范要求落实情况和应急措施调查

重点调查施工期和试运行期（或运行期）水环境风险事故发生情况、环境影响评价文件及其审批意见提出的环境风险应急措施要求的落实情况、应急物资的储备情况、应急演练情况、风险应急预案的制定和报备情况等。

例如，某高速公路以桥梁形式跨越一河流，应调查所跨越河流的水环境功能区划、现在的使用功能（尤其应注意调查是否涉及饮用水水源保护区）；是水源保护区的，

应查清公路与饮用水水源保护区的位置关系、取水口的具体位置（距离及上游、下游情况等）；调查公路跨越的具体位置、长度、桥面排水情况等；调查采取的水环境保护和污染防治措施等；对该区段是否严格执行危险品运输管理规定、是否设置限速标志、是否制订了切实可行的水环境风险（危险品泄漏等）应急预案并按照有关规定报备、应急机构及处理处置设施是否完善等情况进行调查；如发现风险防范要求不落实或措施不足的情况，应提出改正和补救的建议。

四、污水治理措施效果分析与建议

措施效果分析应在水环境保护与治理措施落实情况调查、水污染源和水环境质量的监测结果分析的基础上进行，主要包括以下几个方面。

（1）应根据监测结果及达标情况，分析现有水环境保护措施的效果、存在的问题及原因；

（2）核查环境保护措施是否能够满足当地污染物总量控制要求；

（3）针对存在的问题提出切实可行的改正和补救措施建议。

例如，某公路竣工环保验收服务区污水水质监测结果见表4-18。

表4-18　污水监测统计

监测点位		监测日期		pH	COD	BOD$_5$	SS	动植物油	石油类
1# 服务区	进口	4月19日	上午	6.79	872	550	328	30.5	1.55
			下午	6.75	744	346	236	19.2	0.74
		4月20日	上午	7.01	524	320	116	19.4	0.55
			下午	7.15	540	328	134	21.8	0.62
	出口	4月19日	上午	8.71	55	2.8	76	0.70	0.04
			下午	8.52	46	1.4	68	0.52	0.03
		4月20日	上午	8.52	29	1.5	94	0.30	0.02
			下午	8.68	33	1.3	84	0.31	0.02
2# 服务区	进口	4月19日	上午	7.01	812	373	160	28.5	0.97
			下午	7.36	796	364	184	26.0	0.83
		4月20日	上午	7.51	894	460	220	25.8	0.76
			下午	7.49	914	424	212	28.4	0.94
	出口	4月19日	上午	8.35	127	36.0	58	2.46	0.70
			下午	7.88	128	39.0	62	0.88	0.24
		4月20日	上午	7.98	200	67.9	68	0.69	0.52
			下午	8.21	204	60.4	82	5.20	1.09
验 收 标 准				6～9	100	20	70	10	5

注：除pH外，其余项目单位均为mg/L。

从表 4-18 中可以看出，经过处理后的污水，污染物的浓度显著降低。其中 1# 服务区污水处理设备出口处除 SS 偶有超标外，其余各项指标均达到一级排放标准；2# 服务区 COD、BOD_5 超标较严重，其余各项污染指标均达到一级排放标准。

经现场调查并与建设单位、设备供应商研讨，目前服务区污水超标的主要原因是：

（1）1# 服务区

目前客流量较小，产生的污水量较小，而其污水处理设施的设计处理量较大，每日进入处理设施的污水量未达到设备正常运转流量，导致设备不能正常满负荷运转。

（2）2# 服务区

该服务区与下一服务区的间距较远，加之该服务区处风景优美，滞留的乘客较多，产生的污水量较大，但污水处理设备的设计处理能力低于污水产生量，污水的停留、处理时间较短，致使污水处理效果差。

调查报告建议，对 2# 服务区污水处理设施进行扩容改造，改造完成后应重新进行污水处理效果的监测，确保该服务区污水经处理后实现达标排放。

又如，某引水工程施工期水污染影响调查。

工程施工期产生生产废水（洗料、拌和）和生活污水（业主营地和承包商营地），污废水最终排入枢纽下游的河道（III 类，灌溉）。

根据环境监理工作总结，施工单位基本上都能按照设计要求和施工期环境保护规定的要求，对生产、生活污废水进行处理，其中，生产废水建有沉淀池（图 4-3）、生活污水建有氧化塘等处理设施，做到达标排放。建设单位和施工监理单位经常组织人员对施工单位处理后的生产、生活污废水排放情况进行抽样监测和监督。

图 4-3　施工期某石料场洗料废水处理池

施工期建设单位落实了施工期环境监测计划，分别于 2000 年 4 月和 2001 年 1 月委托当地环境监测站对生活污水和生产废水部分处理设施进行了监测，监测结果见表 4-19。

表 4-19　施工期处理后的生活污水和生产废水监测结果

采样点	水样	pH	SS	石油类	COD	BOD$_5$
1 区营地	生活污水	8.6	24	0.24	20.2	1.7
	生产废水	7.1	61	0.34	12.1	1.1
2 区营地	生产废水	8.4	25	0.28	110.0	18.8
3 区营地	生活污水	8.09	22	0.36	134.0	19.8
	生产废水	12.6	66	0.42	18.2	1.5
4 区营地	生活污水	7.8	21	1.65	21.0	11.4
	施工废水（隧道）	11.5	24	0.40	46.5	3.0

　　监测结果表明，1 区营地和 4 区营地生活污水达到《污水综合排放标准》（GB 8978—96）一级标准，2 区营地和 3 区营地生活污水超过一级标准，但尚在二级标准以内；生产废水除 3 区营地和 4 区营地（隧道）pH 超标外，其余指标均能达到《污水综合排放标准》（GB 8978—96）一级标准。

　　通过咨询走访有关管理部门和周围群众，了解到施工初期曾出现施工弃渣和生活、生产污废水污染当地水体的情况，引起当地媒体和有关部门的关注。建设单位对此高度重视，迅速查找原因并采取了补救措施，如加强管理、增强环境监理的职权、与施工单位签订"环境管理责任状"、建设了施工期水污染治理设施等，及时解决了有关问题。据调查，整改后施工后期未出现过类似的污染事件。

第四节　污染影响调查

　　建设项目污染影响调查主要包括水污染源、大气环境、声环境、固体废物、振动、电磁环境等方面影响的调查。通常分施工期和试运行期（或运行期）两个阶段进行调查分析。

一、施工期污染影响回顾

　　在工程竣工环境保护验收调查阶段，施工期已结束，其污染影响调查主要分以下几个方面进行回顾性分析。

　　（1）根据工程（环境）监理记录和报告、施工期环境监测数据及施工期污染防治措施、设施的影像等资料，了解施工期间采取的污染防治措施和效果。

（2）通过公众意见调查、对地方环境保护行政主管部门等有关部门的咨询，了解施工期间的环境保护情况、主要环境影响、环保投诉情况及其解决方式、解决效果等。

主要依据上述资料，与环境影响评价文件及其审批意见提出的要求进行一一对照，评述施工期间污染防治要求的落实情况，包括已采取措施的有效性、未落实措施带来的污染影响、环境影响评价文件未提到而实际产生的环境影响等，进而综合评述建设项目施工期污染影响和落实污染防治要求的情况。

二、试运行期污染影响调查

1. 水污染源调查

参见第四章第三节的相关内容。

2. 大气环境影响调查与分析

（1）环境空气影响调查

首先应调查与本工程相关的国家与地方大气污染控制的环保政策、规定和要求；调查建设项目相关区域的大气环境功能区划；重点调查工程及其影响范围内的大气环境敏感目标的分布及与建设项目的相对位置关系，列表说明敏感目标的名称、位置、规模，并适当收集工程所在区域的气象资料。

（2）大气污染源调查

大气污染源调查应包括大气污染物产生工艺（或环节）和大气污染源排放情况；应调查说明大气污染物来源、排放量、排放方式（包括有组织与无组织排放、间歇与连续排放）、排放去向、主要污染物及采取的处理方式。如锅炉大气污染源调查应包括锅炉的型号、台数、运行工况、烟囱高度、燃料种类及质量、脱硫除尘设备型号及其工艺流程等。必要时给出废气或无组织排放污染物产生工艺（或环节）示意图、废气处理工艺流程图。

主要的生态影响类建设项目的大气污染源及其调查内容见表4-20。

例如，某铜矿运行期废气污染源主要为矿区采暖锅炉、洗浴锅炉排放的烟尘和SO_2等废气；矿区井下破碎、选矿厂中细碎、筛分厂房等环节产生的粉尘；尾矿库、石灰堆场无组织排放的扬尘。

据现场调查，矿区共建有大小两座锅炉房，锅炉均安装有除尘设施。大锅炉房装有两台20 t/h蒸汽锅炉，采暖期使用，一备一用，配套旋流水膜除尘器；小锅炉房配备一台2 t/h洗浴锅炉，配套冲击水浴除尘器，废气通过烟囱排放（表4-21）。

表 4-20 各类项目的大气污染源及其调查内容

项目	污染源	调查和监测内容	结果分析
公路 铁路 轨道交通	公路服务区、管理处、收费站、铁路站场、轨道交通车站、车辆段等沿线设施的锅炉排放的烟气；公路长大隧道排放氮氧化物	锅炉废气排放情况、烟囱高度、除尘器形式和型号,监测烟尘、SO_2、脱硫除尘效率等;公路长大隧道应调查隧道通风装置情况、隧道及竖井口附近的大气敏感目标,对出口处 100 m 以内的村庄设置监测点位,主要监测二氧化氮(NO_2)	排放达标情况、环境影响评价文件及其审批意见中要求的落实情况、环境空气敏感目标的达标情况
港口 码头	办公、生活区锅炉和油罐区加热锅炉排放的烟气,散货码头装卸区和堆场的扬尘,油码头和化学品码头无组织排放的废气(非甲烷总烃、苯系物等)、集装箱码头作业机械尾气(NO_2)等	锅炉同上;其他污染源位置、排放量、排放方式、主要污染物及其治理措施;对油品、化工码头应重点对特征污染物(非甲烷总烃、苯系物、挥发酚、甲醛等)进行调查和厂界无组织排放的监测;周围有环境空气敏感目标的,视情况开展环境空气质量监测	
石油、天然气开采 管道输送	各工艺站场锅炉、加热炉排放的烟气,天然气处理厂硫磺回收及尾气处理装置排放的废气,各工艺站场非正常工况下产生的无组织排放废气,燃烧伴生气的火炬所排放的污染物,油气集输过程中挥发损失的烃类气体等	锅炉同上;其他污染物种类、排放量浓度、排气筒高度等;废气处理设施设计参数、工艺流程、建设和投运时间、运行状况;对特征污染物进行有组织排放及厂界无组织排放的监测;周围有环境空气敏感目标的,视情况开展环境空气质量监测	
矿山采选	采暖和热水锅炉排放的烟气,筛分破碎车间排放粉尘,皮带转载点的扬尘,煤炭和矿石堆放场扬尘和废气、废石、尾矿库、矸石堆放场扬尘等	锅炉同上;各类除尘设施的工艺、设计参数、建设和投运时间、运行状况、排气筒高度;对除尘器和车间排气筒进行有组织排放的监测,在厂界开展无组织排放的监测	
水利水电	电厂、营地锅炉排放的烟气	锅炉同上	

表 4-21 锅炉除尘设备配置一览

序号	项目	锅炉型号	除尘设备名称及型号
1	采暖锅炉房	20 t/h 蒸汽锅炉 2 台	旋流水膜除尘器 XL-20C 型
2	非采暖锅炉房	2 t/h 锅炉	冲击水浴除尘器 YD-CJS2.0

在矿区井下、选矿厂中细碎环节产尘点、筛分厂房产尘点等处均设置了通风除尘设施（表4-22）；尾矿库保持一定的水封防止扬尘；石灰堆场建有风雨篷。

表4-22　各工艺环节除尘设备一览

序号	工艺环节	设备名称	型号
1	中细碎	湿式三效除尘机组	SX24-I-N-A
2	筛分厂房	湿式三效除尘机组	SX16-VIII-N
3	井下450破碎硐室	湿式三效除尘机组	SX12-DIII-N-A

（3）大气污染源和环境空气质量监测

生态影响类建设项目一般可仅考虑进行有组织排放源监测，但石油和天然气开采、矿山采选、港口等建设项目必要时需进行无组织排放源监测；环境影响评价文件及其审批意见中有要求的或者工程影响范围内有需特别保护的环境敏感目标的，须进行环境空气质量监测。调查报告应给出大气污染源和环境空气质量监测点位图，并注明监测点位与污染源的相对位置关系，监测点的标识应规范（参见第二章第七节）。

监测时须注意以下问题：

① 当对固定污染源排放污染物和废气净化设施效果进行监测时，生产设施的运行需满足验收工况要求，净化设施需正常运转。

② 无组织排放监测点位应符合以下要求：

a. 应在正常生产工况下，对无组织排放源进行监测；

b. 监测期间的主导风向（平均风向）有利于监控点的设置；

c. 监测依照有关方法标准和规范进行。

根据《大气污染物综合排放标准》（GB 16297—1996）中8.3的规定：在对污染源的日常监督性监测中，采样期间的工况应与当时的运行工况相同，排污单位的人员和实施监测的人员都不应任意改变当时的运行工况。

③ 当对被测单位既要进行有组织的废气净化监测又要进行无组织排放监测时，应尽可能在满足无组织监测的条件下同期进行监测。

（4）采样时间和频次

《大气污染物综合排放标准》第8条要求，本标准规定的最高允许排放浓度、最高允许排放速率、无组织排放监控点浓度指标均指任何1 h平均值不得超过的限值。

《建设项目环境保护设施竣工验收监测技术要求（试行）》（环发[2000]38号）规定：

7.3.1　对有明显生产周期、污染物排放稳定的建设项目，对污染物的采样和测试频次一般为 2～3 个周期，每个周期 3～5 次（不应少于执行标准中规定的次数）。

7.3.2　对无明显生产周期、稳定、连续生产的建设项目，废气采样和测试频次一般不少于 2 天、每天采 3 个平行样。

7.3.5　对型号、功能相同的多个小型环境保护设施效率测试和达标排放检测，可采用随机抽测方法进行。抽测的原则为：随机抽测设施数量比例应不小于同样设施总数量的 50%。

7.3.6　若需进行环境质量监测时，空气质量测试一般不少于 3 天、采样时间按 GB 3095—1996 数据统计的有效性规定执行。

《大气污染物综合排放标准》第 8 条还规定了特殊情况下的采样时间和频次：

① 若排气筒的排放为间断性排放，排放时间小于 1 h，应在排放时段内实行连续采样或在排放时段内以等时间间隔采集 2～4 个样品，并计算平均值；

② 若排气筒的排放为间断性排放，排放时间大于 1 h，则应在排放时段内以连续 1 h 的采样获取平均值或在 1 h 内、以等时间间隔采集 4 个样品获取平均值；

③ 当进行污染事故排放监测时，应按需要设置采样时间和频次，不受上述原则的限制。

（5）大气污染源与环境空气质量监测结果分析

对监测结果进行统计并将监测结果与相关标准进行对比，分析评价环境空气质量状况；明确废气排放的达标情况并分析超标的原因。必要时按照《大气污染物综合排放标准》（GB 16297—1996）要求进行等效计算（有效高度与等效排放速率）。如进行了废气处理设施去除效率的监测，需给出去除效率。

根据以上结果，分析评价废气排放对环境敏感目标的影响程度，分析对周围环境空气质量影响的程度、范围与环境功能区管理目标的可达性。

（6）大气污染源治理措施效果分析与建议

措施效果分析应在环境空气质量的监测结果分析和大气污染源监测、治理措施落实情况调查的基础上进行，主要包括以下几个方面：

① 根据监测结果，分析现有环境保护措施的效果、存在的问题和原因；

② 核查环境保护措施是否能够满足当地污染物总量控制要求；

③ 针对存在的问题及其产生的原因提出切实可行的补救措施。

例如，某铜矿细碎环节除尘系统监测结果见表 4-23。

监测结果表明，粉尘排放浓度及排放速率可满足《大气污染物综合排放标准》（GB 16297—1996）二级标准，使用现有的除尘系统可实现达标排放，平均除尘效率满足环评中 99% 的要求，但排气筒高度未达到要求。

表 4-23　中细碎环节除尘系统监测结果统计

除尘器	SX 三效湿式除尘机组		启用时间	2004 年 9 月	
排气筒高度	7.2 m		监测时间	2005 年 10 月 28 日、29 日	
监测时间监测次数	除尘器前粉尘浓度/（mg/m³）	除尘器后粉尘浓度/（mg/m³）	除尘器前粉尘排速率/（kg/h）	除尘器后粉尘排放速率/（kg/h）	除尘效率/%
2005-10-28（第一次）	5 480	14	50.40	0.20	99.6
2005-10-28（第二次）	8 628	23	77.57	0.17	99.8
2005-10-28（第三次）	9 735	17	87.80	0.18	99.8
2005-10-29（第一次）	14 034	21	116.57	0.35	99.7
2005-10-29（第二次）	6 549	21	56.05	0.15	99.7
2005-10-29（第三次）	10 554	16	89.71	0.15	99.8
平均值	9 163	19	79.68	0.20	99.7
标准值	—	120	—	3.5（排气筒高 15 m 时）	环评要求 99
				0.40（排气筒高 7.2 m，标准值按外推法计算结果再严格 50%执行）	
达标情况	—	达标	—	达标	达标

3. 声环境影响调查与分析

（1）声环境概况

首先，应调查国家和地方与本工程有关的噪声污染防治政策、规定和要求；其次，应明确建设项目所在区域的声环境功能区划，要特别注意明确不同声环境功能区的界限以及环境影响评价阶段环境保护行政主管部门给定的项目影响区内的敏感点应执行的噪声标准（即验收标准）；再次，应调查项目区验收期间的声环境质量状况及其他相关噪声源的分布情况；最后，对于噪声影响突出的项目（如公路、铁路、轨道交通等），应复述环境影响评价文件及其审批意见提出的敏感目标、预测超标情况和防治措施要求等。

（2）噪声源及声环境敏感目标调查

① 噪声源

明确被验收项目的主要噪声源及其名称、数量，特别要注明验收监测期间的运行状况，如煤矿的空压机、风井抽风机、主井驱动机等的分布和验收监测期间的工况负荷，公路的车流量、车型比等。

② 敏感目标（敏感点）

声环境敏感目标或敏感点是指医院、学校、机关、科研单位、住宅等需要保持安静的建筑物。过去，将城市居民住宅和农村的居民集中居住区（即村庄）作为一般敏感点，将学校、医院、疗养院等作为特殊敏感点；对于特殊敏感点，往往执行比一般敏感点更加严格的噪声标准，环评和验收调查也都更加关注。《声环境质量标准》（GB 3096—2008）中对敏感点的定义有所调整，该标准首次将机关和科研单位列为噪声敏感建筑物。

调查中必须查清调查范围内的全部声环境敏感目标以及每个敏感目标与建设项目的相对位置关系；须逐个说明声环境敏感目标的基本情况（所属行政区、名称、功能、规模等）、与工程的相对位置关系（方位、距离、高差等）、建设年代、受项目影响的户数和人数，对比环境影响评价阶段与项目建成后调查范围内的敏感点变化情况（远离/靠近、新增、拆迁等），并附图表或照片加以说明；说明工程已经采取的降噪措施并利用监测结果分析降噪效果；全面核实和评述环境影响评价文件及其审批意见提出的降噪措施要求的落实情况等。

举例：某公路沿线声环境敏感点情况调查

该项目环境影响报告书中共有敏感点 9 个，经现场勘察，因路线局部微调，环评中的敏感点有 1 个已不在影响范围内，新增敏感点 6 个。路线沿线 200 m 范围内现有敏感点 14 个，其中学校 4 个、居民点 10 个，沿线 100 m 以内的敏感点 13 个（表 4-24）。

表 4-24　某公路沿线声环境敏感点情况一览（摘）

序号	敏感点名称	中心桩号	方位、距离	路基高度	说明	对比环评	现场照片
1	××庄	K0+700	路右 30 m	+1.5 m	约 180 户居民，临路第一排 15 户，面对公路	原有，靠近，原为 40 m	
...	...						
15	××村	K29+000	路左 80 m	+12 m	路基边坡下，约 50 户，以土房屋为主	新增	

注：表中路左右侧为××至×××方向。"+"代表路基高于敏感点高度。

（3）声环境质量监测与厂界噪声监测

声环境质量监测与厂界噪声监测均应按《声环境质量标准》（GB 3096—2008）、

《工业企业厂界环境噪声排放标准》（GB 12348—2008）以及相关的监测方法标准和验收技术规范的规定进行。监测依据代表性原则、围绕敏感目标特别是特殊敏感点开展，以确切反映影响区人群受到项目噪声影响的程度为目的。

① 监测方案

a. 交通项目[公路和城市道路、城市轨道交通线路（地面段）、铁路、内河航道]

应综合考虑不同路段车流量或列车对数的差别、敏感目标与工程的相对位置关系（高差、距离、垂直分布等）、环境影响评价文件中敏感点的预测结果和防治措施要求、地形地貌等因素，选择有代表性的点位进行声环境质量监测（包括敏感点环境噪声监测、噪声衰减断面监测、24 h 连续监测），并分别对各类已采取的噪声防治措施进行降噪效果监测，环境影响评价文件及其审批意见中预测超标或要求采取降噪措施的敏感点和特殊敏感点（学校、医院、敬老院、疗养院等）应列为优先考虑的监测点。

公路

《建设项目竣工环境保护验收技术规范—公路》（HJ 552—2010）中，对公路类项目的声环境敏感点监测、24 h 连续监测、衰减断面监测和声屏障降噪效果监测分别做了具体规定，验收监测中应严格遵照执行。具体的点位布设和选取、频次、时间、监测内容、技术要求、数据分析等详见 HJ 552—2010 中 6.5 的规定。

城市轨道交通

城市轨道交通是指以轮轨导向系统为主的城市公共客运交通系统，包括地铁、轻轨、有轨电车和跨座式单轨列车等。城市轨道交通的特点是：列车编组较铁路客车少，一般在 2～8 辆；列车较铁路客车车体短而轻；昼间车流密度大，高峰时 2～3 min 一列，低峰时 5～10 min 一列，夜间一般 0:00—5:00 停止运营。

城市轨道交通噪声主要指上述各类轨道交通系统车辆在运行中所产生的噪声，其次是城市轨道交通的车站、车辆段及地铁风亭等也产生一定强度的噪声。

城市轨道交通均处于城市区域，一般按环境影响评价阶段项目属地环境保护局下达的标准或功能区声环境质量标准进行影响区内敏感点的验收监测和达标分析，具体的测点布置、监测频次、测试项目、分析方法、质量保证和质量控制要求等详见《建设项目竣工环境保护验收技术规范—城市轨道交通》（HJ/T 403—2007）中 6.7 的规定，验收监测中应严格遵照执行。

城市轨道交通的噪声验收监测需注意以下几方面的问题：

i. 地铁项目的地下段不存在噪声影响问题，噪声监测主要针对风亭和车辆段厂界进行，这些厂界噪声超标时，应同步测量厂界附近敏感点声环境质量的达标状况。

ii. 轻轨和有轨电车多位于城市繁华区，有的还高架在城市主干道的中间，区域内环境嘈杂、各类噪声源很多，敏感点往往同时受到被验收项目和其他声源的多重影响，验收监测中应通过同时测量背景噪声的方法获得被验收项目产生的噪声增量，以确切反映被验收项目对敏感点环境噪声的贡献。

iii. 轻轨和有轨电车线路两侧高层建筑较多,要注意对噪声垂直衰减情况的测量,分析不同楼层的环境噪声达标情况。

铁路

近年来,我国铁路发展很快,铁路列车的运行速度也大幅度提高,出现了动力分散式动车组和高速轨道这样一种新的铁路客运系统,GB 3096—2008 中对铁路赋予了新的定义——以动力集中方式或动力分散方式牵引,行驶于固定钢轨线路上的客货运输系统。随着高速铁路客运专线的诞生,铁路噪声分化为两种类型:以轮轨噪声和机车车辆机械噪声构成的传统铁路噪声和以轮轨噪声、动车组机械噪声和空气动力噪声共同构成的高速铁路噪声(这里的高速铁路系指运行速度为 250～350 km/h,下同)。

传统铁路噪声和高速铁路噪声因其噪声频谱的不同而呈现不同的传播特性。传统铁路噪声在低中频段分布较均匀,噪声强度也相对不高,因此传播距离有限,噪声强度随距离的衰减较快,故以往对铁路声环境影响的调查范围一般为两侧 120 m 范围。高速铁路客运专线运行后的研究和验收经验表明:高速铁路噪声以低中频为主,最大噪声分布在 40～200 Hz 频段,而且噪声强度较大,噪声的传播距离较远,噪声强度随距离的衰减缓慢,故高速铁路的声环境影响的调查范围需适当扩大,应考虑调查至两侧 200 m(存在 120 m 外的 1 类区、2 类区敏感点超标的情况)。上述两类铁路的噪声频谱和强度见图 4-4。

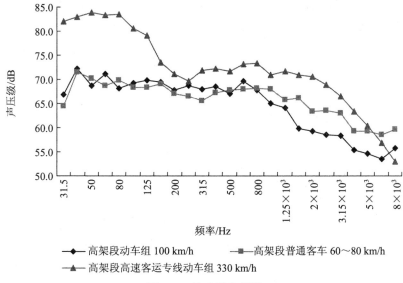

图 4-4　铁路噪声频谱

目前,铁路尚未出台验收规范,铁路噪声的验收监测一般分为路侧敏感点监测、衰减断面监测、声屏障降噪效果监测以及对车站、车辆段开展的厂界噪声监测。

敏感点监测、衰减断面监测、声屏障降噪效果监测的点位可参照《建设项目竣工环境保护验收技术规范—公路》（HJ 552—2010）中规定的布设，同时依照《声环境质量标准》（GB 3096—2008）中规定的监测方法，其监测时间为代表列车运行平均密度的 1 h（L_i），必要时，可对昼间和夜间进行全时段测量，分别得到昼夜的等效声级数据（L_d、L_n），以便对铁路线路的噪声影响做全面分析。当区域内存在多个噪声源时，也应通过同时测量背景噪声的方法获得被验收铁路自身的噪声增量，以确切反映被验收项目对敏感点环境噪声的贡献。声屏障降噪效果监测应选择代表性车型和编组进行多次测量（3 次以上），取等效声级的平均值进行分析。

铁路的车站、编组站、车辆段及工区等的噪声依照《工业企业厂界环境噪声排放标准》（GB 12348—2008）中的规定进行测量。应将界外存在声环境敏感点（居民住宅、学校、医院等）、可能会造成影响的厂界作为监测重点。

b. 其他项目

除交通项目外的其他生态影响类建设项目（如煤矿等）一般仅涉及厂界噪声监测，可依照《工业企业厂界环境噪声排放标准》（GB 12348—2008）中的规定进行测量。

② 监测数据的处理

a. 应将所有监测点位列表，写明监测点编号、名称、与工程相对位置关系及必要的说明，附监测点位示意图（平面图、剖面图）和照片，监测点的标识应规范（参见第二章第七节）。

b. 监测时应记录被验收项目的运行状况和负荷（如铁路的列车对数、公路的车流量、管线工程的输送量、煤矿的出煤量等）。

c. 监测时应记录测量过程中的声环境状况和特殊事件（如突发噪声干扰的情形、持续时间和次数等），对不具代表性的数据应予剔除。

d. 当被验收项目的生产能力（如车流量）没有达到设计能力的 75%或以上时，应根据监测结果，分析计算出生产能力达到设计值时的噪声值，与实际监测值一并列表。

e. 验收监测中同时测量了背景噪声的，应计算出被验收项目导致的环境噪声增量。

f. 应全面观察分析监测数据的合理性，了解数据异常的原因，必要时重新监测。

（4）噪声达标情况分析

在明确各敏感点执行标准和厂界执行标准的基础上，将监测结果与相关标准进行对比，分析评述影响区全部声环境敏感点达标情况和厂界噪声达标情况，出现超标的还应分析超标的原因；对声环境复杂的敏感点，应根据增量数据说明被验收项目对敏感点的影响程度；对于生产能力没有达到设计能力的 75%或以上的被验收项目，应根据计算出的生产能力达到设计值时的噪声值，给出项目满负荷运行时敏感点的达标分析结果。

（5）声环境保护措施效果分析与建议

① 根据监测结果，说明声环境保护措施的降噪效果。

② 对要求不落实、影响预计不足或新增敏感点噪声超标的，应分析原因，提出改进或补救措施的建议。

4. 环境振动影响调查与分析

工程投入试运行后，涉及环境振动影响的生态类建设项目包括城市轨道交通、铁路和矿山等，调查一般包括以下几方面。

（1）环境振动概况

调查国家和地方与本工程相关的振动污染防治的环保政策、规定和要求；概述建设项目所在区域环境振动的总体水平，振动污染源分布及特征，明确不同环境振动标准适用地带的界限以及环境影响评价阶段环境保护行政主管机关给定的项目影响区内的敏感点应执行的振动标准（即验收标准）；对于振动影响突出的项目，应复述环境影响评价文件及其审批意见提出的敏感目标、预测超标情况和防治措施要求等。

（2）环境振动影响及敏感点调查

环境振动敏感点不仅包括住宅、医院、学校、科研单位等与人群居住、生活相关的场所，还包括重要文物古迹等需要特别加以保护的目标，其中，开展精细手术（如显微外科、眼科等）的医院、使用对环境振动有特殊要求仪器的科研单位和大专院校以及古建筑类文物古迹是振动污染防治的重点。

调查中应查清项目振动影响范围内敏感目标的分布、规模、建设年代、与工程相对位置关系，对于那些对环境振动有特殊要求的医院、单位、院校和古建筑类文物古迹还需查清其基本情况、需保护对象的特殊要求和保护级别等，并利用图表、照片加以说明；调查工程试运行以来的振动情况（振源种类、特征及影响范围等）；调查工程已采取的减振措施和实际效果；全面核实和评述环境影响评价文件及其审批意见提出的减振措施要求的落实情况等。

（3）环境振动监测

环境振动的调查范围是：城市轨道交通和铁路以外轨中心线两侧各 60 m 作为调查范围；文物古迹和矿山周围的敏感点按照环境影响评价的范围确定；环境影响评价文件没有明确要求的或新增的敏感目标，视可能的影响范围而定。调查报告应给出环境振动监测点位图和相关照片，并注明监测点位与振动源的相对位置关系，监测点的标识应规范（参见第二章第七节）。

① 城市轨道交通

《建设项目竣工环境保护验收技术规范—城市轨道交通》（HJ/T 403—2007）表 2 中对城市轨道交通振动的监测项目和频次做出了具体规定，调查中还应依照《城市区域环境振动标准》（GB 10070—88）和《城市区域环境振动测量方法》（GB/T 10071—88）中规定的监测方法对敏感点进行振动测量。

② 铁路

调查中应依照《城市区域环境振动标准》（GB 10070—88）和《城市区域环境振动测量方法》（GB/T 10071—88）中的规定，对敏感点进行振动测量，即"测量点在建筑物室外 0.5 m 以内振动敏感处，必要时测量点置于建筑物室内地面中央；读取每次列车通过过程中的最大示数，每个测点连续测量 20 次列车，以 20 次读数的算术平均值作为评价量"。

③ 矿山

调查中应依照《城市区域环境振动标准》（GB 10070—88）和《城市区域环境振动测量方法》（GB/T 10071—88）中的规定，对敏感点受矿山爆破的振动影响情况进行测量，即"测量点在建筑物室外 0.5 m 以内振动敏感处，必要时测量点置于建筑物室内地面中央；取每次冲击过程中的最大示数作为评价量。对于反复出现的冲击振动，以 10 次读数的算术平均值作为评价量"。

④ 文物古迹

被验收项目对重要文物古迹振动影响的测量按照《古建筑防工业振动技术规范》（GB/T 50452—2008）中规定的方法进行。

（4）振动达标情况分析

根据振动监测结果，分析所有振动敏感点的达标情况；对环境影响评价文件中预测超标的点位应作重点分析。

（5）振动环境保护措施有效性分析与建议

① 根据振动监测结果，分析减振措施的效果；

② 对要求不落实、影响预计不足或新增敏感点环境振动超标的，应分析原因，提出改进或补救措施的建议。

举例：某新建铁路环境振动影响调查

线路所经地区主要为农村地区，线路走向及车站设置均绕避了大型村落、城镇，铁路两侧村庄内的住房一般以Ⅲ类建筑居多；只有××站、××西站、××新客站等车站附近房屋分布相对密集，主要以Ⅱ、Ⅲ类建筑为主。

振动环境影响调查范围在线路两侧距铁路外轨 60 m 内的振动敏感目标，以及环境影响报告书中提出对振动影响有特殊要求的××市地震台。

监测点位见表 4-25。

表 4-25 振动监测点位

编号	测点名称	距铁路/m	测点位置	地面情况
1#	××村附近路堤段	30	距铁路 30 m 处	黄土地
2#	××村附近路堤段	60	距铁路 60 m 处	土路边
3#	××村村民住宅	52	客厅外 0.5 m 处	水泥地
4#	××村村民住宅	55	客厅中央	瓷砖地面

监测方法：振动监测按照《城市区域环境振动测量方法》（GB/T 10071—88）的有关规定和要求进行。

监测工况：由于新建铁路处于试运行阶段，客运尚未开通，全线目前只有货车在运行，每天平均 25 对左右。

执行标准：按照《城市区域环境振动标准》（GB 10070—88），铁路干线两侧标准限值为 80 dB。

振动监测结果及分析：根据《城市区域环境振动测量方法》要求，每个测点均连续测量了 20 次列车，计算 20 次读值的算术平均值，振动环境监测结果见表 4-26。

表 4-26　振动环境监测结果　　　　单位：dB

测点名称	距铁路/m	编号	路基形式	Z 振级监测平均值
××村附近路堤段	30	1#	路堤	86.0
××村附近路堤段	60	2#	路堤	79.6
××村村民住宅	52	3#	路堤	78.6
××村村民住宅	55	4#	路堤	79.3

根据现场振动监测，在路堤段附近，距线路 30 m 处，振动 VL_{Zmax} 值范围为 84.4～88.7 dB，平均值 86.0 dB，超标 6.0 dB；距线路 60 m 处，振动 VL_{Zmax} 值范围为 77.9～83.5 dB，平均值为 79.6 dB，满足铁路干线两侧标准限值 80 dB 的要求；在距线路 30～60 m 范围内振动衰减平均值为 6.4 dB。距线路 50 m 的农村居民院内振动 VL_{Zmax} 值范围为 73.1～84.9 dB，平均值为 78.6 dB；客厅 VL_{Zmax} 值范围为 71.9～84.7 dB，平均值为 79.3 dB，均能满足铁路干线两侧标准限值 80 dB 的要求。

铁路振动主要由列车运行过程中轮轨之间激励所产生，与线路条件、列车运行速度、列车类型、列车轴重（或重量）、地质条件等因素直接相关，一般情况下，由于货车重量较客车重，货车振级较客车振级也就大。

试运行期间全线每天运行列车基本为货车，客车只有一列铁路职工通勤列车在运行；车轮的圆整度、轨道平整度也均未达到理想状态。因此，本次监测数据平均值比正式运行时要偏大。

建议：待路基稳定后，在沿线敏感地段铺设长轨，无缝线路在车轮圆整的情况下，可降低振动约 5 dB；运营单位要加强轮轨的维护、保养、定期进行轨道打磨和车轮的清洁与镟轮工作，保证轮轨处于良好的运行状态，减少附加振动。

建议沿线地、市、县、乡镇各级政府有关部门，对线路两侧区域进行合理规划和利用，路侧 50 m 范围内不应再新建住宅、学校、医院等振动敏感建筑物。

××市地震台振动防护调查：××地区××山地震台距××车站约为 1 km，距铁路正线约为 400 m，312 国道穿行铁路与地震台之间。

铁路建设前期，已就部分地测量设备搬迁与××山地震台签订了搬迁补偿协议，搬迁补偿费 232 974 元。经调查，在铁路建设期间，××山地震台已将测震摆房、电法仪等搬迁至远离铁路的××山，本线运行对其不再产生影响。

5. 电磁环境影响调查与分析

涉及电磁环境影响的生态影响类建设项目包括输变电、电气化铁路和轨道交通等，调查因子有工频电场强度、工频磁感应强度、无线电干扰场强等；另外，电气化铁路（含高速铁路）在列车通过时，由于受电弓和接触网的瞬间离线，产生电火花，向周围辐射宽频干扰信号，对沿线使用室外天线接收的电视信号形成干扰，影响电视收看质量，通常称为"电视收看影响"，其调查因子为电视信号场强（即特定频段无线电场强）。

（1）电磁环境概况

概述建设项目所在区域电磁环境质量总体水平和电磁污染源特征，明确项目环境影响评价文件及其审批意见提出的敏感目标和防治措施要求等。

（2）电磁环境影响及敏感点调查

调查电磁污染源分布和特征，查清电磁环境敏感点的名称、规模、与工程的相对位置关系及受影响的户数（人数），并附以图表、照片；调查工程已采取的电磁防护措施和实际效果；全面核实和评述环境影响评价文件及其审批意见提出的电磁影响减缓措施要求的落实情况等。

（3）电磁环境影响监测

工频电场、磁场和无线电干扰的调查范围为：输变电工程为变电站周围 500 m、输电线路走廊两侧 30 m 带状区域；城市轨道交通为变电站周围 50 m；电气化铁路为牵引变电站周围 50 m。电气化铁路电视收看影响的调查范围一般为路侧 60 m，高速铁路（即动车组）对电视收看影响范围较广，调查范围建议为 100 m。

环境影响评价文件中预测超标的点位应作为验收监测的重点，监测时应记录被验收项目的运行工况负荷，如电压等级、输送功率、铁路的车流对数等。

环保系统监测站一般不能开展电磁环境影响的监测，验收监测通常委托其他专业单位开展测量。

① 输变电工程

线路周围、变电站、衰减断面及敏感点的工频电、磁场强度和无线电干扰的监测根据《500 kV 超高压送变电工程电磁辐射环境影响评价技术规范》（HJ/T 24—1998）、《高压交流架空送电线—无线电干扰限值》（GB/T 15707—1995）、《高压交流架空送电线路、变电站工频电场和磁场测量方法》（DL/T 988—2005）、《输变电工程电磁环境监测技术规范》（DL/T 334—2010）、《高压架空送电线、变电站无线电干扰测量方法》（GB/T 7349—2002）的规定进行。

② 城市轨道交通

变电站（所）及周围敏感点的工频电、磁场强度和无线电干扰的监测与输变电工程相同。

③ 电气化铁路

牵引变电站（所）及周围敏感点的工频电、磁场强度和无线电干扰的监测与输变电工程相同。

电气化铁路对电视收看的影响通常是在路侧避开各种电力线路和电气设备的开阔处设监测断面，断面上的测点可在调查范围内按照敏感点距离均匀布设，如 20 m、40 m、60 m 或 30 m、60 m、90 m，在实际了解居民使用开路天线可以收看到的电视频道数和频道名称的基础上，测量各频道有用信号场强（即电视信号场强）和邻近频点（通常错开 1 MHz 左右）的干扰信号场强。

（4）电磁环境影响达标情况分析

根据监测结果，比照相应电压等级的标准，对线路周围、变电站、衰减断面及敏感点的工频电、磁场强度和无线电干扰进行达标情况分析，对环境影响评价文件中预测超标的点位应进行重点分析和论述。

电气化铁路对电视收看的影响目前我国没有评价标准[①]，国内通常使用国际无线电咨询委员会（CCIR）制定的 CCIR500-1 号建议书《电视图像质量的主观评价方法》中的标准，即以有用信号和干扰信号差值（信噪比）35 dB 作为评价电视收看影响的标准，小于 35 dB 的，就认为是对电视收看有影响（超标），差值越小、影响越严重。根据监测结果，首先参照我国广播电视技术标准对电视信号覆盖情况进行评价（覆盖标准规定电视信号的可用场强值 V 段应到 57 dB 以上、U 段应到 67 dB 以上），再对满足覆盖标准的频道在列车通过时的信噪比进行达标分析，进而对列车对电视收看的影响进行评述。

（5）电磁防护措施效果分析与建议

① 根据监测结果，分析电磁防护措施的效果。

② 对要求不落实、影响预计不足或新增敏感点电磁环境影响超标的，应分析原因，提出改进或补救措施的建议。

举例：对某电气化铁路线路两侧居民电视收看影响情况开展调查。

监测方案：

在××村距铁路轨道中心线外侧开阔处设一个断面，在 20 m、40 m 和 80 m 各设一个测点，监测列车通过时产生的干扰场强。每个距离点得出不同电视收看频道上的

---

① 自 2008 年 5 月开始，国家开始实施"广播电视村村通工程"，对通电的 20 户以上的自然村开展以卫星天线为主要形式的电视信号覆盖工程，使用开路天线收看电视的城乡居民已越来越少，电气化铁路对沿线居民收看电视产生影响的情况正逐渐成为历史。

过车干扰值。由于干扰值的随机性，每个距离点的每个频道上需测量 5 次过车数据。

A. 监测点位布设

××村测点选在村西铁路北侧与线路垂直的直线上，断面处线路里程是 K20＋268，接触网支柱 60 号。测点位置示意见图 4-5。

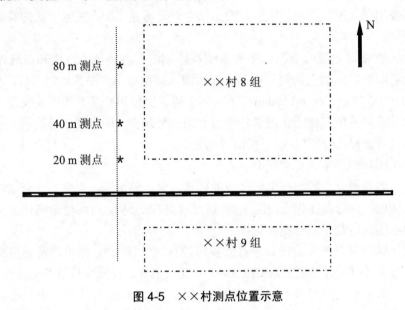

图 4-5　××村测点位置示意

B. 监测内容

a. 有用电视信号场强；

b. 背景无线电噪声场强；

c. 列车通过时干扰信号场强。

C. 监测时段

选在电视节目正常播放时段。

D. 监测频率

电视信号场强测量各电视频道的图像载频，××村监测到 5 个电视频道。图像载频分别为 49.75 MHz、216.25 MHz、471.25 MHz、487.25 MHz 和 503.25 MHz。

背景无线电噪声场强在各视频道有用信号频带附近选一频点进行测量。

列车通过时无线电干扰场强在各电视频道有用信号频带附近选一频点进行测量。因 U 频段 471.25 MHz、487.25 MHz 和 503.25 MHz 3 个频道在频域靠得较近，仅选 1 个无线电干扰测量频点。无线电干扰测量频点分别为 47 MHz、214 MHz 和 485 MHz 3 个频点。

E. 监测结果与分析

覆盖标准为：V 频段 57 dB，U 频段 67 dB。电视信号场强和背景无线电噪声场强监测结果见表 4-27。

表 4-27 各频道电视信号场强、背景无线电噪声场强和信噪比

频道	图像载频/MHz	信号场强/（dBμV/m）	背景场强/（dBμV/m）	信噪比/dB
9	49.75	68*	18	50 √
12	216.25	63*	21	42 √
3	471.25	65	18	47 √
13	487.25	65	17	48 √
26	503.25	57	18	39 √

注："*"表示信号场强达到广电总局规定的标称可用场强，"√"表示信噪比大于 35 dB。

a. ××村 V 频段 2 个收看频道电视信号场强满足覆盖标准；U 频段 3 个收看频道有 2 个接近覆盖标准（低 2 dB），1 个与覆盖标准相差较大（差 10 dB），可以认为××村电视信号覆盖情况良好。

b. 在没有外来干扰时，××村 5 个电视频道的信噪比均满足大于 35 dB 的要求，采用开路天线收看电视画面质量尚可。

c. 列车通过时的干扰信号场强。

评估电视收看受电气化铁路影响时，要求信噪比大于 35 dB 才能保证收看质量。列车通过时测得的干扰信号场强值见表 4-28。

表 4-28 列车通过时电磁辐射场强测试结果   单位：dBμV/m

距离/m	20			40			80		
频率/MHz	47	214	485	47	214	485	47	214	485
序号 1	46	34	28	35	34	32	36	30	21
序号 2	48	32	29	32	32	25	40	23	21
序号 3	49	34	31	38	33	27	38	23	20
序号 4	42	37	30	40	31	22	31	25	
序号 5	44	36	32	40	30	24	33	25	
平均值	45.8	34.6	30	37	32	26	35.6	25.2	20.7

由表 4-28 可见：

➢ 电气化铁路列车通过时，产生的无线电干扰随着频率的增加而减小。

➢ 电气化铁路列车通过时，产生的无线电干扰随着距线路距离的增加而减小。

➢ 以往多条线路实测得出，列车通过时 200 MHz 干扰信号场强在距线路 20 m 时为 30～34 dB，对照表中数据可知××村电力牵引列车通过时产生的无线电干扰信号的强度与国内大多数电气化线路的情况相接近。

d. 电视收看受影响分析。

电视伴音采用调频制，不易受无线电干扰信号影响，主要考虑采用调幅制的图像信号受影响的情况。判断电视图像受影响的程度，采用国际无线电咨询委员会（CCIR）推荐的损伤制五级评分标准：5 分为不可察觉；4 分为可察觉，但不讨厌；3 分为稍觉讨厌；2 分为讨厌；1 分为很讨厌。一般取实用界限：达到 3 分或 3 分以上为正常收视条件。根据以往电气化铁道对电视影响的研究结论可知，当信噪比（D/U）值大于 35 dB 时，电视画面可达 3 分或 3 分以上，即达到正常收看的程度。××村不同距离测点列车通过时电视收看信噪比见表 4-29。

表 4-29　不同距离测点列车通过时电视收看信噪比

频道	图像载频/MHz	信号场强/(dBμV/m)	背景场强/(dBμV/m)	不过车时信噪比/dB	20 m 过车信噪比/dB	40 m 过车信噪比/dB	80 m 过车信噪比/dB
9	49.75	68*	18	50 √	18.2	27	28.4
12	216.25	63*	21	42 √	24.4	27	33.8
3	471.25	65	18	47 √	31	35 √	40.3 √
13	487.25	65	17	48 √	31	35 √	40.3 √
26	503.25	57	18	39 √	23	27	32.3

注："*" 表示信号场强达到广电总局规定的标称可用场强，"√" 表示信噪比达到 35 dB 或相差小于 3 dB（在测量误差 3 dB 范围内）。

由表 4-29 的测量结果看，在电视信号场强基本达标的情况下，××村距线路 20 m 处列车通过时各频道信噪比全都达不到要求；距线路 40 m 处列车通过时有 2/5 频道信噪比可以达到要求，其余频道仅勉强可以收看；距线路 80 m 处列车通过时仍有 3/5 频道信噪比不够但两个频道已接近标准。

根据以上调查结果，××村距线路 80 m 以内用户采用开路天线的电视收看质量受过车干扰影响较为明显；距线路 80 m 以外的用户基本可维持正常收看。建议铁路建设单位为××村铁路沿线 80 m 内的居民住宅加装有线电视或卫星天线。

6. 固体废物影响调查与分析

（1）污染源调查

调查项目涉及的一般工业固体废物处理（处置）相关的政策、规定和要求；核查工程产生的一般工业固体废物的种类、性质（指第Ⅰ类、第Ⅱ类）、主要来源及排放量，并将尾矿渣、矸石、清库、清淤废物作为调查重点；固体废物属性不清的，应首先按照相关标准进行鉴别，确定其是属于第Ⅰ类一般工业固体废物、第Ⅱ类一般工业固体废物，还是危险废物。

例如，某铜矿固体废物来源情况，见表 4-30。

表 4-30　某铜矿固体废物的主要来源

来源	产生量	处理处置方式	备注
尾矿砂	1 600 t/d	尾矿库堆存	尾矿坝采用不透水坝，下游建有截渗坝，正常生产时尾矿库无废水外排，并保持表面的水封防止造成尾砂二次飞扬
采矿废石	303.6 t/d	全部回填井下采空区	
生活垃圾	0.45 t/d	收集后环卫部门统一外运	
锅炉炉渣	2 160 t/a	铺路、制砖	

（2）处置和管理情况调查

调查一般工业固体废物的处置方式。应特别注意贮存、处置场应"依据环境影响评价结论确定场址的位置及其与周围人群的距离，并经具有审批权的环境保护行政主管部门批准，并可作为规划控制的依据"（环境保护部公告，2013 年第 36 号）；贮存、处置场禁止设在自然保护区、风景名胜区和其他需要特别保护的区域；禁止危险废物和生活垃圾混入；Ⅱ类场应避开地下水主要补给区和饮用水水源含水层以及防渗要求等的执行情况；还应调查一般工业固体废物贮存、处置场安全管理和风险防范措施。

（3）危险废物

对于部分涉及危险废物的生态影响类建设项目，除对环境影响评价文件及其审批意见提出的危险废物进行调查外，还应注意发现项目涉及的其他危险废物。所有危险废物均需严格按照有关标准和规定进行鉴别、储存、运输和处置。委托专业机构进行危险废物安全填埋或处置的，应注意调查该机构的资质及其有效期。涉及危险废物的验收项目，调查报告中必须详细描述相关调查结果并附相关证明材料，对于在危险废物管理、处置方面存在问题的项目，必须提出改进和补救措施的建议。

（4）污染源监测

一般工业固体废物可能造成对环境空气、水环境（地下水、地表水）、土壤等的二次污染。应按照《一般工业固体废物贮存、处置场污染控制标准》（GB 18599—2001）第 9 条中规定的监测项目、根据污染物种类和实际的环境条件开展验收监测，并给出监测点位图，并注明监测点位与污染源的相对位置关系，监测点的标识应规范（参见第二章第七节）。

（5）小结与建议

① 分析固体废物处置方式是否符合相关规定和要求。

② 对固体废物处置中存在的问题，提出改进和补救措施的建议。

第五节　社会环境影响调查

建设项目对社会环境的影响主要表现在工程占地、造成一定范围内的居民搬迁和工程建设对周边居民生活、文物古迹、公共设施、人群健康等其他方面的影响。

一、移民安置环境影响调查

生态影响类项目建设占地内的居民通常需要迁移，水利水电项目称之为"移民"，其他项目称之为"拆迁"。一般情况下，移民或拆迁工作由地方政府专门机构负责，只拆迁住宅，生产资料（耕地）不动的称之为"生活安置"；丧失生产资料需要重新分配的称之为"生产安置"。在环境影响评价阶段，对移民/拆迁人口集中安置区的选址和有关的环境保护措施均会提出具体要求。验收调查中，除应对移民/拆迁的基本情况进行调查外，重点应对集中安置区（即迁入地）进行调查，调查主要内容是：① 移民/拆迁的实际完成情况、已实施或正在实施的移民/拆迁方案与环评阶段的移民/拆迁计划有哪些变更，主要指移民/拆迁规模（人数、户数）、集中安置区的位置和数量等。② 集中安置点的各项环境保护措施和设施是否落实了环境影响评价文件及其审批意见提出的要求（如生活污水收集与处理、垃圾收集与处置设施、薪炭林或沼气池建设、防护和生态恢复措施等），变更的集中安置点是否符合环境影响评价文件及其审批意见提出的各项环境保护措施和设施的要求。③ 必要时应开展集中安置区排放污染物和相关的生态环境质量监测并给予分析评述。

另外，有些工程如输变电工程的拆迁迹地（迁出地）有的需要采取生态恢复或复耕措施，在调查中应予关注。

举例：某引水工程移民安置的基本情况：该工程占地影响到 25 个乡镇、75 个村庄，对因永久占地而失去土地的 1 122 人需要进行生产安置。搬迁居民共计 50 户 198 人，主要集中在总干线沿线地区，均采取本村后靠的方式安置，无集中移民安置区。

（1）生活安置

该工程迁居移民数量少，移民均为迁居不迁村的后靠式定居，在教育、卫生、生产条件、交通出行等方面的不利影响很小。现场调查搬迁后的移民新建房屋，居住条件得到明显的改善，基础设施基本齐全，移民均较为满意。

> **点评：**
> 　　该案例还应补充新建居民点边坡防护和绿化情况的调查。

（2）生产安置

由于工程占地，形成失地移民 1 122 人，需进行生产安置，实施中采取以农业安置为主的生产安置，对当地的生产、生活条件产生了一定的影响。

总干沿线共征用耕地 393.9 hm^2（5 908 亩），按涉及村庄人口计，人均被占用耕地 0.37 亩，人均减少粮食约 27 kg。由此可见，工程征地对农业生产带来了一定的影响，但随着工程的建设，交通、用电和通信等基础设施的改善，农副业生产、商品流通水平会有所提高。连接段征地以管线建设为主，被占用耕地在工程完工后大部分可恢复生产，因此占地影响较小。

> **点评：**
>
> 　　该案例还应按照环评及其审批意见要求对占用基本农田的情况进行调查，并说明基本农田"占一补一"的情况。

二、居民生活影响调查

　　公路、铁路等建设项目往往会形成阻隔，造成需要经常来往于线路两侧居民的出行不便；还可能阻断原有的农田灌溉系统，对两侧的农业生产造成影响。工程中往往通过设置桥梁、地下通道、（过水）涵洞等解决沿线居民出行和农田灌溉的需要。调查中，应注意通过现场踏勘中的走访和后续的公众意见调查，了解沿线公众在通行和灌溉方面的意见和建议。

三、文物古迹影响调查

　　文物古迹影响调查的重点是环境影响评价文件及其审批意见提出的对文物古迹的影响和保护情况。环境影响评价文件及其审批意见没有提出具体敏感目标或调查发现新增敏感目标，一般关注工程涉及的县级以上文物保护单位、重要的历史遗迹等，调查内容包括：

　　（1）说明验收调查范围内文物古迹及重要历史遗迹的基本情况、保护级别、与工程的位置关系；

　　（2）介绍开工前的抢救性发掘情况；给出文物古迹管理部门和机构关于工程文物古迹涉及区段的发掘报告和开工许可，说明开工前相关部门提出的保护要求；

　　（3）工程建设和试运行过程中采取的保护措施、文物古迹管理部门和机构对保护措施效果的评价。

四、公共设施影响调查

　　调查范围内的公共设施主要指有可能受到项目影响的重要公共设施，如水文站、广播电视发射台、输变电线路、公路、铁路、各类地下管线等。在项目开工前，建设方与重要公共设施的产权单位都经过充分协调、达成了穿跨越协议，所以，调查中主要是核查环境影响评价文件及其审批意见提出的具体要求的落实情况。

举例：某水电站工程的文物古迹及公共设施影响调查

① 对文物古迹的影响

为避免对文物古迹的破坏，建设单位在水利枢纽工程建设前，将淹没区内的考古发掘工作委托省文物考古研究所承担，对淹没区内的文物进行了发掘清理，并将费用列入了工程建设费中。

2001 年 4 月下旬至 10 月下旬，省文物考古研究所进行了考古发掘工作，在库区××村 A、××村一组 B、××馆 C、××村二组 D 墓葬群进行了 4 个地点的考古发掘，发掘面积 2 925 m²，共发掘墓葬 36 座。在××村 A 遗址共发现 20 座房址、26 个灰坑，发掘出木棍棒头、石斧、石镰、石镞、石杵、石网坠、陶纺轮等新石器和青铜时代文物 340 余件；在××村 B、××馆 C 遗址共发现了 3 座房址、2 个窑址、3 座墓葬、4 个灰坑，发掘出青铜时代文物 150 余件；在××村二组 D 墓葬群，共发掘墓葬 36 座，发现 2 件随葬品。省文物考古研究所将所发现的文物予以妥善处置。在水库蓄水之前，文物考察发掘工作已经全面完成，省文物考古研究所向建设单位核发了准许蓄水的通知。

淹没区的文物从调查、复查到正式发掘整理都是按照国家文物管理的有关规定要求进行的，满足文物部门的要求。

② 对某水文站的影响调查

某水文站建于 1939 年，由于该水利枢纽工程的建设使得该水文站被淹没，这对××江下游和××江流域水文资料统计带来不利影响，因此必须搬迁。根据省水文站的意见，该水文站已迁建至水库回水末端。

五、其他环境影响调查

生态影响类建设项目往往因其工程涉及范围大、施工人员多，社会环境影响也很复杂，除拆迁移民和文物古迹影响外，还存在人群健康等环境影响，如环境影响评价文件及其审批意见中对人群健康等方面提出要求，验收调查时应调查核实有关要求的落实情况，并通过咨询有关主管部门、公众意见调查等方式，了解工程建设过程中有无传染性或地方性疾病（如血吸虫病）爆发或扩散，如有发生应了解其影响范围、受影响的人数等情况，调查建设单位或地方主管部门采取的防治措施和效果等。

另外，某些工程的隧道建设，还会造成地下水位下降，对附近居民特别是隧道顶部居民的生活生产用水、地上建筑物的稳定性等带来影响。应针对实际情况，调查实际产生影响的范围、程度、受影响的人数、采取的应对措施和效果等。

举例：某工程隧洞对居民饮用水产生影响

经调查该工程沿程隧洞掘进主要在区域地下水位线以上施工，但在个别地段有特殊岩层或断裂带发育，工程施工中虽然采取了设计中减少隧道涌水的措施以减少地下水位下降，但由于工程区域地质条件的复杂性，仍出现了部分居民水井水位下降或干涸的情况，影响了部分居民的生活用水。

为解决沿线受影响居民的用水困难，建设单位对沿线受影响村庄分别采取了应急措施：靠近施工区的村庄，利用工程施工水源井免费为群众供水；无水源条件的村庄，由建设单位或村民从附近有水源的地方拉水，费用由建设单位承担。

为妥善解决施工对地下水的影响，查明工程周围民井地下水位下降的原因，建设单位委托中国地质科学院岩溶地质研究所环境工程中心对工程沿线水文地质情况进行了调查，提出了永久解决受影响村庄人畜饮水问题的建议，并区分不同情况分别给村民每户砌水窖或给村庄打水井等措施，解决了 26 个村庄的人畜饮水问题和 3 个工厂的用水问题。

第六节　公众意见调查

建设项目竣工环境保护验收工作中，须听取公众的意见。公众意见调查是建设项目竣工环境保护验收调查的重要组成部分，公众意见的调查结果还是验收公示材料必备内容。公众意见调查原则参照《环境影响评价公众参与暂行办法》（环发[2006]28号）的要求开展，对于影响严重的项目，还应在公众意见调查前听取地方环境保护主管部门的指导意见。

公众意见调查的主要目的：

① 了解建设项目在不同时期存在的环境影响，特别是对环境敏感目标的实际影响。

② 发现工程设计、施工期曾经存在的及目前可能遗留的环境问题。

③ 试运行期公众关心的环境问题。

④ 公众对建设项目环境保护工作的总体评价。

⑤ 公众对建设项目今后环境保护工作的要求和建议。

一、调查方法和调查对象

公众意见调查应本着公开、平等、广泛和便利的原则，主要在建设项目的直接影响区内进行。

公众意见调查的对象应具有广泛的代表性，力求反映社会各阶层和各类人群的意见，包括位于建设项目环境影响范围内，在施工期或运行期可能受到环境影响的有关单位、社会团体、居民委员会、常住居民个人、了解项目情况的相关领域的专家以及地方人大、政协、政府有关部门等。被抽样调查的公民应包含不同性别、年龄、职业、受教育程度的代表，少数民族地区应有相应比例的各民族代表。

公众意见调查可采用的方法为：抽样问卷调查（发放调查表）、咨询走访、座谈会和通过媒体征询意见等。一般情况下，"咨询走访+问卷调查"是最常用的方法。

（1）抽样问卷调查

将事先设计好的问卷发放给被调查者，获取被调查者对给定问题的答案，再对答案作统计分析。

（2）走访咨询

走访是指结合踏勘，向直接影响区公众了解项目的环境影响（包括不易察觉的隐蔽影响和遗留问题），当面听取公众对项目环境保护工作的意见和建议等。咨询是指向地方环境保护机关、政府相关部门（如农业、林业、渔业等）、保护区管理机构和受影响的群体等了解项目的环境保护情况和公众投诉情况。

（3）座谈会

围绕受影响人群最为关心的议题进行座谈，直接交流和对话，了解存在的主要环境保护问题，就减缓影响、需采取的补救措施等进行深入讨论并达成共识。

二、调查时段

公众意见调查贯穿于整个验收调查的全过程中。

从首次现场踏勘开始，验收调查者就应根据工程的影响要素和影响范围选择受影响的群体、相关领域的团体、专家或部门进行有目的的咨询；在各次的现场踏勘和验收监测中，还应有意识地对项目影响区内的公众进行走访；为下一步确定调查方法和设计有针对性的调查问卷做好准备。在验收调查的后期，应开展公众意见的专题调查（如抽样问卷调查、座谈会等）。

三、调查内容

公众意见调查内容应根据建设项目施工期和运行期产生的环境影响确定，处于不同区域的不同建设项目调查的内容会有很大差异，但调查内容不外乎下列几个方面：

① 存在污染影响的，应调查公众对污染防治效果是否满意；

② 存在生态环境破坏的，应调查公众对生态恢复效果是否满意；

③ 对公众生活环境或工作环境产生影响的，应调查公众对影响程度的反应和对所采取的减轻或消除影响措施是否满意；

④ 公众对建设单位环境保护工作的总体评价；

⑤ 针对被验收工程环境保护工作的意见或要求。

问卷调查时，应注意调查问题的数量不应过多，以控制在 20 个以内为宜，问题应当按照简单、通俗、明确、易懂的原则设计，避免设计可能对公众产生明确诱导或令公众产生歧义的问题，同时调查内容要与工程环境保护工作密切相关，避免涉及其他行政主管部门或地方政府管辖的工作以及对国家政策评价等问题。为保证调查具有足够的代表性，调查问卷的发放数量（样本数）不宜太少，应视项目的影响范围和程度、影响区的敏感程度、区域的社会经济状况、人口密度和踏勘中实际感受到的公众对项目影响的关注程度而定。

走访咨询调查议题数量可以不限，但不能遗漏项目涉及的主要环境影响问题，重点在于了解工程建设各阶段对环境影响的情况、征求各方对项目环境保护工作的意见和建议，应尽可能全面、详细。

小型座谈会可根据问卷抽样调查和走访咨询的结果，分析筛选出公众关注的热点、难点问题作为主要议题，会议的议题应集中，切忌过多。座谈会要集中讨论主要议题，每个议题经深入讨论和相互交流后，最终确定其解决办法或各方均能接受的补救措施。座谈过程须做现场会议记录，特别注意应如实记载不同意见，会后要整理制作座谈会议纪要，并存档备查。

具体的调查问卷可从以下几方面进行设计[①]：

① 工程在施工期和试运行期是否发生过环境污染事件或扰民事件；

② 公众对工程在施工期和试运行期所产生的环境影响的反应，可按生态、水、气、声等环境要素设计问题；

③ 公众对建设项目施工期、试运行期所采取的环境保护措施效果的满意度及其他意见；

④ 对涉及敏感目标或公众环境权益的项目，应针对敏感目标或公众环境权益设计调查问题，以了解其是否受到影响；

⑤ 公众最关注的环境问题及希望采取的环境保护措施；

⑥ 公众对建设项目环境保护工作的总体评价。

四、结果分析

通过对问卷调查结果进行分类统计，结合走访咨询中了解的情况，重点分析公众对项目建设环境保护工作的意见、项目建设各个时期对社会和环境的影响、公众对有关环境保护措施落实情况及其有效性的评价，必要时结合座谈会讨论结果，提出热点、难点问题的解决方案和补救措施的建议。

对反馈意见中出现的"非肯定意见"，要进一步深入了解意见产生的原因和背景，独立地进行分析，调查者应将这些"非肯定意见"及时反馈给建设单位，在报告中如实反映这些意见及其处理结果，并提出后续改进的建议，以充分发挥公众意见调查的

[①] 《建设项目竣工环境保护验收技术规范—公路》（HJ 552—2010）中对公众意见调查表的格式和内容做出了具体规定（附录C），开展公路项目验收调查时应参照执行。

作用。调查报告应针对"非肯定意见"的采纳情况和不采纳原因做出说明，必要时应将相关证明材料作为报告的附件。

五、小结

公众意见调查部分的小结是对公众意见调查结果的简要总结。在小结中应简要说明公众反映的主要环境影响、最关注的环境保护问题、公众对建设单位环境保护工作的总体评价、仍存在的环境问题和解决建议。

六、实例

1. 调查方法、对象及内容

（1）抽样问卷调查

抽样问卷调查分两次进行，调查人数共 65 人，其中脱水段和减水段的村民 19 人，占总调查人数的 29%。

具体调查内容如表 4-31 所示。

表 4-31　公众意见调查表

姓名		性别		年龄		民族		文化程度	
单位或住址				职务			职业		

您好！L 河梯级水电站 M 引水工程位于 L 河上，通过隧洞引水至水库内，增加其发电效益。水库总库容 $1.33 \times 10^8 \ m^3$，多年平均引水流量 $22.73 \ m^3/s$，永久建筑物由混凝土面板堆石坝、左岸溢洪道和右岸引水隧洞组成。工程 1999 年全面开始施工，2005 年年底建成投入试运行，已经进行了近一年的试运行，即将进行环境保护验收和总体验收。

环境保护是我国的一项基本国策。根据国家有关法律法规，公民有权对环境保护问题发表自己的见解或意见。现在，针对该工程建设期间和建成以后对周边环境造成的影响征求您的意见。

谢谢您的合作！

调查内容	观点		
您认为 M 引水工程是否有利于本地区经济的发展	有利	不利	不知道
工程施工期对 L 河水质是否产生影响	有影响	影响很小	
	无影响	没注意	
施工期对您的生活造成哪些影响	施工噪声	农业生产	
	出行不便	无影响	
	其他（可填写）		
工程试运行后对下游农业用水和生活用水是否有影响	有影响	影响很小	
	无影响	没注意	

您对工程采取的生态恢复和补偿措施是否满意	满意		基本满意	
	不满意		没注意	
您对工程的整体环境保护工作是否满意	满意		基本满意	
	不满意		请填写不满意的原因	
您对本工程的其他建议				

（2）走访咨询调查

走访了运行管理部门 L 河发电厂、施工单位中铁××局、环境影响评价单位××环境研究所；当地的政府机关，县环境保护局、环境监测站、移民局、水产局等。

主要内容：调查工程建设过程产生的环境影响，环境保护方面的要求，河流系统状况等方面的问题。

（3）召开小型座谈会

在移民局召开了管理人员座谈会。

主要内容：在受工程影响的村庄，主要是脱水段和减水段的沿江村屯访问座谈，共走访脱水段的 A 村、B 村、B 村沿江居民组、B 村火车站；减水段的 C 村、D 村等。主要了解工程实施后的环境影响和影响程度以及工程补偿措施的落实情况等。

2. 调查结果

（1）问卷抽样调查结果

① 被调查公众均认为工程对当地经济发展有促进作用。

② 认为工程施工期未对 L 河水质产生影响的公众有 47 人，占被调查人数的 72%；认为工程建设对水质略有影响的有 14 人，占被调查人数的 22%；认为影响较大的有 4 人，占被调查人数的 6%。从调查结果分析，工程建设对所在河流水质还是产生了一定的影响。

③ 认为工程建设对农业生产有影响的有 35 人，占被调查人数的 54%；认为有施工噪声影响的有 16 人，占被调查人数的 25%；认为出行不便的有 11 人，占被调查人数的 17%；认为无影响的有 3 人，占被调查人数的 5%。通过对问卷的分析，工程导致河段脱水和减水对农业生产造成了一定的影响。

④ 认为工程建设对下游用水有影响的有 36 人，占被调查人数的 56%；认为工程建设对用水影响较小的有 21 人，占被调查人数的 32%；认为无影响的有 8 人，占被调查人数的 12%。说明工程建设对减脱水段区域的不利影响明显。

⑤ 对工程采取的生态恢复和补偿措施表示满意的公众有 44 人，占被调查人数的 67%；表示基本满意的有 14 人，占被调查人数的 22%；表示不满意的有 7 人，占被调查人数的 11%。从实地踏勘的情况看，工程采取的生态恢复和补偿措施较完善，不

满意的公众主要分布在减脱水段，公众是由于工程建设对其农业生产和用水造成较大影响而不满。

⑥ 对工程环境保护工作表示满意的公众有 50 人，占被调查人数的 77%；表示基本满意的有 9 人，占被调查人数的 14%；表示不满意的有 6 人，占被调查人数的 9%。不满意的公众仍分布在减脱水段。

⑦ 被调查群众关心的环境问题和建议。

a. 认为对环境的不利影响是：

➢ 对脱水段和减水段的局地气候的影响，从而影响到农业生产，主要是产量下降；

➢ 对脱水段和减水段的地下水位的影响，地下水位有所降低；

➢ 对自然资源的破坏，主要是脱水段的鱼类和林蛙的破坏；

➢ 工程占地和淹没占地。

b. 被调查者最关心的相关问题是：

➢ 工程对周围地区的影响；

➢ 脱水段和减水段的影响；

➢ 大坝汛期泄水应提前通知下游地方政府，以便组织沿岸群众做好防范。

（2）走访座谈调查结果

① 走访县水产局

20××年 6 月 10 日走访县水产局，与有关人员座谈。主要议题是引水工程对渔业的影响，座谈结果整理如下。

a. K 江与 L 河的渔业资源情况类似，天然河流中的鱼类主要有：经济性鱼类为鲤鱼、鲫鱼、鲶鱼、黄颡鱼（嘎鱼）、细鳞鱼、红点鲑等；野生杂鱼为麦穗鱼、泥鳅、船钉子、青鳞子等；人工养殖鱼类为鲤鱼、鲫鱼、草鱼、鲢鱼、虹鳟鱼等。

b. 近几十年来，由于人工过度捕捞，细鳞鱼和红点鲑等冷水性鱼类明显减少，从 20 世纪 80 年代初以来就很少见到。

c. M 大坝修建，对下游 K 江河段的鱼类肯定有一定的影响，但没有进行过量化的调查。

② 走访县移民局

调查中，20××年 10 月 18 日走访县移民局，与有关人员座谈。主要议题是 M 引水工程脱水段与减水段的影响，以及相应的减缓措施，座谈结果整理如下。

a. 受脱水段与减水段影响的村有：A 村、B 村沿江村民组、C 村、D 村及×乡的 E 村。

b. 主要影响是对小气候的影响，使无霜期缩短，缩短到 10～15 d；对沿江地区居民用水的影响，直接取用江水的村庄改用地下水；对地下水水位的影响使靠捕鱼养蛙为生的农户受到很大影响。

c. 工程采取的补偿减缓措施主要有：解决沿江村民的生活用水问题，打井并安装自来水到户，水质符合饮用水卫生标准；林蛙养殖补偿；农业产业结构调整等。

（3）召开小型座谈会结果

20××年 10 月 19 日和 20××年 6 月 9—10 日到脱水段沿江的 A 村、B 村、B 村沿江居民组、B 火车站以及减水段的 C 村、D 村走访座谈。主要议题是减脱水段的影响，结果如下：

① 这几个村均分布在 K 江脱水段和减水段的岸边，主要的耕地为河滩地和坡地，人均耕地 2～5 亩不等。主要农作物为水稻、小麦、玉米、高粱和豆类等，经济作物主要有麻类、烟草和药材等。

② 河道脱水和减水后，河谷气候有所变化，雾变小，无霜期缩短 10～15 d。必须对农作物的种植品种进行调整，改种早熟品种，但产量降低。如玉米晚熟品种 141 号成熟期为 130 d，产量为 600 kg/亩；改种早熟品种海玉 6 号，成熟期为 110 d，产量仅为 450 kg/亩。气候变化影响到农作物的产量，减产 15%～20%。

③ 村庄里原来生活用水都取自 K 江江水，现在为其打了水井，安装了自来水管网，绝大部分村民解决了生活用水问题，也有个别用江水的分散农户，用水有困难；河道减水、村里水井水位下降，一般枯水期井水位下降 1 m 左右。

④ 有一部分原来主要靠打鱼和养殖林蛙生活的农户损失较大。

3. 小结

本项目公众意见调查采取了问卷抽样调查、走访咨询调查和召开小型座谈会相结合的方法，调查内容各有侧重。对公众关心的重点问题三种方法皆有涉及，调查面广，调查内容有深度。调查结果分析透彻，并且就重点问题协商提出了拨款打水井、安装自来水管网以解决个别农户用水问题，效果较好。

第七节　环境风险防范措施调查

环境风险是指突发环境事件对环境（或健康）的危险程度。突发环境事件又称"环境风险事故"，是指因事故或意外性事件等因素，致使环境受到污染或破坏，公众的生命、健康和财产受到危害或威胁的紧急情况。环境风险具有两个主要特点，即不确定性和危害性。

环境风险事故一旦发生，不仅会造成生命和财产的巨大损失，往往还导致严重的环境污染或生态破坏（即次生事故），因此环境风险防范措施是建设项目竣工环境保护验收的重要内容。

近年来，环境风险事故呈高发态势，针对建设项目（或可能发生突发环境事件的企事业单位）的环境风险管理正在逐步加强。2012 年 7 月 2 日，环境保护部下发了

《关于进一步加强环境影响评价管理防范环境风险的通知》（环发[2012]77号），其中规定："（三）……验收监测或验收调查单位要全面调查环境风险防范设施建设和应急措施落实情况，并对验收监测或验收调查结论负责。（十二）……企业突发环境事件应急预案的编制、评估、备案和实施等，应按我部《突发环境事件应急预案管理暂行办法》（环发[2010]113号）等相关规定执行。（十七）建设项目竣工环境保护验收监测或调查时，应对环境风险防范设施和应急措施的落实情况进行全面调查。相关建设项目验收监测或调查报告，应设环境风险防范设施和应急措施落实情况专章；无相关内容的，各级环境保护部门不得受理其验收申请"。环发[2012]77号文对验收调查中的环境风险事故防范调查提出了更高的要求。

一、调查内容

《建设项目环境风险评价技术导则》（HJ/T 169—2004）指出：在建设项目环境影响报告书有关环境风险评价的内容中，应当"对建设项目建设和运行期间发生的可预测突发性事件或事故（一般不包括人为破坏及自然灾害）引起有毒有害、易燃易爆等物质泄漏，或突发事件产生的新的有毒有害物质，所造成的对人身安全与环境的影响和损害，进行评估，提出防范、应急与减缓措施"。根据这一规定，结合环发[2012]77号文的新要求，在建设项目的竣工环境保护验收调查中，有关环境风险防范的调查应包括以下内容：

①施工期和试运行期发生过的对环境或人群健康造成损害的突发性事故，并调查事故发生时的情形、造成的危害情况及当时的应对措施；事故发生后，建设单位对类似事故所采取的防范措施和效果；

②逐项核实和分析环境影响报告书及其审批意见中提出的环境风险防范措施要求是否得到落实；其中主要包括：选址、总图布置和建筑安全防范措施、遵守敏感点拆迁范围要求的情况、危险化学品贮运安全防范措施、各类生产事故的防范措施等；

③环境风险应急预案编制及向地方环境保护行政主管部门报备情况；

④环境风险应急机构的设置、应急队伍的培训和演练情况；

⑤各类应急物资的储备情况；

⑥针对存在的问题提出可操作的改进措施和建议。

生态影响类建设项目所涉及的环境风险问题比较复杂，各类项目的污染风险和生态破坏风险各不相同。需要强调的是，环境风险事故是指存在一定发生概率的、后果可预计、可通过管理措施和工程措施避免或减轻影响的涉及环境的事件（伴随生产事故和安全事故发生的造成污染或破坏生态环境的次生事故），根据《建设项目环境风险评价技术导则》（HJ/T 169—2004）的规定，人为破坏和自然灾害所造成的破坏风险可以不纳入环境风险调查内容。例如，水利水电建设项目中的大坝，如果没有人为破坏和地震等自然灾害，一般是不会出现溃坝情况的，可以不将其列入环境风险调查范围；引进外来物种，造成生态环境破坏，是属于相关人员的错误，而不属于"突发性"事件，因此，也可以不将其列入环境风险调查范围。

各类生态影响类建设项目，其环境风险和可能导致的环境污染事故也是不同的，具体详见表4-32。

表4-32　不同生态影响类建设项目存在的环境事故风险

项目类别	工程规模指标	环境事故风险
公路、铁路、轨道交通	长度	公路：危险品、化学品、油品的运输车辆发生交通事故，导致前述危险货物泄漏、爆炸、燃烧等。 铁路、轨道交通：运输危险品、化学品、油品的列车（货场、仓库）泄漏、爆炸、燃烧等，车辆段各类油品泄漏
港口/码头	吞吐量	船舶事故造成的溢油；运输船舶危险化学品、油品等发生泄漏事故。 码头装卸、储存的危险化学品、油品等发生泄漏、火灾、爆炸等事故
输油/气管线	输油/气能力	管道、站场出现泄漏、火灾、爆炸等事故
石油/天然气开采	采油/气能力	井喷事故；油气集输管线和集油/气站场储油/气罐的泄漏、火灾、爆炸
矿山采选	开采能力	尾矿库垮坝、浓液池泄漏、各类油品泄漏等
水利水电	库容/装机容量	水轮机等各类油品泄漏、变压器油泄漏等
输变电	长度、电压等级	变压器油泄漏

由于环境影响报告书编制的时间较早，环评阶段和现阶段对环境风险防范的重视程度也不同，故在各项目验收调查中，对环境风险及其防范措施的调查应更加深化，调查者对项目的风险源及其防范措施的有效性应进行独立判断。调查和实地踏勘的范围也应根据可能受威胁的程度适当扩大，如下游各个取水口、下风向居民区等；需要咨询走访的有关管理部门也较多（可能涉及除环境保护部门外的交管、消防、水务、疾控、安全生产、医疗等）；另外，在环境影响评价阶段，为了防范环境风险，地方政府和建设单位可能做出了一些规划调整、控制，如一定距离内居民搬迁、下游取水口改移等措施，验收调查中应对照这些措施进行核实，如实反映措施实施和进度的符合情况。

二、关于风险防范应急预案

环境事件应急预案是有效防范环境事件风险的重要手段，验收调查中应加强对应急预案的调查。应急预案的主要内容应包括：应急组织机构与人员、预案分级响应条件、应急救援保障、报警与通信联络方式、应急环境监测、抢险、救援及控制措施、应急检测、防护措施、清除泄漏措施和器材、人员紧急撤离、疏散计划及线路、事故应急救援关闭程序与恢复措施、应急培训与演练计划、公众教育和信息等，尤其应注意调查工程运行管理部门与地方政府的应急联动机制。

2010 年 9 月 28 日，环境保护部发布了《突发环境事件应急预案管理暂行办法》（环发[2010]113 号），对应急预案的编制、评估、修改、审查、备案登记都做出了具体的规定，应急预案的评估和备案登记也已经成为项目验收的前置条件之一，所以，应注意对照环发[2010]113 号文的规定对应急预案的内容及其报备情况进行调查。

《突发环境事件应急预案管理暂行办法》规定：

第七条 向环境排放污染物的企业事业单位，生产、贮存、经营、使用、运输危险物品的企业事业单位，产生、收集、贮存、运输、利用、处置危险废物的企业事业单位，以及其他可能发生突发环境事件的企业事业单位，应当编制环境应急预案。

第八条 企业事业单位的环境应急预案包括综合环境应急预案、专项环境应急预案和现场处置预案。

对环境风险种类较多、可能发生多种类型突发事件的，企业事业单位应当编制综合环境应急预案。综合环境应急预案应当包括本单位的应急组织机构及其职责、预案体系及响应程序、事件预防及应急保障、应急培训及预案演练等内容。

对某一种类的环境风险，企业事业单位应当根据存在的重大危险源和可能发生的突发事件类型，编制相应的专项环境应急预案。专项环境应急预案应当包括危险性分析、可能发生的事件特征、主要污染物种类、应急组织机构与职责、预防措施、应急处置程序和应急保障等内容。

对危险性较大的重点岗位，企业事业单位应当编制重点工作岗位的现场处置预案。现场处置预案应当包括危险性分析、可能发生的事件特征、应急处置程序、应急处置要点和注意事项等内容。

企业事业单位编制的综合环境应急预案、专项环境应急预案和现场处置预案之间应当相互协调，并与所涉及的其他应急预案相互衔接。

第十五条 ……企业事业单位编制的环境应急预案，应当在本单位主要负责人签署实施之日起 30 日内报所在地环境保护主管部门备案。……

第十七条 受理备案登记的环境保护主管部门应当在收到报备材料之日起 60 日内，对报送备案的环境应急预案进行审查，对符合本办法第六条、第十条规定并通过评估小组评估的，予以备案并出具《突发环境事件应急预案备案登记表》；……

三、实例

例如，川东某天然气开采项目，气田属于高含 H_2S、CO_2 海相气田。工程设 4 座集气站及内部集输管线、集气总站（扩建部分），集输管线长度为 20.69 km，阀室 18 座。项目所开发的天然气为含 H_2S、高压力天然气，具有极强的腐蚀性，其环境风险问题极为突出。

工程建设和生产过程中潜在的环境风险因素包括井喷井漏、管道腐蚀穿孔和开裂泄漏、集气站事故放空、泥浆池事故、污水回注事故以及地质灾害和洪水的风险等，其中最大可信事故为含硫天然气井喷失控和集输单元集气站天然气管线泄漏。

1. 集气站及集输管线两侧居民敏感点分布调查

根据环境影响报告书及其审批意见的要求，工程在试生产前对各集气站 300 m 卫生防护距离之内、集气管线 100 m 卫生防护距离之内的居民进行了搬迁，后续又完成了半致死浓度范围内的居民点搬迁。集气站周围 1.5 km 范围内居民点分布情况见表 4-33。

表 4-33　站场周围 1.5 km 范围内环境风险敏感目标

场站名称	距离/m	村组	住户/户	人数/人	应急联络人	联系电话
×2 集气站	500	××村 9 组	13	75	×××	略
	500～1 000	××村 9 组	62	811	×××	略
		××村 7 组	4	19	×××	略
	1 000～1 500	××村 7 组	14	64	×××	略
×3 集气站	500	××村 7 组	54	282	×××	略
	500～1 000	××村 4 组	38	190	×××	略
		××村 7 组	42	217	×××	略
	1 000～1 500	××村 3 组	60	271	×××	略
		××村 8 组	15	71	×××	略
×4 集气站	500	××村 2 组	14	67	×××	略
	500～1 000	××村 7 组	14	69	×××	略
		××村 2 组	40	143	×××	略
	1 000～1 500	××村 2 组	43	219	×××	略
×5 集气站	500	××村 2 组	15	75	×××	略
	500～1 000	××村 2 组	15	47	×××	略
	1 000～1 500	××村 2 组	6	21	×××	略

2. 风险防范措施调查

建设单位根据环境影响报告书及其审批意见以及风险评估专项报告等有关技术文件，采取了大量的风险防范措施，并委托第三方单位编制完成了《某工程环境风险专题评价报告》。据调查，已采取的环境风险防范措施主要有以下几方面：

（1）管材选择及埋深

均按照美国腐蚀工程师协会 NACE MR0175/ISO 15156《石油天然气工业—在石油和天然气生产中用于硫化氢环境的材料》确定管道材料。

（2）管道防腐

工程对站外埋地集输管道采取涂层与阴极保护的联合保护方案，并建立有腐蚀监测系统。

（3）截断阀室

工程酸气集输管网共设 18 座截断阀室，安装了 18 台紧急切断阀（气液联动球阀），阀室控制系统（BSCS）由两套子系统组成，分别是远程终端单元（RTU）和安全仪表系统（SIS）。

（4）井口风险防范措施

通过优先套管管材、优化固井工艺，强化固井质量，防止发生套管损坏引起的气井失控。

（5）管道三桩

本工程管道沿线按规范设置了永久的地面标志，线路标志包括线路里程桩、转角桩及警示牌。

（6）自控系统

SCADA 系统（以计算机为核心的数据采集和监控系统）、四级 ESD 系统（紧急关断系统）、火气监测系统、视频监测系统、站场广播系统、应急点火系统。

3. 风险应急措施

（1）应急预案

据调查，建设单位已编制完成《某分公司应急预案》，内容包括总体应急预案和井喷失控应急预案、硫化氢事件应急预案、火灾爆炸预案、危险化学品预案、天然气泄漏预案、水体污染预案、天然气供应事件应急预案等 9 类专项应急预案。此外，公司应急救援中心还编制了水体污染事件环境应急监测预案和硫化氢泄漏应急监测预案。

（2）企地联动机制

工程建立了三级企地联动模式（分公司与县一级、厂与乡镇二级、站与村三级），编制了应急疏散方案，开展了不同层次的应急演练；同时按照应急疏散方案，应急情况下可通过应急广播系统、紧急疏散警报系统、飞信通知系统等多种方式通知周边居民和应急疏散管理员，确保 30 min 内完成应急疏散，提高了村民应急联动疏散能力。

（3）应急管理体系

应急救援指挥调度系统、紧急通知系统、地理信息系统、地面风测量系统、应急抢维修系统、事故应急计算机评估系统。

（4）应急撤离

在应急情况下，应急救援中心的救援力量第一时间对气田区域内的道路实施管制措施；地方交通管理部门对交通道路实施交通管制措施，确保道路畅通，多次大型应急疏散演练验证了上述措施有效。绘制了验收范围内 4 座集气站周边 500 m 范围内居民应急疏散图。

（5）应急演练

工程建立了应急演练系统，定期进行不同级别、不同规模的应急演习，提高应急处置能力；共分为三个级别，即分公司级别、厂级、车间（区）级。

（6）应急设施及物资

应急救援中心配有消气防、救护、环境监测等各专业人员 218 人。具有气田应急监控、安全警戒、现场侦检、人员搜救、消气防处置、医疗救护、环境监测等多种能力，被国家命名为"国家油气田救援×××基地"，成为全国 4 个油气田救援基地之一。配置有消防坦克、涡喷消防车、高喷消防车、干粉消防车、水罐消防车等国内一流抢险救援车辆共 63 台套；各类抢险器材 217 种 1 万余台套。

据调查，本工程遵照环发[2010]113 号、环发[2012]77 号文件的规定，基本落实了文件的要求，实际管理工作严格按照 HSE 管理体系制定的程序执行，将各项制度落到实处，并按 HSE 管理体系的要求不断改进。本工程环境风险应急预案也向地方环境保护行政主管部门进行了报备。自工程建成投产、试运行至今，试运行状况良好，未发生过环境风险事故。

4. 建议

验收调查报告认为，尽管建设方采取了一系列应急措施，但鉴于本工程各种事故风险带来的环境影响极大，建议工程进一步提高集气管线和站场设备的巡检工作质量，保证巡线工作的有效性；进一步加强应急演练，并需要根据生产实际不断提高风险管理水平和强化风险防范措施；建议对各站场工作人员、巡检人员进行有计划的相关培训，并向气田区附近的居民大力宣传有关安全、环保知识，提高他们对项目的了解和认识程度，以取得他们的配合，共同维护管道，减少无意和有意的人为破坏。

第八节　环境管理与监测计划调查

生态影响类建设项目规模大、建设周期长，对工程区域内的环境影响相对较大，因此加强施工期和运行期环境管理是做好环境保护工作的关键。项目竣工环境保护验收调查中环境管理与监测计划调查内容主要包括：施工期和试运行期（或运行期）环境管理情况、施工期和运行期监测计划落实情况、环境监理工作执行情况、试运行期（或运行期）日常环境管理工作的建议等内容。

一、环境管理情况

调查内容包括机构设置、人员配备、规章制度、人员培训等方面。

1. 施工期

应调查建设单位是否设有专职机构负责施工期间的环境管理工作，各部门环境保护职责是否明确；是否在施工合同、工程监理合同中列入环境保护的有关要求或与各施工单位签有环境保护的责任书等。

2. 试运行期（或运行期）

应调查建设单位是否设有专职机构负责日常环境管理工作，环境管理规章制度和环保设施操作规程是否完善。委托专业单位对环境保护设施进行管理的，应出具有关管理合同。

二、监测计划落实情况

应对照环境影响评价文件有关施工期和试运行期（或运行期）开展环境监测的要求，逐一核查环境监测计划的落实情况；对于环境影响评价文件及其审批意见提出了项目自行开展长期监测要求的项目，还应调查项目环境监测系统建设情况，包括监测设施、设备和人员等，说明是否落实了要求；对未落实监测计划要求的应提出补救的建议。

三、环境监理执行情况

近年来，为了完善建设项目的全过程环境管理，施工期环境监理工作正在加强，2009 年年底出台的《环境保护部建设项目"三同时"监督检查和竣工环保验收管理规程（试行）》（环发[2009]150 号）中已经对环境监理提出了具体要求；2012 年 1 月，环境保护部又下发了《关于进一步推进建设项目环境监理试点工作的通知》（环办[2012]5 号），明确了环境监理的定位、功能和需开展环境监理的建设项目类型等。环办[2012]5 号文中规定：各级环境保护行政主管部门在审批下列建设项目环境影响评价文件时，应要求开展建设项目环境监理：涉及饮用水水源、自然保护区、风景名胜区等环境敏感区的建设项目；施工期环境影响较大的建设项目，包括水利水电、煤矿、矿山开发、石油天然气开采及集输管网、铁路、公路、城市轨道交通、码头、港口等建设项目。

根据环办[2012]5 号文的要求，应开展环境监理项目的验收中，需提交环境监理总结报告，调查报告中也需反映环境监理的实施情况和实施效果。

调查内容包括：收集环境监理合同、环境监理方案、记录、指令、月报、总结报告、反映环境监理情况的视频、照片等资料；对施工单位、业主、监理单位和属地环境保护行政主管机关进行走访，了解环境监理的情况等。

四、运行期环境管理工作建议

根据对建设项目环境管理工作的调查结果，对发现的问题和不足，提出进一步完善和改进的意见。

第五章 验收调查的结论与建议

竣工环境保护验收调查结论（即验收调查报告的结论部分，一般命名为"调查结论与建议"）是对整个调查工作的概括和总结，如建设项目对环境影响评价文件及其审批意见提出的各项环境保护要求的落实情况、工程建成后产生的主要环境问题及现有环保措施的有效性等，在此基础上对项目能否进行竣工环境保护验收及项目今后的环境保护工作提出建议。

在调查结论部分一般需包括以下内容：

（1）工程建设环境影响评价和"三同时"制度执行情况

（2）环境影响评价文件及其审批意见有关要求的落实情况

（3）项目对生态环境的影响，生态保护措施执行情况与效果

（4）项目涉及的各类污染物的达标排放情况、污染防治设施的建设情况与运行效果

（5）环境风险防范措施和要求的落实情况

（6）公众意见调查结果

（7）存在的问题与改正建议

提出整改（改正）建议是竣工环境保护验收调查工作的一项重要内容，整改方案应主要针对调查中发现的问题，有针对性地提出具体的改进要求（包括跟踪监测方案），存在以下情况的，调查者应提出整改（改正）建议：

① 要求建设的环境保护设施未建或环境保护设施的规模、工艺改变，造成污染物超标排放或排放总量不符合要求的；

② 生态保护措施不符合要求或尚未完成、导致达不到生态保护效果的；

③ 环境影响评价文件及其审批意见的其他有关要求未完成的。

另外，验收调查时，项目刚刚建成，有些环境影响还未凸显，还可能发现环境影响评价中未预计到的新的影响，针对这些情况，调查者还应该向建设或运行单位、属地环境保护行政主管部门和当地政府提出持续改进和后续监管建议。

（8）对项目竣工环境保护验收的建议

被调查的建设项目是否可以通过竣工环境保护验收，可以分为以下几种情况向主管验收的环境保护行政机关给出结论：

① 环境保护设施按环境影响评价文件及其审批意见的要求已建设完成且正常运行，污染物排放符合相关标准，生态保护措施按要求落实且效果良好的，建议通

过验收；

　② 主要环境保护设施未按要求建设或重大生态保护措施要求未落实，且对环境产生较大影响的，应提出改正意见并建议改正后再进行验收；

　③ 环境影响评价文件及其审批意见提出的各项要求已经落实，但生态保护效果差距较大、主要污染物的排放不达标或超过总量控制指标的，应提出针对性的整改意见并建议整改后再进行验收；

　④ 存在环保投诉或污染纠纷的，应建议待投诉和纠纷问题解决后再进行验收；

　⑤ 还可能存在一些特殊情况，例如，少数环境保护设施未建或效果有差距，但未对环境或环境敏感目标产生实际影响或影响轻微；项目出现环境影响评价文件未预测到的环境影响且尚未造成严重后果，也可以建议先进行验收，然后再在属地环境保护行政主管部门监督下跟踪监测影响情况或继续进行整改。

第六章 验收调查重点与案例

根据《建设项目竣工环境保护验收技术规范—生态影响类》（HJ/T 394—2007），生态影响类建设项目包括交通运输（公路，铁路，城市道路和轨道交通，港口和航运，管道运输等）、水利水电、石油和天然气开采、矿山采选、电力生产（风力发电）、农业、林业、牧业、渔业、旅游等行业和海洋、海岸带开发、高压输变电线路等主要对生态环境造成影响的建设项目，以及区域、流域开发项目。各类建设项目的环境影响不同，其竣工环境保护验收调查的重点也不同。

第一节 公路、铁路和轨道交通类

一、调查重点

（一）公路类

一般情况下，公路建设项目的环境影响主要体现在施工期生态破坏、运行期交通噪声影响和危险化学品运输事故造成的环境污染风险等方面。因此，其调查重点如下所述。

1. 生态敏感目标影响

对涉及自然保护区、风景名胜区、水源保护区、重要湿地、森林公园、野生动物迁徙通道、生态环境脆弱区等重要生态敏感目标的公路项目，应着重开展项目施工期和试运行期的生态保护与恢复措施要求的落实情况、实际的实施情况及效果的调查。

2. 施工迹地的生态恢复情况

取土场、采石场、弃土场、弃渣场、施工便道、拌和站、施工营地、材料设备仓库等施工迹地的规模、原土地类型和施工结束后的恢复措施及效果（复耕、绿化、平整、恢复地貌、水土保持措施等）。

3. 声环境敏感点达标情况

声环境调查范围内全部敏感点的声环境质量达标情况及已采取的噪声防治措

施的效果。

4. 风险防范和应对措施

对上路危险品运输车辆是否实施严格管理；跨越敏感水域的线路（桥梁）是否按要求或主动采取了纵向排水措施；邻近敏感水域的道路排水沟是否直通水域、是否设置蓄污池、路侧是否安装加强防撞护栏等；风险事故应急预案的编制和报备情况。

（二）铁路类

铁路的主要环境影响表现在施工期生态破坏、隧道对山体生态、地下水的影响和运行期的噪声、振动影响；电气化铁路和高速铁路客运专线还存在对沿线居民电视收看的电磁环境影响。其调查重点如下所述。

1. 生态敏感目标影响

对涉及自然保护区、风景名胜区、水源保护区、重要湿地、森林公园、野生动物迁徙通道、生态环境脆弱区等重要生态敏感目标的铁路项目，应着重开展项目施工期和试运行期的生态保护与恢复措施要求的落实情况、实际的实施情况及效果的调查。

2. 施工迹地的生态恢复情况

取土场、弃土场、弃渣场、施工便道、拌和站、制梁场、制板场、轨排基地、施工营地、材料设备仓库、道渣采石场等施工迹地的规模、原土地类型和用途、施工结束后的恢复措施及效果（复耕、复垦、绿化、平整、恢复地貌、防护和排水工程的实施情况等）。

3. 隧道涌水的应对措施

施工期堵（止）水措施的实施情况，对用水受影响居民采取的补救措施情况；山体地下水泄漏对植被的影响和补救措施的实施情况。

4. 噪声、振动减缓措施及相关环境敏感点的达标情况

验收调查范围内敏感点噪声和振动的达标情况以及已采取的噪声、振动防治措施的效果。

5. 对沿线居民收看电视的影响及消除影响的补救措施

电气化铁路两侧一定范围内使用开路天线接收电视信号的居民的收看影响及已采取的补救或补偿措施。

（三）轨道交通类

根据《建设项目竣工环境保护验收技术规范—城市轨道交通》（HJ/T 403—2007），轨道交通包括地铁、轻轨、有轨电车、跨座式单轨列车等形式。由于轨道交通类项目一般位于城市的繁华区域，因此，生态影响已不是调查重点，噪声、振动、电磁、空气环境等方面的影响应予以重点关注。

1. 声环境影响调查

包括声环境质量和厂界噪声两方面。声环境敏感目标主要关注声环境质量达标情况、二次辐射噪声的影响问题及采取的降噪措施的有效性；风亭、冷却塔、停车场主要关注调查范围内敏感目标分布及厂界达标情况。

但需注意的是，城市内声环境敏感目标密集、噪声源很多、声环境复杂、敏感目标的噪声背景值往往已经很高。调查时，应该在确切掌握声环境功能区划的基础上，注意从同时作用于敏感目标的多个噪声源中分辨出验收对象的噪声增量，分清责任、查清被验收对象对敏感目标的实际噪声影响。

2. 环境振动影响调查

环境振动方面的调查主要针对居民区、医院、学校、科研、文物保护单位等特殊敏感目标进行，重点关注减振措施的落实情况、敏感目标处环境振动的达标情况。

3. 环境空气影响调查

地铁地下隧道内空气与外界空气的换气口处的建筑即为风亭，因地铁内的环境使风亭的排风产生难闻刺鼻的气味，尤其在夏季高温时，公众感觉较为明显。应重点关注环境影响报告书及审批文件要求的相关防治措施的落实情况、周围环境敏感目标处空气质量达标情况。

4. 电磁环境影响调查

包括变电站影响及电视信号干扰两方面，由于城市区域有线电视基本普及，所以项目通常对电视信号的干扰影响不明显，一般是重点调查变电站对周围环境敏感目标的电磁环境影响。

二、案例

（一）公路案例

××高速公路××境××段公路环境保护验收调查报告

1. 工程概况（摘要）

西北地区某高速公路（以下简称"西北高速"）东起××省××县以北 1.5 km 处，西至××界的××县，其中与××省交界处 9.2 km 尚未通车，计划与××省公路于 2013 年××月一起通车。主线全长约 188.983 km；××县连接线长 8.22 km，线路起于××县南收费站，止于××县县城。工程主线采用双向四车道高速公路标准建设，整体式路基宽度 K19＋160～K101＋712 段为 26 m、其余路段路基宽度为 24.5 m；分离式路基宽度为 13 m；隧道净宽××连接线段采用 11.25 m，其他段为 10.75 m；桥梁与相应区段路基同宽；设计行车速度分别为 100 km/h 和 80 km/h。××县连接线为二级路标准，路基宽度为 8.5 m、10.5 m，设计时速为 40 km/h、60 km/h。工程实际总投资为 138.81 亿元，实际环保投资为 35 511.4 万元，占总投资的 2.6%。项目地理位置及路线走向图（略）。2008 年××月西北高速开工建设，2010 年××月建成并投入试运行。

工程主线与连接线的工程量见表 6-1 和表 6-2。

表 6-1　西北高速主线工程量对比一览（摘）

项目		单位	环评阶段	实际	变化情况
主线长度		km	189.60	188.983	−0.617
路基土石方	挖方	$10^4 m^3$	1 510.4	1 666.15	＋155.75
	填方		1 721.2	1 694.52	−26.68
排水及防护		$10^4 m^3$	946.627	1 025.6	＋78.973
特大桥		座	1	0	−1
大桥		座	202	169	＋33
中桥		座		66	
小桥		座	7	68	＋61
涵洞		道	192	247	＋55
隧道		m/座	61 739.5/36	58 305/32	−3 434.5/4
通道		道	75	89	＋14
互通立交		处	11	10	−1
分离立交		处	27	27	0

表6-2　西北高速××县连接线工程量对比一览（摘）

项目		单位	环评阶段	实际	变化情况
线路长度		km	6.96	8.22	+1.26
路基土石方量	挖方	$10^4\,m^3$	61.8	66.433	+4.633
	填方		121.60	162.978	+41.378
排水及防护		$10^3\,m^3$	30.93	51.94	+21.01
中桥		座	3	1	+12
小桥		座		14	
涵洞		道	11	14	+3

从表6-1可以看出，与环评阶段相比，主线实际工程量有所变化。路线长度缩短0.617 km；路基土石方挖方和填方分别增加155.75万 m^3 和减少26.68万 m^3；排水和防护增加78.973万 m^3；特大桥1座实际未建；大桥、中桥增加33座；小桥增加61座；涵洞增加55道；隧道减少4座；通道增加14道；互通立交减少1处。

从表6-2可以看出，××县连接线实际工程量也有所变化。线路长度增加1.26 km；路基土石方挖方和填方分别增加4.633万 m^3 和41.378万 m^3；排水和防护增加21.01万 m^3；中小桥增加12座；涵洞增加3道。

主线和××县连接线工程量变化主要是由于：

① 主线线路缩短0.617 km、设计阶段对个别路段线路进行了调整；由于××县政府2009年对县城进行了整体规划，并向××省交通厅提交了线路调整申请，要求本工程连接线路线符合该县整体规划，故××县连接线长度增加了1.26 km。

② 路基土石方总体有些增加，主要是根据公路实际建设情况进行了沿线土石方再平衡；同时，为更好地满足当地居民雨天通行需求，提高了××县连接线路段涵洞、通道的标高和填方高度。

③ 排水和防护增加，由于工程沿线地质复杂，建设单位在实际施工中根据实际情况对原设计进行优化，做到高接远送，防止冲刷边坡。

④ 桥梁变化。

特大桥1座未建，施工图评审中对桥梁结构进行了优化，缩短桥梁长度，由特大桥改为大桥，即K1081+465HZ大桥，桥梁长度946 m。

主线大桥、中桥增加33座，小桥增加61座；××县连接线增加中小桥12座；大桥、中桥增加的原因是由于实际统计标准不同，实际数量将分离式桥梁按照2座计算；小桥增加较多，是由于本工程为全封闭全立交的高速公路，为了方便沿线居民出行和生产生活而增加。

⑤ 隧道减少4座。由于要减少对工程沿线山体植被及水文的破坏，尽量占用荒地，因此，将××河1号隧道（K3+910～K4+145）和××河2号隧道（K4+737～

K5＋200）优化为××沟隧道（K6＋133～362），对 BK3＋500～K6＋500 路线进行小范围偏移，避开××河 1 号和 2 号隧道，将路线放置在山脚，采用半填半挖形式，将挖方利用于路基填筑，同时增加部分桥梁（旱地）和××沟隧道，使隧道实际长度大大缩减；同时取消工程可行性设计中的××街隧道（K49＋490～K49＋580。施工中将原有的××村隧道改名为××街隧道，因此实际完成统计表中仍有××街隧道），将 K49＋300～K49＋800 段路线向南偏移了 30 m 左右，将隧道优化为半填半挖路基，将挖方利用于路基填筑。

⑥ 永久占地增加约 28.4 万 m^2，由于公路建设后期桥梁、服务区等设施增加，补充了征地面积。

点评：

从上述工程量对比分析可知，本工程的路基土石方增加较多，桥梁和隧道变化也较大，案例对变化原因进行了详细分析。本工程地处西北地区、生态环境脆弱，因此，在验收调查中重点关注了工程（含变更工程）的生态影响、生态恢复措施和效果；但是，此部分还应补充反映工程永久征地（含基本农田）和临时占地的情况。

---

2. 调查重点

西北高速经过××省级自然保护区；项目建有××立交，立交匝道桥跨越××河，位于××饮用水水源保护区上游，距离二级保护区边界 380 m。因此，调查重点为工程建设对××省级自然保护区、××饮用水水源保护区的影响。

点评：

根据建设项目的特点，该案例将生态影响、敏感水体影响作为调查重点是正确的，但还应将声环境影响调查列为调查重点。

---

3. 验收标准

环境噪声执行《城市区域环境噪声标准》（GB 3096—93），但《声环境质量标准》（GB 3096—2008）已经颁布，对于本项目，两者限值相同，故声环境影响调查中不再做专门的校核。环境影响报告书规定，距公路红线 50 m 以内区域执行 4 类标准，红线 50 m 以外区域执行 2 类标准。经过实地勘察，公路全线处于农村地区，基本不涉及城镇规划区，无声环境功能区划，因此，敏感点声环境达标情况依环境影响报告书中给定的标准限值评价。沿线大气执行《环境空气质量标准》（GB 3095—1996，2000

年修正版）中的二级标准；沿线服务设施处理后污水执行《污水综合排放标准》（GB 8978—1996）中一级标准；锅炉执行《锅炉大气污染物排放标准》（GB 13271—2001）中一类区和二类区Ⅱ时段标准（具体标准值略）。

4. 环境影响报告书回顾（摘）

（1）生态环境

① 拟建公路自 K182＋000～K189＋600（7.6 km）段基本沿××省级自然保护区的实验区北界伴行，其中 K182＋000～K182＋200、K183＋050～K183＋400、K184＋580～K185＋000、K185＋500～K186＋100、K186＋850～K189＋600 五段共 4.45 km 穿越该保护区的实验区。拟建公路的建设将在较小程度上加剧保护区生态系统的破碎化，形成新的廊道，对保护区的结构完整性产生较小影响。对保护区功能的影响较小，对保护区内野生保护动物影响不大，对保护区内的国家和××省重点保护植物基本无影响。在该路段尽量减少路基开挖，增加桥梁长度，最大限度地减少公路建设对××自然保护区的影响。工程应做优化设计，减少弃渣量、减少污染源，并做景观设计，以使公路与保护区自然景观相协调。在施工过程中，应加强环境管理，进行施工环境监理，减少植被破坏和水质污染。

② 该公路评价区域内农业生态系统数量较多，野生动物类型和分布数量很少，调查发现公路建设过程中主要影响的野生动物均为常见物种，且对其不利影响仅局限在施工区域，因此，该公路建设对当地野生动物不会产生显著的不良影响。

③ 占用最多的是耕地和林地，占地对项目区的粮食生产和沿线部分失地农民的生活及经济收入造成一定影响。

（2）声环境

① 营运近期：公路主线 34 个村庄超标量在 0～5 dB（A），23 个村庄超标量在 5～10 dB（A）；公路主线学校、卫生院 8 个敏感点超标量在 0～5 dB（A），2 个敏感点超标量在 5～10 dB（A）；连接线村庄敏感点均不超标，拟建项目连接线交通噪声对沿线敏感点的影响较小。

② 营运中期：公路主线 27 个村庄超标量在 0～5 dB（A），30 个村庄超标量在 5～10 dB（A），7 个村庄超标量≥10 dB（A）；公路主线学校、卫生院 6 个敏感点超标量在 0～5 dB（A），4 个敏感点超标量在 5～10 dB（A）；连接线村庄超标量均在 0～5 dB（A）。

③ 营运远期：公路主线 8 个村庄超标量在 0～5 dB（A），33 个村庄超标量在 5～10 dB（A），23 个村庄超标量≥10 dB（A）；公路主线学校、卫生院 4 个敏感点超标量在 0～5 dB（A），6 个敏感点超标量在 5～10 dB（A）；连接线村庄 2 个敏感点超标量在 0～5 dB（A），1 个敏感点超标量在 5～10 dB（A）。

④××县连接线沿线仅有 1 个学校，近期、中期、远期均不超标。

敏感点噪声预测表（略）。

（3）水环境

公路沿线经过的主要河流为××河、××河、××河等，项目公路多次伴行并跨越这些河流。评价范围内涉及××县县城饮用水水源保护区。项目沿线各河流水系的COD、氨氮均可达到Ⅲ类水质标准。石油类除××河以外，其余河流均达到Ⅲ类水质标准，××河的石油类因子指数达 8.26。可见，项目区除××河石油类污染较严重外，其余河流水质尚可。

5．环境影响报告书批复（略）

6．环保措施要求落实情况调查

工程在施工和试运行阶段对环境影响报告书和批复所提出的环保措施要求的落实情况见表 6-3。

表 6-3　环保措施落实情况（摘）

项目		环评中提出的环保措施	工程实际采取的环保措施
		施工阶段	
生态环境	基本农田	1. 认真贯彻落实《土地管理法》和《基本农田保护条例》，按时、按数缴纳土地补偿费、安置补助费以及青苗补偿费。 2. 做好基本农田调整、补划工作。 3. 尽量少占耕地，在充分征求沿线地方政府有关部门意见的基础上，尽可能与当地水利、生态建设等规划结合起来进行弃土场的布设和复垦。 4. 对公路沿线是耕地的，要严格控制绿化带宽度。在切实做好公路用地范围内绿化工作的同时，要在当地人民政府的领导下，配合有关部门做好绿色通道建设	部分落实。 1. 根据国土资源部国土资函[2011]509 号《国土资源部关于国家高速公路网西北高速公路工程建设用地的批复》，本工程不涉及基本农田及基本农田保护区。工程实际占用耕地 555.10 hm²。 2. 按规定对沿线征地范围内的土地进行了绿化。 当地尚未开展绿色通道建设
	自然保护区	1. 严禁在保护区内设置取弃土场、预制场以及拌和站等临时工程设施，施工营地尽量租用农村民房。 2. 加强施工作业面控制，避免越界施工对保护区植被的破坏。 3. 保护区路段应避免多种机械同时作业对野生动物产生影响。 4. 加强施工人员的环保教育，保护野生动物。 5. 加强施工期生产废水的排放管理，设置沉淀池处理后排放	已落实。 1. 取弃土场、预制场及拌和站等设施均设置在保护区外，施工营地绝大部分租用当地民房，少量为活动板房。 2. 施工期间按规定未越界施工，也未对保护区植被产生影响。 3. 保护区路段在施工期间采取了低噪声设备，减少了对动物的影响。 4. 施工期间未发生施工人员伤害野生动物的现象。 5. 施工期废水采取沉淀处理后就近排入河流，施工结束后将沉淀池填平

项目	环评中提出的环保措施	工程实际采取的环保措施
水环境	1. 桥梁基础施工钻渣不得排入水体，经沉淀、晾晒后运至弃土场堆放。 2. 桥梁、隧道等不同施工环节产生的施工废水采取相应的处理措施。 3. 施工营地尽量租用民房，其生活污水采取相应的处理措施，不得排放至大南川及其支流等敏感水体	已落实。 1. 施工钻渣经晾干后堆放至弃土场。 2. 桥梁、隧道施工产生的废水经过沉淀后用于防尘洒水。 3. 施工营地绝大部分租用当地民房，少量为建设活动板房。生活污水经化粪池处理后用于周边农田施肥
略	略	略

运行期		
声环境	对营运噪声预测值超标的敏感点采取设置声屏障、安装隔声窗、环境搬迁等降噪措施	部分落实。 提出降噪措施的 75 处敏感点中，14 处已按照要求落实了降噪措施；6 处敏感点部分落实降噪措施，均安装有声屏障或搬迁，但未安装通风隔声窗；9 处敏感点将要求的降噪措施由通风隔声窗变更为声屏障；31 处敏感点未落实降噪措施要求；2 处敏感点为本次调查新增敏感点，已安装声屏障。31 处未落实要求的敏感点中：××村实测昼间超过 2 类标准 2.4 dB (A)，×村夜间超过 2 类标准 3.1 dB(A)，××村昼间超过 4 类标准 1.8~4.3 dB (A)、夜间超过 2 类标准 0.7 dB (A)，其他 28 处敏感点均满足相应执行标准要求
略	略	略

环评批复		
	尽量调整主线终点收费站选址，确实无法避绕时××河北侧半幅只建收费棚。重新设计跨越××桥梁，不得在××遗址保护范围设置桥墩。避绕××湾遗址，若无法避开时应征得文物主管部门的同意，确保文物安全。应加强上述路段的施工管理，严格控制施工场界，不得在上述区域内设置取弃土场、预制场、施工营地等临时设施	部分落实。 按要求仅建了收费棚，无其他设施。工程向北偏移约 100 m 避让了××遗址，未在其保护范围内设置桥墩；线路向东偏移约 200 m，避让了××遗址；工程开工前均得到了××省文物局的开工许可；施工期未在××自然保护区、××遗址和××遗址保护范围内设置临时设施。调查发现，在保护区内的本工程用地范围内正在建设高速交警营房，据建设单位介绍，该营房不属于本工程，目前也未设置进出口

项目	环评中提出的环保措施	工程实际采取的环保措施
	桥梁桩基施工作业应设置临时排水沟，产生的钻渣泥沙要妥善处置，严禁弃至水域或滩涂。禁止在××县饮用水水源保护区附近设置施工营地、堆放渣料，禁止施工期污废水排入××河。制定危险品运输事故应急预案，强化××河、××河、××川等桥梁及伴行路段防撞护栏，设置收集系统，防止危险品运输事故造成水体污染	已落实。桥梁施工产生的钻渣堆放至弃土场。施工期间没有在水源保护区附近设置营地和渣场，没有将污废水排入××河。目前建设单位已在跨越敏感水体的××河大桥、××川 1#大桥、××川 2#大桥、××川 3#大桥、××村大桥、××村大桥、××湾 2#大桥、××村大桥和××互通立交等 9 座桥梁设置了桥面径流截留 PVC 管总长约 6 000 m 和收集池。还在跨越××河和××河的 8 座桥梁安装了桥面径流收集系统，并计划再在 15 座大桥和特大桥安装收集系统。建设单位制定了《××高速××段突发环境污染事件应急预案》并已经报备
略		略

点评：

本案例中，应该在上述表后，对未落实的环评和批复要求进行归纳汇总；另外，对要求未落实的原因也应在调查的基础上给予认真的分析。还应逐条补列行业主管部门要求及其落实情况说明。

7. 生态影响调查

（1）永久占地

公路全线位于黄土高原中部，属黄土高原丘陵沟壑区，公路全线实际占用土地 1 078.89 hm²，其中耕地 555.1 hm²（农民集体所有耕地 506.9 hm²，国有耕地 48.11 hm²），占地类型主要为耕地和林地。环评预计永久占地 1 055.08 hm²，其中耕地 507.40 hm²。全线实际永久占地比环评增加了 23.81 hm²。永久占地使土地的利用功能发生了变化，占用耕地，占总征地的 51.8%，对沿线耕地数量有一定影响，国土资源部以国土资函 [2011]509 号文对项目建设用地进行了批复，同意将农用地转为建设用地。建设单位缴纳了征地补偿款 5 069.9 万元，由当地政府落实补充耕地方案，补充占用农民集体所有农用地的 506.99 hm² 耕地数量，并保证质量。工程未占用基本农田保护区及基本农田。

（2）临时占地

① 取土场

环境影响报告书预计本项目主线共设 33 处取土场，实际设置了 26 处取土场，主要占用荒地，与环境影响报告书中要求一致。环境影响报告书中取土场共计占用土地 51.41 hm²，实际设置取土场占用土地 20.83 hm²；环境影响报告书中取土数量共计 443.7 万 m³，实际取土数量 359.27 万 m³，较环评数量有所减少。取土场均采取了平整、植草、复耕的恢复措施，效果良好。

② 弃渣场

环境影响报告书中提出公路主线设置 24 处弃渣场，经现场调查，全线共设置弃渣场 52 处，占地类型均为荒地。环境影响报告书中弃渣场共计占用土地 32.22 hm²，实际设置弃渣场占用土地 33.44 hm²，增加 1.22 hm²；环境影响报告书中弃渣量共计 428.17 万 m³，实际弃渣量为 437.87 万 m³，增加 9.7 万 m³。弃渣场采取了工程防护和植物措施相结合的方式进行恢复，采取了挡渣墙、排水沟、绿化或复耕等措施。目前除 1 处恢复效果欠佳外（照片略），其他弃渣场恢复效果较好。

③ 施工营地、拌和站等临时占地

共设有梁场、拌和站、施工营地等临时工程 51 处，共计占地 54.84 hm²。施工结束后，44 处进行了复耕，5 处进行植草恢复，2 处进行了林地恢复。

④ 施工便道

施工便道大部分利用乡间道路或在公路征地用地范围内。对于原为村民生产生活道路的施工便道，进行整修后交付当地村民继续使用。因没有利用条件而新开辟的施工便道也得到了及时平整后改作乡道或者防火通道，降低了施工便道对沿线生态环境影响。工程实际施工便道总长度 182.1 km，占地 65.515 hm²。

（3）水土保持

工程完成后，扰动土地整治率达到 99.2%，水土流失总治理度为 98.0%，土壤流失控制比为 0.9，拦渣率为 90%，林草植被恢复率达 97.0%，林草覆盖率为 27.0%，完成了水土保持方案确定的目标，有效控制了人为水土流失，保护了项目区的生态环境。

（4）边坡防护

项目针对不同类型的路基边坡采取了工程防护与植物防护相结合的措施，通过不同的组合突出植被的美感并有效地起到防护作用。

（5）××省级自然保护区

① 经现场调查，项目主要沿××河的一级、二级阶地设线，实际穿越保护区试验区分三段共 3.52 km，分别是 K1259+200～K1256+700、K1255+500～K1254+930、K1254+300～K1253+850，位于××交界未通车路段。项目所经保护区段设置桥梁 3 座（××河 5#中桥、××河 31#大桥、××河 32#大桥），总长为 1.02 km，无涉水桥墩；路基 2 段，总长为 2.50 km；无取弃土场和其他临时工程设施。线路穿越

保护区、××自然保护区区划、与所建公路位置关系和穿越段情况见图和照片（略）。

所建公路沿线历史悠久，人类活动频繁，土地开发程度较高，公路沿线两侧植被遭受破坏较严重，验收范围内无国家和省级保护植物，野生动物均为常见种。通过向林业部门、专家咨询得知，穿越××自然保护区实验区的工程影响范围内不涉及重点保护动物的栖息地、繁殖地和觅食地。大型陆生野生动物较少，小型野生动物较多。

② 完整性影响

在实验区范围内穿过的公路主要沿保护区边缘大部分以填方路基和高架桥形式通过，对保护区基本没有造成分隔。对于被填方路基分隔开的较小部分因空间阻隔影响，两片区生态系统之间的物质、能量交流受到一定影响，但是动物的迁徙路线基本未被阻断。该公路的建设对加剧保护区生态系统的破碎化程度影响较小，形成新的廊道，对保护区的结构完整性影响较小。

③ 保护对象的影响

经现场调查和与桥北林业局（保护区主管部门）走访座谈了解，经过××自然保护区实验区的路段沿线 200 m 范围内无国家重点保护植物和省级重点保护植物分布。公路两侧植被因人为活动的影响受到严重破坏，植被覆盖稀少，多为灌草丛和农田，路线穿越保护区实验区内无国家和××省重点保护植物，因此对××自然保护区核心区和缓冲区内的国家和××省重点保护植物无明显影响。

据现场走访并咨询××省林业局得知，验收范围内野生动物均为常见物种，无国家重点保护野生动物种群栖息地。保护区内国家级和省级保护的野生动物主要分布在核心区和缓冲区。本公路沿线所经区域为该保护区的实验区，与缓冲区、核心区的最小距离分别为 5 km、7.6 km。动物的栖息地位于核心区，活动区为核心区和缓冲区，公路沿线两侧无大型野生动物出没。而××自然保护区地段公路处于低山丘陵区，公路全长 3.52 km，共设置大桥、中桥 1 020 m/3 座（单幅）；通道 100 m/3 个、涵洞 206 m/6 道。公路沿线桥梁、隧道、涵洞、通道的设置降低了公路对野生动物的阻隔效应，而且以隧道形式穿越山体，避免深挖路堑对陆生野生动物的阻隔影响，最大限度地降低了对野生动物通行的影响。

④措施落实

本工程穿越保护区路段环境保护措施落实情况详见表6-4。

（6）绿化

公路开展了路基边坡、隧道口、互通立交、服务设施等绿化工程。根据路基边坡高低不同，路堤边坡主要采用植草护坡、三维植被网防护、骨架植物防护；路堑边坡采用植草防护、三维土工网植草护坡、网格型骨架防护。对于有崩坡积块的边坡，下部设置高挡土墙，上部采用网格型骨架植草；对于膨胀土挖方边坡，下部采用挡土墙支挡，上部采用骨架护坡结合六边桶防护；对于岩石边坡，下部采用高挡土墙，上部设网格型骨架、窗孔式护面墙防护、混凝土锚杆框架。

表 6-4　工程穿越保护区段环保措施落实情况一览

环境保护措施与建议	环境保护措施与建议落实情况
环境影响报告书	
1. 主线收费站只建北侧半幅（仅建收费棚），生活区在保护区外（××河北岸）另行选址。 2. 将原设计 32 号取土场（K188+750）移至××河北岸高阶地，占用的是旱坡地，取土后可以恢复为耕地。在保护区外需要增加便桥 1 座（30 m）和施工便道 150 m。 3. 不在保护区内设置预制场、拌和站等临时工程设施。 4. 加强施工作业面控制，避免越界施工对保护区植被的破坏。 5. 加强施工人员的环保教育，保护区内的野生动植物	部分落实。 1. 主线收费站仅建设了收费棚，未建其他设施（照片略）。调查发现，在保护区内的本工程用地范围内正在建设高速交警营房，据建设单位介绍该设施本工程不使用，也未设置进出口。 2. 已落实。对原有的取土场位置进行了调整，占用的是旱坡地，目前正在恢复，恢复效果一般。在保护区外增设了施工便道 150 m，施工便桥 13 m。 3. 保护区内没有设置任何临时工程设施。 4. 严格控制施工作业面，保护区内没有发生大规模植被破坏情况。 5. 没有发生惊吓、捕杀野生动物现象
环保部批复	
尽量调整主线终点收费站选址，确实无法避绕时××河北侧半幅只建收费棚。重新设计跨越××桥梁，不得在××遗址保护范围设置桥墩。应加强上述路段的施工管理，严格控制施工场界，不得在上述区域内设置取弃土场、预制场、施工营地等临时设施	收费棚已建成。调查发现，在保护区内的本工程用地范围内正在建设高速交警营房，据建设单位介绍本工程不使用，也未设置进出口。跨越××桥梁向南摆动 100 m，避开××遗址，没有在遗址保护范围内设置桥墩。保护区内没有设置任何临时工程设施
交通运输部预审意见	
同意该项目穿越保护区实验区边缘的选线方案。工程建设中，应加强对森林生态系统的保护，严格控制施工场界，禁止破坏施工范围以外的植被；应加强对施工人员的教育，不得追赶和捕杀野生动物	工程建设中，严格控制施工场界，没有破坏施工范围以外的植被，对施工人员进行了环保教育，没有出现追赶和捕杀野生动物的现象

经调查，全线边坡、路侧、隧道三角区、隧道洞口仰坡、立交区、服务区、收费站、弃渣场等均进行了防护、自然恢复及景观绿化。中央分隔带进行了防眩绿化。全线绿化共分为 5 个合同段，绿化总投资 7 801 万元，绿化面积共计 385.8 hm²。

（7）生态调查小结和建议

① 该公路对植物的影响主要集中于山地丘陵区，公路建设属于带状项目，对沿线的自然植被没有造成明显的不良影响。

② 工程主线实际设取土场 26 处；设弃渣场 52 处。经现场调查，除 1 处弃渣场恢复效果欠佳，其余施工用地均得到生态恢复，效果良好。

③ 工程在建设中对水土保持工作较为重视，按照批复的水土保持方案和有关法

律法规要求开展了水土流失防治工作，有效防治了工程建设期间的水土流失。

④ 本公路全线设置大量桥梁、涵洞及通道，大大降低了公路对野生动物活动的阻隔影响。

⑤ 工程分三段穿越××自然保护区实验区共 3.52 km。路段沿线 200 m 范围内无国家重点保护植物和省级重点保护植物分布，公路两侧植被因人为活动的影响受到严重破坏，植被覆盖稀少，多为灌草丛和农田。

⑥ 公路全线采用乔、灌、草相结合的方式进行了绿化，绿化植物物种丰富，效果良好。

⑦ 调查中发现，在公路末段的路侧本工程用地范围内（K×××＋×××附近，属保护区试验区范围）正在建设高速交警营房，据建设单位介绍该设施本工程不使用，也未设置进出口。建议立即停止高速交警营房的建设，并尽快拆除已建部分，对迹地采取恢复措施。

点评：

本案例生态影响调查中，工程对自然保护区的影响、取弃土场及施工迹地的恢复情况和效果调查较清楚，重点突出。鉴于公路有三段位于自然保护区实验区内，应结合保护区主管部门对工程穿越保护区的许可情况，补充调查反映工程建设过程中，是否严格落实了保护区主管部门和保护区管理机构提出的具体保护要求，并在公众意见调查中反映相关部门意见。

---

8. 声环境影响调查

（1）声环境敏感点调查

根据现场调查结果，沿线 200 m 范围内的集中居民区、卫生院和学校共 62 处。主线沿线 200 m 范围内有 60 处敏感点，其中学校 2 所，卫生院 1 所，其他均为居民点，新增敏感点 5 处（××县城、××街镇、××林场、××村、××村），其余 55 处与环评报告书中一致；××县连接线 200 m 范围内有 2 处声环境敏感点，均为居民点，与环评一致。

环评报告书提出，全线声环境敏感点共 80 处，其中公路主线声环境敏感点 76 处，××县连接线声环境敏感点 4 处。现场调查发现，公路主线已有 21 处敏感点不在本次验收调查范围内：9 处敏感点与路的距离变远（××村、××湾、……），已在 200 m 以外；5 处敏感点就近合并（××村、××村、……）；2 处搬迁（××村搬迁 3 户、××村搬迁 6 户）；2 处（××村、××村）已无居民居住；5 处敏感点撤销（××初级中学、××镇中心小学、××小学、××小学、××小学）。××县连接线已有 2 处敏感点不在本次验收调查范围内：1 处敏感点（××台）距路 200 m 以外；1 处敏感点（××村小学）撤销。

环评中提出的公路主线 55 处、××县连接线 2 处共计 57 处敏感点仍在本次验收调查范围内，敏感点一览表和变化情况对比见表（略）。

（2）现状监测

① 布点原则

a. 结合环境影响报告书中的噪声监测布点，重点关注预测超标及实际情况变化较大的敏感点。

b. 选择线路附近比较开阔、不受人为干扰的代表性路段路侧设置噪声衰减监测断面。

c. 选择距离公路较近，车流量有代表性的路段进行 24 h 连续监测，掌握公路交通噪声的时间分布、24 h 车辆类型结构和车流量的变化情况。

d. 选择已采取降噪措施的敏感点进行降噪效果监测。

② 点位布设

由于本工程 K1251＋500～K1259＋200 段与××省交界处目前尚未通车，故本次现状监测未设监测点位。待与××段同步通车运行后另行安排敏感点声环境质量监测。

本次共在 35 个敏感点处布设 31 处共 41 个噪声监测点位、2 处 24 h 连续监测点位和 2 处声屏障降噪效果监测点位，同时设置衰减断面 2 处，监测布点见表 6-5，监测点位布置见图 6-1 至图 6-4（部分图件略）。

a. 敏感点监测点

在 31 处敏感目标设置 41 个监测点。对学校进行监测时，注意避开学生课间休息和教学活动的干扰。

b. 衰减断面监测点

选择 K1088＋800 和 K1233＋900 处开阔、不受人为干扰地段设噪声衰减断面 2 处，在断面上距离路中心线 20 m、40 m、60 m、80 m 和 120 m 处各设 1 个监测点，共计 10 个监测点。

c. 24 h 连续监测点

选择 K1087＋880 SP 村和 K1245＋550MQS 沟进行 24 h 噪声连续监测，共计 2 个监测点。

d. 声屏障降噪效果监测点

选择××村、××村进行声屏障降噪效果监测。在距离道路声屏障后方中间设置距路肩 10 m、20 m、30 m 处各设 1 个监测点，监测点距地面 1.2 m；同时在无屏障开阔地带距路肩 10 m、20 m、30 m 处各设 1 个对照点，距地面高度 1.2 m。对照点与声屏障后监测点之间距离大于 100 m，共计 12 个监测点。

表 6-5　噪声监测点位布设一览（摘）

桩号	敏感点名称	距中心线距离/m	与红线距离/m	与路基高度差/m	监测点位置	说明
K1078+550～K1078+600	××村	右侧 38右侧 78	1555	−13.8	同时在面对公路第 1 排和第 4 排平房窗前 1 m 进行监测	实际距离与环评阶段基本相同，同一声环境敏感点监测 4 类区和 2 类区噪声
K1085+800～K1085+900	××川	右侧 85	61	1.2	在面对公路第 1 排平房窗前 1 m 进行监测	实际距离、高差与环评阶段基本相同
K1090+900～K1091+550	××镇	右侧 69	55.75	−3.3	在面对公路第 1 排 2 层居民楼第 2 层窗外 1 m 进行监测	实际距离较环评阶段发生较大变化，且为沿线较大城镇区
K1091+150	××中心卫生院	右侧 69	55.75	−6.9	在背对公路第 1 排平房窗前 1 m 进行监测	特殊敏感点
K1242+550	××中心小学	右侧 113	93	−8	在背对公路的 2 层教学楼第 2 层教室窗前 1 m 进行监测	特殊敏感点
LJXK4+100	××村	右侧 17	12	1.2	在背对公路第 1 排平房窗前 1 m 进行监测	实际距离、高差与环评阶段基本相同
K1088+800 右侧					在距离路中心线 20 m、40 m、60 m、80 m、120 m 处各设 1 个监测点	噪声衰减断面监测，该处线路平直，开阔无屏障
K1233+900 左侧						
K1087+880	××村	左侧 27	3	−1.8	在距离公路第 1 排平房窗前设置 1 个 24 h 连续监测点	24 h 连续监测点
K1245+550～K1245+800	××村	右侧 32	10	−2.8		24 h 连续监测点
K1083+000～K1083+360	××村	右侧 43	15	−4.8	在声屏障后方中间距离路肩 10 m、20 m、30 m 处设置 3 个监测点位；同时在 100 m 外无屏障开阔地带距路肩 10 m、20 m、30 m 处各设 1 个对照点	声屏障效果监测
K1102+450～K1103+000	××村	右侧 30	7	−6.8		声屏障效果监测

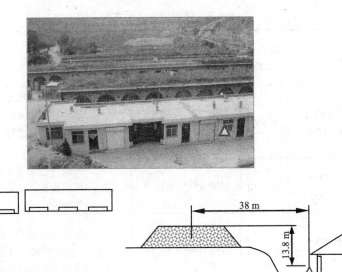

图 6-1　K1078＋550～K1078＋600 右侧××村 1[#]噪声监测点位示意（图中测点编号略去）

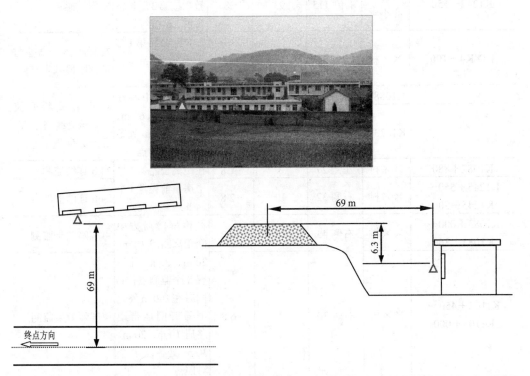

图 6-2　K1091＋150 右侧××中心卫生院噪声监测点位示意（图中测点编号略去）

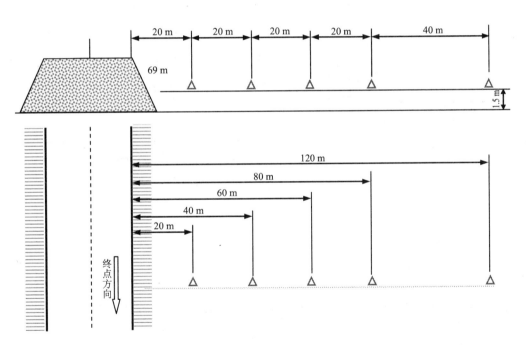

图 6-3　K1233＋900 左侧衰减断面监测点位示意（图中测点编号略去）

图 6-4　K1102＋450～K1103＋000 右侧××村声屏障降噪效果监测点位示意

（图中测点编号略去）

③ 监测要求

a. 声环境敏感点噪声监测：在临路较近的住宅、教室或宿舍的窗外 1 m 处设监测点，连续监测 2 d，每天监测 4 次（白天 2 次 6:00—22:00，上午 1 次，下午 1 次；夜间 2 次 22:00—24:00，24:00—6:00），每次监测 20 min。监测同时按大、中、小车型记录小时车流量。

b. 衰减断面：连续监测 2 d，每天监测 4 次（时间同敏感点噪声监测），每次监测 20 min。监测同时按大、中、小车型记录小时车流量，每处监测断面的 5 个点位同步进行。

c. 24 h 连续监测点：连续 24 h 监测 1 d。给出昼间 16 h（6:00—22:00）和夜间 8 h（22:00—6:00）的等效声级。监测同时按大、中、小车型记录小时车流量。

d. 声屏障降噪效果监测：连续监测 2 d，每天监测 4 次（时间同敏感点噪声监测），每次监测 20 min，每个敏感点设置的全部点位需同步监测。同时记录监测点名称、桩号、方位、距离、高差，并记录车流量情况。

e. 在进行监测时应避开鸡鸣、狗吠、人为噪声等干扰，并注意避开乡村公路交通噪声影响。

f. 具体监测方法按照《声环境质量标准》（GB 3096—2008）等国家有关监测方法标准和技术规范中的规定要求进行。

（3）监测结果分析

监测结果数据表（略）。

① 车流量

根据××××年××月环境噪声现状监测时车流量统计，工程主线车流量为 963～966 辆标准小车/d，达到环境影响报告书中预测近期（2012 年）车流量 5 800 辆小客车/d 的 16.6%、达到预测中期（2018 年）车流量 11 200 辆小客车/d 的 8.6%、达到预测远期（2026 年）车流量 21 220 辆小客车/d 的 4.5%；××县连接线车流量为 552～672 辆标准小车/d，达到环境影响报告书中预测近期车流量 1 080 辆小客车/d 的 51%～62%，达到预测中期车流量 2 190 辆小客车/d 的 25%～30.7%，达到预测远期车流量 4 864 辆小客车/d 的 11%～13.8%。

② 监测敏感点达标情况

本次监测的 31 处敏感点，同时执行《城市区域环境噪声标准》（GB 3096—93）4 类和 2 类标准的敏感点有 11 处，昼、夜监测结果均达标；执行 4 类标准的敏感点有 11 处，昼、夜监测结果均达标；执行 2 类标准的敏感点有 9 处，除××川昼间超标 2.4 dB（A）外，其他 8 处敏感点昼、夜监测结果均达标。

③ 衰减断面监测结果分析

噪声值随着距离路肩距离的增大而逐渐衰减；昼间、夜间公路两侧距中心线 72 m 以内区域执行 4 类标准，以外区域执行 2 类标准，除 K1233＋900 距路 80 m 处夜间噪声超过 2 类标准，超标 0.7 dB，其他监测点均能满足相应标准要求。

④ 24 h 连续监测结果分析

噪声值随着车流量的增大而增大；车流量的昼夜比为（2.2～2.3）：1。车流量统计结果表明大型车占全天车流量的 11.0%～11.4%，中型车占 27.5%，小型车占 61.1%～61.5%，夜间所占比例分别为 4.5%～6.3%、25.0%～25.8%、68.7%～69.7%。可见目前通行车辆以小型车为主，其次为中型车，大型车最少；两处监测点均执行 4 类标准，昼、夜监测结果达标。

⑤ 声屏障降噪效果分析

声屏障后 10 m、20 m 和 30 m 处分别降噪 4.0～6.7 dB（A）、5.1～7.0 dB（A）和 3.4～5.8 dB（A），基本符合声屏障降噪的规律。

××村声屏障后 10 m、20 m、30 m 处均执行 4 类标准，监测点和对照点昼、夜均达标。××村声屏障后 10 m 处执行 4 类标准，监测点和对照点昼、夜均达标，声屏障后 20 m、30 m 处执行 2 类标准，监测点和对照点昼、夜均达标。

⑥ 敏感点监测结果与环评预测结果对比分析

本次现状监测结果较环评预测结果均偏低，主要是由于本次监测期间实际车流量远低于环境影响报告书中的预测车流量。

（4）全线敏感点达标情况分析

同时执行《城市区域环境噪声标准》（GB 3096—93）4 类和 2 类标准的敏感点 34 个，32 处敏感点昼、夜均达标，其余 2 处敏感点存在超标情况：××村 4 类区夜间超标 1.8～4.3 dB（A），2 类区夜间超标 0.7 dB（A）；×××村 4 类区昼间超标 1.4 dB（A），2 类区夜间超标 0.4 dB（A）；执行 4 类标准的敏感点 1 处×××林场，昼、夜均达标；执行 2 类标准的敏感点 27 处，其中 25 处敏感点昼、夜均达标，其余 2 处敏感点存在超标情况：××川昼间超标 2.4 dB（A）；×村夜间超标 1.3～2.4 dB（A）。

全线实测和测算不能满足 4 类标准限值的敏感点有××村 1 处，建议安装声屏障；不能满足 2 类标准限值的敏感点有××川、×村、××村和×××村 4 处。建议××川和×村安装隔声窗，××村和×××村安装声屏障；同时实施噪声跟踪监测计划。

上述 4 处敏感点噪声现状超标的主要原因是，这些敏感点距离公路较近，均在红线 70 m 以内范围内。

（5）降噪措施落实情况

根据现场调查，公路沿线 27 处敏感点安装了高度为 3.6 m 的声屏障 5 402.5 延米，2 处敏感点搬迁 9 户。

环境影响报告书及批复意见共对 75 处敏感点提出降噪措施，其中，40 处敏感点要求安装通风隔声窗；24 处敏感点要求安装声屏障；9 处敏感点要求安装通风隔声窗、搬迁的同时安装声屏障；2 处要求共搬迁 9 户。经过现场调查，提出降噪措施的 75 处敏感点降噪措施落实情况如下所述。

a. 14 处已按照要求落实了降噪措施，搬迁户数满足要求，现状声环境质量除×××村 2 类区昼间超标 1.4 dB（A）、夜间超标 0.4 dB（A）外，其他敏感点均满足相应标准要求；

b. 6 处敏感点部分落实降噪措施，均安装有声屏障或搬迁，但未安装通风隔声窗，现状声环境质量均达标；

c. 9 处敏感点将要求的降噪措施由通风隔声窗变更为声屏障，现状声环境质量均满足相应执行标准要求；

d. 31 处敏感点未落实要求提出的降噪措施，××川实测昼间超过 2 类标准 2.4 dB（A），×村夜间超过 2 类标准 3.1 dB（A），××村夜间超过 4 类标准 1.8～4.3 dB（A）、夜间超过 2 类标准 0.7 dB（A），其他 28 处敏感点均满足相应执行标准要求；

e. 15 处已不在本次验收调查范围内或无人居住。

建设单位在环评及批复中要求安装声屏障的敏感点处安装的声屏障长度均不够。从声屏障降噪原理分析，声屏障长度不足是超标敏感点不能达到声环境质量要求的主要原因。

本次调查发现新增敏感点 2 处，已安装声屏障，现状声环境质量均满足相应执行标准要求，建设单位增设的声屏障长度为 1 230 m。

各敏感点环评要求措施和实际采取措施的对比情况以及对应的达标情况表（略）。

（6）车流量达到初期、中期预测分析

由于本工程主线实际车流量仅达到环境影响报告书中预测近期（2012 年）车流量的 16.6%，达到预测中期（2018 年）车流量的 8.6%；××县连接线车流量仅达到环境影响报告书中预测近期的 51%～62%，达到预测中期的 25%～30.7%。因此，本次调查报告中对车流量达到环境影响报告书中预测近期和中期水平后，沿线声环境敏感点声环境质量进行测算。测算的依据：根据××市环境监测站实际监测的背景噪声，对具有相同或相近距离、高差的敏感点选用相同背景噪声值的原则进行预测，再针对超标情况提出进一步的降噪措施建议。

① 预测车流量达到设计近期值时，工程沿线敏感点同时执行 4 类和 2 类标准的敏感点有 34 处，其中有 11 处敏感点昼、夜均达标，其他 23 处敏感点昼、夜均有不同程度的超标情况：4 类区夜间超标 0.7～5.8 dB（A）；2 类区昼间超标 0.3～8.3 dB（A），夜间超标 0.5～5.1 dB（A）。仅执行 4 类标准的敏感点有 1 处，×××林场夜间超标 5.2 dB（A）；仅执行 2 类标准的敏感点有 28 处，其中 5 处昼、夜均达标，其他 23 处敏感点存在不同程度的超标情况：昼间超标 0.1～4.5 dB（A），夜间超标 0.3～7.5 dB（A）。

对于预测超标的敏感点建议：××村、×村、××村、××村、×××村等 37 处敏感点设置隔声窗 3 595 m²；××村、××村、×××林场、××沟 4 处敏感点设置高度为 3.6 m 的声屏障 1 500 m；×××镇、×××镇 2 处敏感点设置 185 m² 隔声窗和 450 m 声屏障；××村、××村 2 处敏感点超标情况较轻，建议采取跟踪监测和加强绿化的措施。以上措施预计需预留资金 564.5 万元。

② 预测车流量达到设计中期时，工程沿线敏感点同时执行 4 类和 2 类标准的敏感点有 34 处，其中 4 处敏感点昼、夜达标，其他 30 处敏感点昼、夜存在不同程度的超标情况：4 类区昼间超标 0.5～1.4 dB（A），夜间超标 0.9～8.7 dB（A）；2 类区昼间超标 0.3～10.7 dB（A），夜间超标 0.1～10.4 dB（A）。仅执行 4 类标准的敏感点有 1 处，×××林场昼间达标，夜间超标 8.1 dB（A）；仅执行 2 类标准的敏感点有 28 处，昼、夜均存在不同程度的超标情况：昼间超标 0.5～8.0 dB（A），夜间超标 1.4～10.2 dB（A）。

对于预测超标的敏感点建议：××村、×村、××村等 50 处敏感点设置隔声窗 5 245 m²；××村、××村、××村等 5 处敏感点设置高度为 3.6 m 的声屏障 1 200 延米；×××镇、×××村、×××镇 3 处敏感点共设置 225 m² 隔声窗和 850 延米声屏障；××村 1 处敏感点超标情况较轻，建议采取跟踪监测和加强绿化的措施。以上措施预计需预留资金 829.5 万元。

测算结果和建议措施表（略）。

（7）关于补救措施建议的说明

由于本工程目前有 31 处声环境敏感点未按照要求落实降噪措施，本报告已经根据现状监测结果和测算结果对沿线敏感点提出了补救措施建议，这些建议有的与环评及批复中提出的声环境保护措施不完全一致，原因如下：

① 声环境超标敏感点偏移到距路中心线 70 m 以内，因此，将环评及批复中提出的安装隔声窗措施变更为声屏障措施，主要有 4 处敏感点：××村、××村、××村、××沟；

② 敏感点与公路的距离较环评时靠近，引起实际测算的噪声超标值大于环评预测的噪声超标值，建设单位对采取环评及批复提出的安装声屏障措施后仍超标的敏感点增加隔声窗措施，主要有 9 处敏感点：××镇、××村、××村、……；

③ 敏感点与公路的距离较环评时远离，引起实际测算的噪声超标值小于环评预测的噪声超标值，建设单位采取环评及批复提出的安装声屏障措施后即可达标。

点评：

　　交通噪声影响调查是公路项目试运行期的主要环境影响调查内容，本案例试运行期声环境影响调查内容较全面、方法正确、结论明确。不足之处是，应进一步根据衰减断面、敏感点监测结果和运行中期的设计车流量校核交通噪声影响；还应增加施工期声环境影响回顾调查内容。

---

9. 水环境影响调查

（1）沿线水环境概况

本项目工程所在区地表水流均属黄河水系，主要支流有×河、××河、××河、××川河和××川河等，公路多次伴行并跨越这些河流。××河、××河、××川、××川、×河均执行《地表水环境质量标准》的Ⅲ类标准。

环境影响报告书中对黄河、××河、××川、××川、×河、××河、××河进行了本底水质监测。监测结果显示沿线各河流水系的 COD、氨氮均可达到Ⅲ类水质标准。石油类除××河外，其余河流均达到Ⅲ类水质标准，××河的石油类因子指数达 8.26。可见项目区除××河石油类污染较严重外，其余河流水质良好。

（2）水污染源

① 工程运营后主要水污染源为沿线辅助设施产生的生活污水和洗车含油废水。项目共设置服务区 3 处，收费站 10 处，管理所 2 处，养护中心 1 处。

工程沿线服务设施安装污水的处理设施工艺流程见图 6-5，与环境影响报告书的要求一致。

生活污水约 50 m³/d ⟶ 化粪池 ⟶ 地埋式处理装置 ⟶ 储存池 50 m³ ⟶ 绿化

图 6-5 污水处理设施工艺流程

② 为了解污水处理设施的处理效果，本次验收委托××市环境保护监测站对××服务区和××街收费站污水处理设施进出口水质进行了监测。监测结果表明，处理后污水均能满足《污水综合排放标准》一级标准要求。由此类比分析全线服务设施污水经同类设备处理后均可达标。

沿线设施生活污水监测结果表（略）。

（3）饮用水水源保护区

① 饮用水水源保护区设置情况

目前××县饮用水水源为××河地表水，××川河饮用水水源地为备用水源地。该饮用水水源地取水设施为 3 个大口井，其中 2 口深 8 m，1 口深 10 m，供水能力为 1 600 m³/d，在××河水质较差时才启用该备用水源。该水源地一级水源保护区为取水点下游 50 m 至上游 100 m，宽度为河中心两侧各 50 m；二级水源保护区边界为一级水源保护区上游 1 000 m 范围。

本工程建设的××立交和立交匝道桥跨越××河，位于保护区上游，在二级保护区边界外 380 m。

② 保护措施要求的落实情况

在环境保护部批复意见中要求"不得在××县饮用水水源保护区附近设置施工营地、堆放渣料，禁止施工期污废水排入××河。落实营运期的桥面径流收集和处理的工程措施以及运输管理措施，完善危险品运输事故应急预案，以确保饮用水水源的安全"。

经过现场调查发现，为了保护××县饮用水水源保护区，工程施工期未在水源保护区附近设置任何施工临时用地，也未将施工废水排入××河。路面主体工程完工后，对通过该路段的所有桥梁安装了桥面径流收集 PVC 管道约 6 000 m 及收集池。根据现场调查和安装设施的工程数据分析，该设施应能满足工程沿线环境风险的应急要求。

（4）小结和建议

西北高速施工期和试运营期未对沿线水环境造成明显影响；运行期项目的水污染源为沿线设施生活污水和洗车废水，污废水经处理后可以达到《污水综合排放标准》一级排放标准，均用于绿化，不外排。公路位于××饮用水水源保护区二级区上游的 380 m 以外，靠近和跨越保护区河流的桥梁均安装了加强防撞护栏和桥面径流收集系统，能够满足工程沿线环境风险的应急要求。

建议：

① 加强污水处理设施的运行管理和维护管养，确保其稳定运行。

② 加强对桥面径流收集设施的巡视和维护，确保其发挥应急效能，以保证饮用

水水源不受环境风险事故污染。

③ 按照环评报告书要求做好营运期跟踪监测，发现问题及时解决，避免对沿线水环境产生影响。

点评：

本案例中，对于公路邻近河流或跨越涉及饮用水水源保护区的路段，调查单位进行了重点调查，并对防范措施的有效性进行了分析，调查结果可信。完整的调查报告还应提供饮用水水源保护区设立及其区划文件、公路与涉及饮用水水源保护区相对关系图件（照片）。

---

10. 大气环境影响调查

公路运行后，除汽车排放尾气外，工程的大气污染源为沿线设施的锅炉排放的烟气。

（1）锅炉烟气

① 监测布点

沿线服务设施锅炉排放烟气执行《锅炉大气污染物排放标准》（GB 13271—2001）Ⅱ时段相应标准限值。本次选择××服务区和××街收费站 2 台 CLLS 型燃煤锅炉（1.4 MW、0.7 MW）对排放烟气进行了监测，对沿线其他服务设施锅炉排放烟气进行类比分析。

② 监测因子

SO_2、烟尘、林格曼黑度。

③ 监测结果分析

锅炉排放烟气均能达到《锅炉大气污染物排放标准》（GB 13271—2001）Ⅱ时段相应标准限值要求。通过类比分析可知，其他各处服务设施锅炉排放烟气均能满足《锅炉大气污染物排放标准》（GB 13271—2001）Ⅱ时段相应标准限值要求。

（2）空气质量

现场调查发现××山隧道口有××县城部分居民住宅分布。根据噪声现状监测统计车流量，可知目前车流量水平较低，因此，汽车尾气对该敏感点空气质量影响较小。

点评：

本案例中，对于锅炉房应补充调查除尘器、烟囱高度建设情况，明确是否符合环评文件和环保要求；鉴于"隧道口有××县城部分居民住宅分布"，还应补充提出针对此处敏感点的公路运行期环境空气跟踪监测计划。

11. 固体废物影响调查（略）

12. 文物古迹影响调查

本工程涉及区域内有 6 处文物古迹，××道遗址和××村战国长城遗址 2 处属于国家级重点文物保护单位，××寺塔、×××长官部旧址和×××屯兵遗址 3 处属于省级重点文物保护单位，××湾遗址为县级文物保护单位。工程建成后与 6 处文物古迹位置关系对比变化情况表（略）。

从调查的结果看，工程在施工前改移了线位，避开了文物古迹，××省文物局在开工前下达了开工许可，本工程不再对文物古迹产生影响。另据建设单位介绍，施工中建设单位对施工人员进行了宣传教育，禁止对文物古迹进行破坏。

13. 危险品运输污染事故风险调查

（1）风险防范措施

工程自竣工试运营以来，未发生过污染事故。工程全线桥梁均安装有加强防撞护栏。跨越饮用水水源保护区路段全部桥梁均安装桥面径流收集系统。

在日常管理中，工程建设管理处加强了突发环境污染事件的预防工作。按照《危险化学品安全管理条例》的要求，对危险化学品运输车辆上路进行严格管理：凡通过高速公路从事道路危险品运输的单位，必须在起运前 7 日向高速公路管理部门提出书面申请；申请单位如实填写《高速公路危险品运输审批表》，内容包括危险货物货运品名、规格、件重、件数、包装方法、起运日期、收发货人的详细地址及出入站口等审批事项；经审批合格的车辆必须在通行高速公路时按照《道路运输危险货物车辆标志》（GB 13392—2005）的规定悬挂规定的标志和标志灯，车前挡风玻璃处张贴（摆放）通行证，并严格按照审批时间、线路、时速行驶。此外，工程建设管理处对西北高速公路沿线环境敏感点实行路政重点巡查管理，运营期间在收费处对运送危险物品的车辆进行登记管理，并加强对该路段机电监控设备的管理和维修；定期对服务区、管理所储备的环境污染事件应急物资软木塞、海绵、沙袋、应急车辆等的检查、更换和维修；分公司、服务区、管理所每季度对应急工作相关人员进行一次培训，并按月召开领导小组会议，掌握最新的应急措施和方法，每年组织至少一次以各管理所为单位的应急救援演练，并将演练影像资料报告分公司。

（2）应急预案和应急指挥体系

××高速公路××境建设管理处依据《国家突发环境事件应急预案》《××省突发环境事件应急预案》以及国家环境保护相关的法律法规，制定了《××高速公路××境××高速公路运载危险物品车辆交通事故引发环境污染事件处置应急预案》，该预案已经向××省和××市环境保护局报备。根据该预案，公路交警大队和××分公司联合成立应急救援指挥部，指挥部由大队长任总指挥，应急救援指挥部成员由事故科、办公室、××高速公路路政大队等单位领导组成。

（3）建议

鉴于本工程跨越众多的河流并涉及××县饮用水水源保护区，因此，建议运营管理部门与政府、高速公路路政大队等相关单位密切配合，高度重视危险品运输风险事故的防范工作。

① 通过路面巡视和收费站加强对上路车辆的监控，发现存在隐蔽装载和存在机械事故隐患的危险化学品的车辆及时采取相应措施。

② 增加警示标志；通过技术手段加强对重点路段的监控。

③ 对桥梁纵向排水和收集设施定期检查、维护，确保其处于正常状态。

14. 环境保护管理及环境监测计划落实情况调查（略）

15. 公众意见调查

本次公众意见调查主要在公路沿线的影响区域内进行，调查对象以直接受影响的公众个人和公路上来往的司乘人员为主。（调查表略）

调查结果如下：

（1）沿线公众

本次公众意见调查对公路沿线公众发放调查表 100 份，其中 63 份涉及全线所有敏感点，剩余 37 份沿途随机分配，最终收回问卷 100 份，回收率 100%。

调查结果和现场走访结果汇总如下：

① 100%的被调查者认为公路建成后有利于本地区的经济发展。

② 83%的被调查者表示施工期对自身影响最大的是噪声，17%的被调查者认为灰尘影响最大。

③ 95%的被调查者表示居民区附近 150 m 内没有设料场或搅拌站，其余 5%的被调查者表示没有注意。

④ 98%的被调查者表示在施工期夜间 22:00 至早晨 8:00 时段内，没有发现使用高噪声机械施工现象，2%的被调查者表示偶尔存在高噪声施工现象。

⑤ 100%的被调查者表示公路对临时占地采取了复垦、恢复等措施；100%的被调查者表示占压农业水利设施时采取了临时应急措施。

⑥ 90%的被调查者表示公路建成后噪声对自身影响最大，其余分别有 8%和 2%的被调查者表示汽车尾气、灰尘的影响较大。

⑦ 96%的被调查者表示在试运期间附近通道内没有出现积水情况；分别有 92%和 8%的被调查者建议采取绿化、声屏障措施来减轻本工程项目对环境的影响。

⑧ 97%的被调查者对公路建成后的通行表示满意；100%的被调查者对本工程的环境保护工作总体表示满意和基本满意。

（2）司乘人员

调查表共发放 50 份，收回 50 份，回收率 100%。

根据统计结果分析可知：

① 100%的被调查司乘人员认为该公路的建设有利于本地区的经济发展。

② 100%的被调查司乘人员表示对沿线公路绿化情况表示满意。

③ 100%的被调查司乘人员表示对公路的养护、排除险情等方面满意和基本满意，对公路绿化、景观美化情况表示满意和基本满意。

④ 96%的被调查司乘人员表示公路汽车尾气排放不严重；100%的被调查司乘人员表示公路车辆堵塞及噪声影响情况尚不严重。

⑤ 对于减轻噪声影响，78%的被调查司乘人员建议采取绿化措施；22%的被调查司乘人员建议采取声屏障措施。

⑥ 96%的被调查司乘人员表示局部路段有限速标志；82%的被调查司乘人员表示学校或居民区附近有禁鸣标志，其他人员则表示不清楚。

⑦ 为了尽可能减少工程对沿线的环境影响，公路管理部门加强了对过往车辆运输危险品的检查，从调查结果看，100%的被调查司乘人员表示受到过公路管理部门的限制和警示。

⑧ 调查结果显示：100%的被调查司乘人员对本公路基础设施和环境工作总体表示满意或基本满意。

点评：

本案例公众意见调查问卷的数量偏少，调查中也缺少对工程属地环保行政主管部门、水源保护区管理机构等部门的调查。

---

16. 调查结论与建议（摘）

存在的问题及建议：

① 按照本次验收调查报告提出的建议尽快落实降噪措施。待××交界段通车后对沿线涉及的敏感点进行现状监测，并视监测结果采取降噪措施；

② 对沿线恢复效果欠佳的 1 处弃渣场继续采取恢复措施，并对全线其他临时占地的生态恢复措施加强后期养护；

③ 加强各项环保设施的维护和管理，确保污染物长期稳定达标排放。

西北高速公路在施工期及试运行期采取了诸多有效的生态保护和污染防治措施，环境影响报告书及其审批意见中提出的环境保护要求大部分得以落实，但工程仍存在部分降噪措施不落实、部分声环境敏感点超标的情况等问题，建议待项目全面落实降噪措施要求、沿线敏感点噪声达标后再开展竣工环境保护验收。

点评：

　　本案例调查结论恰当。该结论的写法属于第五章中"调查结论部分"第（8）项"对项目竣工环境保护验收的建议"中第②类情况。

（二）铁路案例

改建铁路××至××线扩能改造工程竣工环保验收调查报告

1. 工程概况

　　××铁路线扩能改造工程东起 C 铁路 D 站，于 C 铁路 D1 镇站接轨，向西经 A 县、F1 县、F2 县、F 市、F3 县、G 市、G1 县、H 县至××滩接入 M 铁路，沿 M 铁路至××站及××南站。D 至 CH 长度为 332.404 km。××铁路建设工程共分四部分：

　　① D1 镇—G 增建第二线并改建既有线，旅客列车速度目标为 160 km/h，正线长度为 188.651 km，既有线长度为 187.577 km，其中利用既有线地段 43.379 km，废弃地段为 144.198 km，简称"××东段"；

　　② G—××滩新建双线，运行客车为主，兼顾轻快货物列车和集装箱列车，旅客列车速度目标为 200 km/h，正线长度为 119.621 km，简称"××西段"；

　　③ G—至城厢既有线现状电化，运行货物列车为主，正线长 132.155 km；

　　④ 引入 CH 枢纽包括××寺—××滩增加第二线、新建××疏解线、改建北环线、延长成都北联络线等工程，正线长度为 24.132 km，简称"D 引入 CH 枢纽"。

　　该工程环境影响报告书于 2005 年 1 月由国家环保总局批复，同年×月东段开工建设；同年××月西段开工建设，2009 年×月月初建成，××建指于 2009 年×月×日向××省环保局提出××铁路工程开通试运行申请报告，××省环保局于同年×月×日就开通试运行申请以×环建函[2009]216 号文复函。××铁路于 2009 年×月××日交付××铁路局接管试运营。

　　××铁路工程总投资为 116.77 亿元，其中环保投资 2.45 亿元，占总投资的 2.10%。

2. 调查方法、内容及重点

（1）调查方法

采用资料调研、现场调查与现状监测相结合的办法。

　　① 按照《建设项目竣工环境保护验收管理办法》《环境影响评价技术导则》《建设项目竣工环境保护验收技术规范—生态影响类》及其他相关规定的要求进行调查；

　　② 对线路调查采用"点线结合、以点为主"，重点调查与生态环境密切相关的工程及环境保护设施、污水治理措施及噪声、振动防治措施等内容。

（2）调查范围、因子和验收标准

① 调查范围

调查范围为环评时的评价范围。

② 调查因子

调查因子为环评时采用的因子。

③ 验收标准

调查采用的环境标准为环评报告书中所采用的标准，对于变化的标准用新标准进行校核。

a. 声环境

铁路边界：执行声排放标准《铁路边界噪声限值及其测量方法》（GB 12525—90）规定的昼间、夜间 70 dB（A），并用《声环境质量标准》（GB 3096—2008）进行校核。

距铁路外轨中心线 30~60 m 区域的临铁路第一排建筑物执行声环境质量标准《城市区域环境噪声标准》（GB 3096—93）中 4 类区昼间 70 dB（A）、夜间 55 dB（A）标准；距铁路外轨中心线 60 m 以外区域的后排建筑物执行 2 类区昼间 60 dB（A）、夜间 50 dB（A）标准。

b. 环境振动

按照《城市区域环境振动标准》（GB 10070—88）的规定，距铁路外轨中心线 30 m 外执行昼、夜间 80 dB 标准。

c. 水环境

排入Ⅲ类水域站段的污水执行《污水综合排放标准》（GB 8978—1996）一级标准；排入Ⅳ类、Ⅴ类水域站段的污水执行《污水综合排放标准》（GB 8978—1996）二级标准；排入农灌沟渠的生活污水执行《农田灌溉水质标准》（GB 5084—92）。

（3）调查重点

① 环境敏感区（见表 6-6）

表 6-6 环境敏感区调查对象

序号	保护目标	里程	调查内容
1	G 市 NB 堰二级水源保护区	DK184+543	工程措施，预防对水体污染措施
2	××省级风景名胜区	DK297+785	工程防护，植被恢复措施落实情况，景观保护
3	××风景区	DK123+500~ DK125+800	工程防护，植被恢复等措施落实情况，景观保护

② 取弃土（渣）场防护措施

③ 大型临时工程和站场恢复情况

④ 声环境及环境振动影响

a. 声环境

××铁路环境噪声影响调查的主要对象见表 6-7。

表 6-7　噪声敏感点调查对象（摘）

序号	名称	位置	里程	环评报告书中距离/高差/（m/m）	实际调查距离/高差/（m/m）、位置	噪声源	敏感点概况
1	TX镇、TX中学		DK11+110~DK11+460	110/-2 52/-20	30/11 左侧、右侧	铁路、公路	TX镇约450户，以二层楼为主，8幢7层楼，TX中学有36个班，学生约3 000名，教师150名
2	××小学		DK28+550	75/+2	距离铁路 200 m 以外	—	不受铁路噪声影响，拆迁后新建火车站小学，二层教学楼，3个班，学生37人，教师2人
3	××小学		DK29+650	40/-1			
4	B镇	××东段（D镇—G段既有线电气化及增二线）	DK31+660~DK31+916	60/1	30/3 左侧、右侧	铁路	铁路两侧住户约45户，二层楼为主
5	Q镇		DK45+120~DK45+455	30/3	30/3 左侧、右侧	铁路	铁路两侧住户约30户，二层楼为主
6	F1中学		DK50+220	84/1	165/1 左侧	铁路	3层教学楼，14个班，学生约820名，教师37名
7	××小学		DK87+300	180/8	距离铁路 200 m 以外	—	不受铁路噪声影响，5层教学楼，17个班，53名教师
8	××居民区		DK115+416~DK115+579	—	80/1 右侧	铁路	3幢7层楼，170户面向铁路，始建于2004年
9	××小学		DK115+770~DK115+840	—	55/-1.5 左侧	铁路	新增敏感点，1幢4层教学楼，6个班，学生230名，教师30名，始建于2005年，侧对铁路

序号	名称	位置	里程	环评报告书中距离/高差/（m/m）	实际调查距离/高差（m/m）、位置	噪声源	敏感点概况
10	南F站居民区	××小区、××园、××苑、××小区	DK120+130～DK120+426	13/6	13/8 右侧	铁路、公路	7幢6层楼365户
		××小区、××中心	DK120+714～DK121+310	25/6	25/6 左侧	铁路、公路	4幢6层楼230户，始建于2004年，面向铁路
11	涪××桥	居民区 G实验中学	DK181+050～DK185+850	70/25	30/16 左侧、右侧 60/16 左侧	铁路	居民约200户，学校为2～6层教学楼、住宿楼，75个班，学生6000名，教师180名
12	××小学		DK205+800	20/1	距离铁路200 m以外	—	已搬迁，不受铁路噪声影响，搬迁后3个班，100个学生、4名教师
13	××小学		DK213+750	15/-2	距离铁路200 m以外	—	已搬迁，不受铁路噪声影响，搬迁后更名为"红旗小学"，平房，教师66人，学生600多人
14	××沟	××西段	DK213+909～DK214+105	—	80/19 右侧	铁路	新增敏感点，铁路建好后新建6幢7层安置楼房，350户
15	L沟特大桥		DK220+209～DK220+930	—	30/18 右侧	铁路	平房，约40户
16	CA特大桥居民区		DK236+400～DK236+650	30/28	20/20	铁路、公路	约400户

注：F站居民区、××特大桥居民区，G实验中学属××东段工程范围。

b. 环境振动影响

在声环境调查的同时进行距铁路外轨中心线 60 m 内敏感点环境振动的调查。

3. 工程调查

改扩建及新建工程概况

① 设计年度和列车对数

近期设计年度和验收期间通过能力见表 6-8。

表 6-8 近期设计年度和实际客货列车对数

ZY4	客车/（对/d）	快运货物列车/（对/d）	摘挂货物列车/（对/d）	区段、直货/（对/d）	集装箱列车/（对/d）	总计/（对/d）
2017 年（近期）						
D 镇—F 东	30	2	2	6	6	46
F 东—G	33	2	2	5	6	48
G—G1（既有线）	2	0	2	9	0	13
G1—K（既有线）	2	0	2	7	0	11
H1—KI（既有线）	2	0	2	11	0	15
H2—G（新建双线）	72	4	0	0	12	88
2010 年（验收期）						
D 镇—F 东	14	4	2	3	2	25
F 东—G	11	5	2	7	2	27
G—G1（既有线）	11	5	2	7	2	27
G1—K（既有线）	11	5	2	7	2	27
K—KI（既有线）	11	5	2	7	2	27
H1—G（新建双线）	28	0	0	0	0	28

② 主要工程数量

表 6-9 主要工程数量统计

序号	工程名称		单位	环评数量	实际数量
1	线路长度		km	367.740（DZ—CD）	332.404
2	占用土地		hm²	1 424	1 603.8
	其中	永久用地	hm²	1 153.4	1 045.3
		临时用地	hm²	270.6	558.5
3	路基土石方量		10⁴ m³	3 546.12	3 341
	其中	填方	10⁴ m³	1 259.92	1 187.04
		挖方	10⁴ m³	2 286.2	2 153.96

序号	工程名称		单位	环评数量	实际数量
4	桥涵	特大桥	座-延米	35-31 318	36-33 991.51
		大桥	座-延米	128-36 955	169-44 421.93
		中桥	座-延米	18-982	14-1 129.35
		小桥	座-延米	4-57	1-16
		桥梁合计	座-延米	185-69 312	220-79 558.82
		涵洞	座-横延米	1 017-23 055	1 086-22 298.67
5	隧道	<3 000 m	座-延米	110-39 105	114-43 104
		≥3 000 m	座-延米	3-14 290	3-14 274
		隧道合计	座-延米	113-53 395	117-57 378
6	正线桥隧占线路总长比例		%	34.6	41.2
7	车站数量		个	20	20
8	房屋	房屋建筑面积	m²	59 939	24 293
9	拆迁房屋面积		m²	816 206	1 192 564.9
10	工程投资估算		亿元	110.44	116.77

从表 6-9 中分析可知：

➢ 占用土地中永久用地减少了 108.1 hm²，临时用地增加了 287.9 hm²，主要原因是弃渣场环评阶段为 69 处，而实际设置了 188 处；

➢ 桥梁数量增加的原因：G—××段可行性研究报告时为双线并行，施工图设计时考虑 SY 二线在××线路所的引入，双线并行改为两线分修，增加了桥梁数量；为保证铁路运营的安全，将部分高填方、地质较差路基改为桥梁；

➢ 涵洞数量增加是为了缓解铁路阻隔作用，便于铁路两侧通行、灌溉、行洪。

③ 工程总投资与环保投资

表 6-10 环评阶段与实际环保投资汇总　　　　　　　　单位：万元

项目	环评阶段	实际投资
一、项目概算总投资	1 104 400	1 167 700
二、环保投资	18 645.54	24 468.12
其中：1. 噪声防治	2 340.6	2 511.6
2. 污水治理	520	562
3. 生态防护	15 548.66	21 129.52
4. 电磁防护	28	29
5. 施工期监测	208.28	236

本建设项目环保投资为 24 468.12 万元，占工程投资总额的 2.10%，比环评阶段增加 0.41%。

④ 工程建设变化情况

由于××铁路工程建设项目环评报告书是在可行性研究阶段编制完成，在工程竣工环保验收时，实际占地数量、线路及桥隧长度、土石方量等情况与环评阶段相比都有一定的变化，见表 6-9。

点评：

通过上述工程量对比分析，本工程桥梁和隧道变化较大。由于弃渣场的增加，临时用地增加数量较多，应补充说明线路长度增加的原因；根据表 6-10 内容，实际环保投资中应对各项防治措施投资增减原因进行分析说明。

---

4. 施工期环境影响回顾调查

施工期环境监控情况如下。

（1）生态环境监控

施工期监控的重点是路基、隧道的弃渣场挡护工程，施工完毕后刷坡、平整渣场顶部，做好排水系统，复垦或复耕、恢复原貌。对于监控中发现的问题要求施工单位及时整改。弃渣场整改情况对比见图片（略）。

（2）声环境监控

监控期间看到沿线部分村民仍然在距铁路较近的地方施工建房或拟建村舍，其结果将使铁路沿线增加新的噪声敏感点，影响居民的生活质量，同时对铁路行车存在安全隐患（图片略）。

施工期沿线噪声敏感点与环评阶段有一些变动，如线路拨移新增的噪声敏感点、环评阶段对保护目标所采取的降噪措施存在的问题等，将上述存在的问题及时反馈后，根据现场实际情况，在 X 镇、XL 门、WF 小学、T 特大桥、L 大桥、Y 沟和 CS$^{\#}$ 特大桥共增设 9 处声屏障。声屏障设置总长度达 9 328.3 m，其中，路基声屏障长度为 1 568.39 m，较原设计增加 220.28 m；桥梁声屏障长度为 7 759.91 m，较原设计增加了 2 633.52 m。

点评：

按照环评报告书批复意见，本案例施工期实施了环境监理，环境监理中对现场施工单位的环保人员进行了岗前培训，编制了环保工程实施细则，对环保措施落实情况进行了监督，以保证"三同时"制度中"同时施工"的落实，对施工期环境影响回顾调查工作有较好的帮助。

---

5. 环境保护措施落实情况调查

××铁路已建成的环保设施及生态防护措施调查结果见表6-11（摘）。

表6-11　主要环境保护措施（摘）

环境要素	环保措施		
	环评提出的措施	设计提出的措施	现场调查落实情况
生态环境	1. 取弃土场 　　取土场地应选择植被稀疏的丘陵、山包等荒地；取土完毕后，及时平整场地，做好排水设施，种草、植树恢复植被或为复耕创造条件或考虑其他综合利用途径。 　　弃渣施工必须先挡后弃，在弃渣基本结束后，及时进行渣场排水、平整场地工作，并进行绿化。 　　达成铁路弃渣具有风化成土快、弃土肥力较高的特点，绿化方式应将撒播草籽与种植灌木、乔木相结合，形成灌木、乔木混交林	1. 取弃土场 　　取弃土场防止水土流失措施同环评	1. 取弃土场 　　施工初期部分标段执行"先挡后弃"较差，经检查整改后，取弃土场按设计全部实施完毕。见图片（略）及附件（略）。 　　落实了环评及批复意见的要求
	2. 大临工程 　　施工便道设计和施工，应力求做到少占农田，绕避不良地质地段，防止诱发滑坡和大面积的边坡坍塌，尽量考虑与地方道路或乡村的机耕道相结合，做好土石方调配，对填挖不平衡地段产生的弃渣，应有必要的支挡防护措施。在施工期重视完善施工便道两侧、施工营地四周的挡护和排水系统，施工完毕及时进行还耕复田	2. 大临工程 　　同环评	2. 大临工程 　　全线的施工便道已采取了恢复措施，复耕或改造为乡村道路，见图片（略）。施工营地恢复原貌或移交地方另作他用，见图片（略）。 　　生态防护措施已按环评及批复意见全部落实
声环境	1. TX中学、TX镇：学校和集中居民区分布在线路左侧；分别在既有线和新线桥梁左侧各设置长声屏障，桥面做封闭处理	1.TX中学、TX镇：声屏障、桥面做封闭处理	1. TX中学、TX镇：降噪措施全部落实，见图片（略）
	2. B镇：修建声屏障	2. 修建声屏障	2. B镇：已全部落实，见图片（略）
	3. Q镇：修建声屏障	3. 修建声屏障	3. Q镇声屏障已建成，见图片（略）
	4. ××中学：安装隔声窗	4. 同环评	4. ××中学：已安装89.1 m² 隔声窗，见图片（略）

环境要素	环保措施		
	环评提出的措施	设计提出的措施	现场调查落实情况
声　环　境	5. ××小学：××双线大桥换用无缝长钢轨，桥面做封闭处理	5. 因小学距离铁路230 m，故设计未采纳环评建议	5. 验收范围外，见图片（略）
	6. XLX 居民区：对临铁路房间安装通风隔声窗 1 800 m²	6. 同环评	6. ××居民楼已安装 1 900 m²隔声窗，见图片（略）
	7. WF 小学（新增）环评报告中未列	7. 新增噪声敏感点，增加声屏障	7. 已落实设计措施，见图片（略）
	8 ××居民区：修建声屏障	8. 修建声屏障	8. 已落实设计措施，见图片（略）
	9. ××大桥居民区：修建声屏障	9. 在环评提出声屏障措施基础上，桥梁上增加声屏障长度	9. 声屏障已建成，见图片（略）
	10. L 沟大桥（新增）环评报告书中未列	10. 设计增加声屏障	10. 声屏障已建成，见图片（略）
	11. Y 家沟特大桥居民区：修建声屏障	11. 在环评提出措施基础上，在桥梁上增加声屏障	11. 声屏障已建成，见图片（略）
水　环　境	1. 新 TX 站（新建）：车站排放生活污水，采用沼气净化池处理，处理后的污水入受纳水体×河	1. 环评时不设新 TX 站，后异地新建 TX 溪车站，采用人工湿地生态处理系统	1. 新 TX 站已建成并投入使用，见图片（略）
	2. 新 G1 站（新建）：车站排放生活污水，污水排放量为 43 m³/d，采用沼气净化池处理，处理后的污水入受纳水体×江	2. 设计改为 SBR 处理工艺	2. 新 G1 站已建成并投入使用，见图片（略）
固体废物	主要为新××、××、××车站产生的生活垃圾，采用集中存放，有偿交由地区环卫部门统一处置	同环评	产生生活垃圾的场所均设垃圾桶及垃圾收集池，由当地环卫部门统一收集、运送处置，见图片（略）
电磁环境	沿线两侧居民住宅采用天线收看电视的用户，应采用指向性强的天线，尽可能使天线架设高度大于列车高度，从而减轻或消除列车通过时电磁辐射的影响；已有闭路电视的小区居民尽量利用有线接收	同环评	沿线调查，当地居民对电磁干扰无不良感受

点评：

　　本案例中，以表格形式将各环境要素环评提出的措施、设计措施以及实际落实情况进行了分析，比较直观、清楚；但还应增加行业部门审查、环保部批复意见内容，对未落实要求进行对比。

6. 环境影响调查

（1）生态环境影响

① 环境敏感区

a. G 市 NB 堰二级水源保护区

NB 堰为 G 市二级水源保护区，水源来自 J 江×镇，经××沱 NB 堰取水口，下至 NB 堰×阁，全长 19.5 km。根据××沱断面监测资料表明，水质基本上达到 GB 3838—88 Ⅲ类标准，纳入工业用水、饮用水、农业用水保护区。

为避免施工中对 NB 堰水质的污染，设计采用跨过 NB 堰、桥墩设在 NB 堰两岸河堤的方式。

跨 NB 堰特大桥桥面设有雨水收集系统，将桥面雨水接管从桥墩引入集水池排入市政下水道。跨越 NB 堰处距上游取水口约 14.6 km。

b. ××省级风景名胜区

××风景名胜区位于××市 H 县，风景区规划面积为 46 km^2。

××铁路以"隧道＋桥梁＋隧道"方式穿越××风景区。有 5.8 km 线路位于××风景区内，其中××大桥 0.4 km，××隧道和××隧道在风景区内共 5.4 km。风景区内出露地段仅 0.4 km，包括××大桥、××隧道进口和××隧道出口。

工程以隧道和桥梁方式通过风景区，因此，对景区交通、旅游设施和游览组织没有影响；同时工程对其主要景点也不构成影响。

c. ××风景区

××风景区为审核批准的××省风景名胜区，风景区距 F 市中心区 2 km，风景区总用地面积为 12.1 km^2。

由于××新校区二期工程的实际建设布局与规划不相符（铁路设计线路规划在先），××铁路线路中心线与××新校区二期工程在建的 8$^\#$、9$^\#$宿舍楼最近距离仅 28 m。经××省和原铁道部协商，铁路线在××新校区附近向南外移，距××新校区约 1 500 m，见图 6-6。因受站位和曲线半径等技术要求控制，线路出站后需要穿越××风景区。

工程以 1.06 km 隧道和 1.34 km 路基穿越风景区北部边缘，线路所经区域均为人工植被，生态环境通过绿化已基本得到恢复；工程路基出露段与最近景点距离大于 200 m，未对风景区景观造成太大影响。

原设计线路中心线　　　　　　　　　　变更后设计线路中心线

图 6-6　变更前后设计线路中心线对比

点评：

　　本案例中对水源保护区、风景名胜区生态环境影响部分的调查重点突出，工程对保护目标影响情况和效果的介绍基本清楚，调查结论明确。应补充铁路运输危险品经 NB 堰水源保护区时所采取的防范措施。

---

　　② 取弃土（渣）场

　　a. 取土场

　　环评报告书中全线设取土场 5 处；实际设置 18 处。主要占用旱地及荒地，环评报告书中取土场共计占用土地 9.6 hm²，实际占用土地 13.74 hm²；环评报告书中取土数量共计 79.1×10⁴ m³，实际取土数量为 69.78×10⁴ m³，较环评数量有所减少。取土场均采取了平整、复耕的恢复措施，效果良好，见图片（略）。

　　b. 弃渣场

　　环评报告书中共设置弃渣场 69 处，经现场调查，全线实际设置弃渣场 188 处，均为荒地、旱地、坡地。环评报告书中弃渣场占地 136.18 hm²，实际占地为 183.7 hm²，增加了 47.53 hm²。环评报告书中弃渣量为 1 615.15×10⁴ m³，实际弃渣量为 2 578.62×10⁴ m³，增加 963.47×10⁴ m³。弃渣场采取了"工程防护＋植物措施"方式进行恢复（照片略），恢复效果良好。

　　全线主要弃渣场恢复情况见表（略）。

　　③ 隧道工程

　　隧道开挖对地下水影响如下。

　　××隧道在开挖至 1.4 km 时出现涌水，给 HK 镇××、××和××等 3 个村村民生产生活带来不便。

　　××建指会同设计、监理、施工单位和 H 县铁建办等相关人员现场踏勘确认后，施工单位开始组织水车给隧道顶上村民定时定点供水，见图片（略）。

　　之后××建指会同设计院和××H 铁建办、水务局及施工等单位有关人员协商，对××隧道漏水补偿补助资金为 388 万元，不足部分由地方政府负责解决。

　　经调查，H 县铁建办按照与××建指签订的协议，共计打井 2 口，修建 3 座 160～300 m³ 村民饮水池及 13 座 170～4 000 m³ 农灌蓄水池，铺设管网 6.7 km，见图片（略）。解决了三个村村民生产生活用水问题。

> **点评：**
> 　　隧道漏失水是铁路项目隧道工程的重要环境影响，已引起相关部门的高度重视。本案例中对于隧道漏失水发生后，建设单位采取的补救措施进行了详细调查，配有图片佐证，比较翔实可信，对隧道漏失水调查有借鉴作用。

　　④ 大临工程

　　a. 制梁场、铺轨基地

　　××铁路东段制梁场占用站场用地，施工结束后修建站场；西段 6 个制梁场和 1 个铺轨基地已采取恢复措施或拟改变使用功能，正在国土局办理相关手续。制梁场、铺轨基地恢复措施见表 6-12。

表 6-12　××铁路制梁场、铺轨基地恢复情况

序号	名称	临时用地/hm²			恢复措施
		场地	施工便道	小计	
1	QI 梁场	2.99		2.99	现建纸板加工厂，见图片（略）
2	SH 梁场	4.8	1.13	5.93	已复耕见图片（略）
3	J 梁场	4.8	0.53	5.33	已复耕见图片（略）
4	CS 梁场	7.92	0.63	8.55	已复垦见图片（略）
5	G1 梁场	6.63	0.43	7.03	拟改变土地使用功能，正在国土部门办理手续
6	G 梁场	2.51	0.06	2.57	已复耕见图片（略）
7	××铺轨基地	4.21	0.13	4.34	拟改变土地使用功能，正在国土部门办理手续

　　b. 施工便道、搅拌站

　　××铁路建设使用的施工便道大多沿用（租用）既有乡村道路，施工完毕后恢复原貌或改造成为"村村通"道路；混凝土搅拌站工程结束后，平整占地并恢复原貌。

c. 施工营地和场地

除少数桥梁、隧道施工设置独立的施工营地外，大多施工单位租用村镇民房，堆料场、桥梁、隧道施工营地工程结束后恢复原貌并移交地方政府。

⑤工程对农业灌溉影响

全线新建倒虹吸管 34 座 667 m，渡槽 12 座 633 m。××至××滩段主要干渠有冯干渠及其分支渠。设计流量为 10 m^3/s。本工程修建 800 m 干渠与冯干渠连通，弥补由于铁路阻隔造成的农田排灌系统的缺陷。同时共设置泄洪、灌溉涵洞 1 086 座 22 298.67 横延米，可达到原有的灌溉能力，起到了贯通地表径流并减缓由于铁路阻隔影响农业灌溉的作用。

点评：

铁路建成后势必对两侧交通、农灌、行洪形成阻隔，本案例中，增加交通、泄洪、灌溉涵洞 69 座，增建跨越铁路人行天桥 17 座，部分弥补了铁路阻隔造成的影响。调查单位应补充环评报告书中跨越铁路、人行天桥的数量，对比增减数量，对工程阻隔作用进行分析。

（2）声环境、环境振动影响调查

① 声环境影响调查

a. 环评报告书及批复意见措施落实情况调查

××铁路环评报告书所列噪声敏感点（表 6-7）。据调查，噪声敏感点××村、××乡、××附小、××大桥小学，由于线路绕避、既有线电化改造等原因已不受铁路噪声影响。

环评报告书、原国家环保总局批复意见及设计文件中提出的降噪措施已全部落实，见表 6-13。

表 6-13　噪声治理措施落实情况（摘）

序号	敏感点	里程	与铁路最近距离及高差/m		声源	环评/设计措施	实际落实情况
			距离	高差			
1	TX 镇 TX 中学	DK11＋110～ DK11＋460	右 30	11.0	铁路、公路	设置声屏障/声屏障	实施声屏障
2	B 镇	K31＋660～ K31＋916	右 30	3.0	铁路	设置声屏障/声屏障	实施声屏障
3	Q 镇	DK45＋120～ DK45＋455	左 30	3.0	铁路	设置声屏障/声屏障	实施声屏障

序号	敏感点	里程	与铁路最近距离及高差/m 距离	与铁路最近距离及高差/m 高差	声源	环评/设计措施	实际落实情况
4	F1 中学	DK50+220	左 165	—	铁路	隔声窗/隔声窗	安装隔声窗
5	××地小学	DK87+300	左 230，验收范围外		铁路	更换长钢轨、封闭桥面系/无	不受噪声影响
6	XLX 居民区	DK115+416～DK115+579	右 80	1.0	铁路	隔声窗	新增敏感点，安装隔声窗
7	WF 小学	DK115+770～DK115+840	左 55	−1.5	铁路	声屏障	新增敏感点，实施声屏障
8	×小区、××中心	DK120+714～DK121+310	左 25	6.0	铁路、公路	安装通风隔声窗/声屏障、隔声窗	实施声屏障、隔声窗
9	L 沟	DK213+909～DK214+105	右 80	19	铁路	无/声屏障	新增敏感点，实施声屏障
10	Y 沟	DK220+209～DK220+930	右 30	18	铁路	无/声屏障	新增敏感点，实施声屏障
11	CA 特大桥居民区	DK236+400～DK236+650	右 20	20	铁路	设置声屏障/声屏障	实施声屏障

全线降噪措施增建情况见表 6-14（摘）。

表 6-14　环评阶段与实际降噪措施比较（摘）

辖区	敏感点	环评阶段里程	环评阶段长度/m	实际安装里程	实际安装数量/m	增减量
D市	TX 中学 TX 镇	DK10+950～DK11+300	306	DK11+088～+112.60　左侧	24.6	增加路基声屏障 86 m，桥梁声屏障为 201.6 m，共计 287.6 m
				DK11+112.60～+418.60　左侧	306	
				DK11+418.60～+480　左侧	61.4	
				DK11+225.00～+426.60　右侧	201.6	
	B 镇	K31+652.80～+916.80 既有线左侧	264	K31+670.80～+916.80 既有线左侧	246	减少 18 m 路基声屏障
		DK31+652.80～+916.80 新建线右侧	264	DK31+660.80～+916.80 新建线右侧	256	减少 8 m 路基声屏障

辖区	敏感点	环评阶段里程	环评阶段长度/m	实际安装里程	实际安装数量/m	增减量
F市	Q镇	K45＋100.50～＋481.50 既有线右侧	381	K45＋097.70～＋478.70 既有线右侧	381	增加100 m路基声屏障
				DK45＋240～＋340 新建线左侧	100	
	F1中学	YCK50＋160～＋240	250 m²	DK45＋240～＋340 新建线左侧	89.1 m²	—
	××居民区	CK111＋700	1 800 m²	DK111＋700　右侧	1 900 m²（隔声窗）	增加100 m²（隔声窗）
	××小区、××星园	DIIK120＋000～DIIK120＋250.11 右侧	250.11	DK120＋130.5～＋250.11　右侧	119.61	减少130.5 m路基声屏障
		DIIK120＋250.11～DIIK120＋426.70 右侧	176.59	DK120＋250.11～＋426.70　右侧	176.59	
	××小区和××中心	DIIK120＋595.5～＋714 左侧	118.5	DK120＋595.50～＋714　左侧	118.5	—
		DIIK120＋714～DIIK121＋158.72 左侧	444.72	DK120＋714～DIIK121＋158.72 左侧	444.72	—
		DIIK121＋158.72～DIIK121＋229.22 左侧	70.5	DK121＋158.72～＋310　左侧	151.28	增加80.78 m路基声屏障
				DK121＋200　左侧	1 093.9 m²	增加1 093.9 m²（隔声窗）
	XL乡	新增		DK115＋016.45～＋579.89　右侧	563.44	增加563.44 m桥梁声屏障
	WF小学	新增		K115＋750～＋860 左侧	110	增加110 m路基声屏障
G市	××大桥居民区	DIK180＋768.49～DIK181＋226.57 左侧	458.08	DK180＋765.17～DIK181＋289.33 左侧	524.16	增加66.08 m桥梁声屏障
				DK180＋830.69～DIK181＋60.01　右侧	229.32	增加229.32 m桥梁声屏障
		DIK181＋292.01～DIK182＋110.01 右侧	818	DK181＋354.85～DIK182＋108.33 右侧	753.48	减少64.52 m桥梁声屏障
				DK181＋420.37～DIK181＋551.41 左侧	131.04	增加131.04 m桥梁声屏障

辖区	敏感点	环评阶段里程	环评阶段长度/m	实际安装里程	实际安装数量/m	增减量
G市	××大桥居民区	DIK182+273.61～+469.93 右侧	196.32	DK182+272.13～+468.69 左侧	196.56	
		DIK182+273.61～+469.93 左侧	196.32	DK182+272.13～+468.69 右侧	196.56	
		DIK182+666.25～DIK183+189.77 左侧	523.52	DK182+632.49～DIK183+189.41 左侧	556.92	增加 33.4 m 桥梁声屏障
		DIK182+666.25～DIK182+797.13 右侧	130.88	DK182+632.49～DIK182+796.29 右侧	163.8	增加 32.92 m 桥梁声屏障
		DIK184+836.08～DIK185+646.08 左侧	810	DK184+837.24～DIK185+647.13 左侧	809.89	
		DIK185+065.12～+646.08 右侧	613.68	DK184+837.24～DIK185+647.13 左侧	809.89	增加 196.21 m 桥梁声屏障
	L沟	新增		DK213+909.55～DK214+105.75 左侧	196.2	增加196.2 m 桥梁声屏障
	Y沟	新增		DK220+209.910～+930.365 左侧	720.455	增加 720.455 m 桥梁声屏障

b. 噪声、振动监测

➢ 测点布置：噪声、振动监测点布置见表6-15。

➢ 监测单位：F市环境监测中心站。

➢ 监测方法（略）。

➢ 计算公式（略）。

调查噪声监测点噪声现状监测结果见表6-16，其他敏感点现状类比监测结果见表6-17。

本工程现状车流量基本达到设计近期车流量，设计车速与实际运行速度相近。

表 6-15　噪声、振动监测点位（摘）

序号	敏感点		里程	距铁路外轨中心线距离/高差/（m/m）	监测点位置	备注
1	TX 镇 TX 中学		DK11＋110～ DK11＋460	30/11.0	TX 镇： 30 m 处住宅楼 4 层、6 层窗外 1 m； 60 m 处住宅楼 4 层、6 层窗外 1 m； TX 中学： 40 m 处学生宿舍楼 3 层、5 层窗外 1 m； 80 m 处教师住宅楼 3 层、5 层窗外 1 m； 120 m 处教学楼 2 层、4 层窗外 1 m	TX 镇 30 m 处住宅楼前 0.5 m 处同步进行振动监测
2	Q 镇		DK45＋120～ DK45＋455	30/3.0	30 m 处住宅楼 2 层窗外 1 m； 60 m 处住宅楼 2 层窗外 1 m； 30 m 处对照断面； 60 m 处对照断面	30 m 处住宅楼前 0.5 m 处同步进行振动监测
3	WF 小学		DK115＋770～ DK115＋840	55/−1.5　左侧	55 m 处 2 层、4 层教学楼窗外 1 m	夜间不监测
4		×× 小区	DK121＋180～ DK121＋290	45/1.5　左侧	45 m 处住宅楼 3 层、5 层窗外 1 m； 45 m 处住宅楼 3 层、5 层窗内 1 m； 60 m 处住宅楼 3 层、5 层窗外 1 m； 60 m 处住宅楼 3 层、5 层窗内 1 m	测试隔声窗效果时，在窗户关闭状态下测量室内噪声
		×× 中心	DK121＋158～ DK121＋310	25/6　左侧	—	25 m、30 m 处楼前 0.5 m 处同步进行振动监测
5	×× 大桥	G 实验中学	DK184＋860～ DK185＋620	60/28　左侧	60 m 处学术报告厅 2 层窗外 1 m； 90 m 处教学楼 3 层、5 层窗外 1 m； 180 m 处宿舍楼 4 层、6 层窗外 1 m	
6	区间衰减断面噪声			典型路基桥梁	监测布点在 30 m、60 m、120 m 处	

表 6-16 噪声现状监测点监测结果（摘）

序号	敏感点	与铁路外轨中心线距离/m	高差/m	监测点位置	时段	现状监测值/dB（A）	标准值/dB（A）	达标情况	30 m 及30 m 内参考 4 类区标准/dB（A）	达标情况
1	TX 镇	30	11.0	4 层住宅楼窗外1 m	昼间	56.1	70	达标	70	达标
					夜间	54.5	70	达标	55	达标
				6 层住宅楼窗外1 m	昼间	57.9	70	达标	70	达标
					夜间	55.2	70	达标	55	+0.2
		60		4 层住宅楼窗外1 m	昼间	51.1	60	达标		
					夜间	49.3	50	达标		
				6 层住宅楼窗外1 m	昼间	51.8	60	达标		
					夜间	49.8	50	达标		
2	TX 中学	40	11.0	学生宿舍楼 3 层窗外1 m	昼间	54.0	60	达标		
					夜间	52.7	50	+2.7		
				学生宿舍楼 5 层窗外1 m	昼间	54.8	60	达标		
					夜间	52.9	50	+2.9		
		80		教师住宅楼 3 层窗外1 m	昼间	52.1	60	达标		
					夜间	49.6	50	达标		
				教师住宅楼 5 层窗外1 m	昼间	52.2	60	达标		
					夜间	49.8	50	达标		
		120		教学楼 2 层窗外1 m	昼间	51.3	60	达标		
					夜间	49.2	50	达标		
				教学楼 4 层窗外1 m	昼间	51.2	60	达标		
					夜间	49.4	50	达标		
3	Q 镇	30	3.0	住宅楼 2 层窗外1 m	昼间	58.2	70	达标	70	达标
					夜间	52.6	70	达标	55	达标
				对照断面	昼间	62.1	—	—		
					夜间	56.2	—	—		
		60		住宅楼 2 层窗外1 m	昼间	53.7	60	达标		
					夜间	49.6	50	达标		
				对照断面	昼间	57.8	—	—		
					夜间	54.5	—	—		
4	WF 小学	55	−1.5	教学楼 2 层窗外1 m	昼间	58.4	60	达标		
					夜间	—	—	—		
				教学楼 4 层窗外1 m	昼间	58.9	60	达标		
					夜间	—	—	—		

序号	敏感点	与铁路外轨中心线距离/m	高差/m	监测点位置	时段	现状监测值/dB（A）	标准值/dB（A）	达标情况	30 m及30 m内参考4类区标准/dB（A）	达标情况
5	F站××小区	45	1.5	住宅楼3层窗外1m	昼间	61.8	70	达标		
					夜间	58.7	55	+3.7		
				住宅楼3层窗内1m	昼间	56.5	70/60	达标/达标	室外功能区标准/按照隔声窗室内监测评价标准比室外严格10 dB（A）	
					夜间	51.8	55/45	达标/+6.8		
				住宅楼5层窗外1m	昼间	62.1	70	达标		
					夜间	59.3	55	+4.3		
				住宅楼5层窗内1m	昼间	55.0	70/60	达标/达标	室外功能区标准/按照隔声窗室内监测评价标准比室外严格10 dB（A）	
					夜间	45.9	55/45	达标/+0.9		
		60		住宅楼3层窗外1m	昼间	57.8	60	达标		
					夜间	53.1	50	+3.1		
				住宅楼3层窗内1m	昼间	55.1	60/50	达标/+5.1	室外功能区标准/按照隔声窗室内监测评价标准比室外严格10 dB（A）	
					夜间	45.1	50/40	达标/+5.1		
				住宅楼5层窗外1m	昼间	57.9	60	达标		
					夜间	54.3	50	+4.3		
				住宅楼5层窗内1m	昼间	54.4	60/50	达标/+4.4	室外功能区标准/按照隔声窗室内监测评价标准比室外严格10 dB（A）	
					夜间	43.8	50/40	达标/+3.8		
6	G市中学	60	28	学术报告厅2层窗外1m	昼间	59.1	60	达标		
					夜间	—	—	—		
		90		教学楼3层窗外1m	昼间	57.3	60	达标		
					夜间	49.7	50	达标		
				教学楼5层窗外1m	昼间	56.3	60	达标		
					夜间	48.1	50	达标		
		180		宿舍楼4层窗外1m	昼间	53.7	60	达标		
					夜间	46.8	50	达标		
				宿舍楼6层窗外1m	昼间	53.6	60	达标		
					夜间	47.1	50	达标		

序号	敏感点	与铁路外轨中心线距离/m	高差/m	监测点位置	时段	现状监测值/dB（A）	标准值/dB（A）	达标情况	30 m及30 m内参考4类区标准/dB（A）	达标情况
7	CA特大桥	20	25	住宅楼窗外1 m	昼间	58.2	—	—		
					夜间	56.3	—	—		
		30			昼间	56.3	70	达标		
					夜间	54.5	70	达标		
		60			昼间	53.1	60	达标		
					夜间	48.6	50	达标		
8	典型路基衰减断面	30	3.0	30 m处	昼间	65.0	—	—		
					夜间	61.4	—	—		
		60		60 m处	昼间	63.4	—	—		
					夜间	58.1	—	—		
		120		120 m处	昼间	60.1	—	—		
					夜间	54.6	—	—		
9	典型桥梁衰减断面	30	15.0	30 m处	昼间	65.8	—	—		
					夜间	61.7	—	—		
		60		60 m处	昼间	64.3	—	—		
					夜间	58.8	—	—		
		120		120 m处	昼间	60.5	—	—		
					夜间	56.3	—	—		

表 6-17　噪声现状类比监测结果分析（摘）

序号	敏感点	与铁路外轨中心线距离/m	高差/m	类比监测点位置	时段	现状类比监测值/dB（A）	标准值/dB（A）	达标情况	30 m及30 m内参考4类区标准/dB（A）	达标情况
1	TX镇	30	3.0	住宅楼2层窗外1 m	昼间	58.3	70	达标	70	达标
					夜间	52.4	70	达标	55	达标
		60			昼间	53.6	60	达标		
					夜间	49.7	50	达标		
2	F1中学	165	1.0	教室1层窗外1 m	昼间	57.5	60	达标	室外功能区标准/按照隔声窗室内监测评价标准比室外严格10 dB（A）	
					夜间	54.6	50	+4.6		
				教室1层窗内1 m	昼间	51.5	60/50	达标/+1.5		
					夜间	48.2	50/40	达标/+8.2		

序号	敏感点	与铁路外轨中心线距离/m	高差/m	类比监测点位置	时段	现状类比监测值/dB（A）	标准值/dB（A）	达标情况	30 m 及 30 m 内参考4类区标准/dB（A）	达标情况
3	XLX 乡居民区	80	1.0	住宅楼3层窗外1 m	昼间	61.8	60	+1.8		
					夜间	56.1	50	+6.1		
				住宅楼3层窗内1 m	昼间	53.2	60/50	达标/+3.2	室外功能区标准/按照隔声窗室内监测评价标准比室外严格10 dB（A）	
					夜间	47.4	50/40	达标/+7.4		
				住宅楼5层窗外1 m	昼间	62.3	60	+2.3		
					夜间	56.4	50	+6.4		
				住宅楼5层窗内1 m	昼间	53.1	60/50	达/+3.1	室外功能区标准/按照隔声窗室内监测评价标准比室外严格10 dB（A）	
					夜间	47.2	50/40	达/+7.2		
4	×× 中心	25	6.0	3层楼窗外1 m	昼间	61.4	60	+1.4		
					夜间	59.3	50	+9.3		
				3层楼窗内1 m	昼间	54.3	60/50	达标/+4.3	室外功能区标准/按照隔声窗室内监测评价标准比室外严格10 dB（A）	
					夜间	47.5	50/40	达标/+7.5		
				5层楼窗外1 m	昼间	65.8	60	+5.8		
					夜间	62.6	50	+12.6		
				5层楼窗内1 m	昼间	54.7	60/50	达标/+4.7	室外功能区标准/按照隔声窗室内监测评价标准比室外严格10 dB（A）	
					夜间	47.6	50/40	达标/+7.6		
5	CA 大桥居民区	30	16	住宅窗外1 m	昼间	57.2	70	达标	70	达标
					夜间	55.7	70	达标	55	+0.7
		60			昼间	53.4	60	达标		
					夜间	49.6	50	达标		
6	L 沟	80	19	住宅窗外1 m	昼间	53.2	60	达标		
					夜间	49.3	50	达标		

c. 监测结果分析

➤ 距铁路外轨中心线30 m处各噪声敏感点均满足声排放标准《铁路边界噪声限值及其测量方法》（GB 12525—90）30 m 处昼间70 dB（A）、夜间70 dB（A）标准要求。

➤ TX 镇、Q 镇、F 站居民区、G 市中学、CA 大桥居民区在采取声屏障措施后，距铁路外轨中心线 30～60 m 区域的临铁路第一排建筑物等效 A 声级昼间、夜间均满足声环境质量标准《城市区域环境噪声标准》（GB 3096—93）4 类区标准要求；距铁路外轨中心线 60 m 以外各噪声敏感点的后排建筑等效 A 声级均满足声环境质量标准《城市区域环境噪声标准》（GB 3096—93）2 类区标准要求。

➤ WF 小学采取声屏障措施后，昼间满足声环境质量标准《城市区域环境噪声标准》（GB 3096—93）2 类区昼间 60 dB（A）标准要求（夜间无学生）。

以上各敏感点监测值用《声环境质量标准》（GB 3096—2008）进行校核满足标准要求。

➤ F1 中学在采取隔声窗措施后，可有效减轻对室内声环境的影响。

➤ XL 乡居民区在采取隔声窗措施后，可有效减轻对室内声环境的影响。

➤ F 站居民区（××小区、××中心）在采取"声屏障＋隔声窗"措施后，可有效减轻对距铁路外轨中心线 30～60 m 区域的临铁路第一排建筑物室内声环境的影响；可有效减轻对距铁路外轨中心线 60 m 以外的后排建筑室内声环境的影响。

➤ TX 中学在采取声屏障措施后，因 40 m 处学生宿舍楼 4 层、5 层高出声屏障，昼间等效 A 声级满足声环境质量标准《城市区域环境噪声标准》（GB 3096—93）2 类区昼间 60 dB（A）标准要求，夜间等效 A 声级超过《城市区域环境噪声标准》（GB 3096—93）2 类区夜间 50 dB（A）标准要求，最大超标 2.9 dB（A）。

环评阶段，TX 中学的昼间满足 2 类标准 60 dB（A）要求，夜间现状值 55.8 dB（A），超标 5.8 dB（A）。本项工程在通过 TX 中学的××四线大桥左侧、右侧设置声屏障后，TX 中学夜间噪声监测值为 52.9 dB（A），较环评阶段降低 2.9 dB（A），声环境影响有所改善，同时本次现场监测，夜间本底噪声达 52.1 dB（A），表明横穿 TX 镇的公路车量对噪声也有明显贡献。

➤ 隔声窗室内监测评价标准比室外严格 10 dB（A）分析。

按照专家对调查报告的审查意见，要求安装隔声窗室内监测评价标准比室外环境标准严格 10 dB（A），分析如下：

F 站居民区××小区在采取了"声屏障＋隔声窗"措施后，45 m 处室内夜间超过 45 dB（A）标准 0.9～6.8 dB（A），60 m 处室内昼间超过 50 dB（A）标准 4.4～5.1 dB（A），夜间超过 40 dB（A）标准 3.8～5.1 dB（A）；F1 中学在采取了隔声窗措施后，165 m 处室内昼间超过 50 dB（A）标准 1.5 dB（A），夜间超过 40 dB（A）标准 8.2 dB（A）；XL 乡居民区在采取了隔声窗措施后，80 m 处室内昼间超过 50 dB（A）标准 3.1～3.2 dB（A），夜间超过 40 dB（A）标准 7.2～7.4 dB（A）；××中心在采取了"声屏障＋隔声窗"措施后，25 m 处室内昼间超过 50 dB（A）标准 4.3～4.7 dB（A），夜间超过 40 dB（A）标准 7.5～7.6 dB（A）。

d. 小结

➤ 环评阶段共设置声屏障 18 处，总长度为 6 474.5 m。施工期间在 Q 镇、WF 小学、L 沟大桥、Y 沟特大桥等 9 处增设声屏障，使得声屏障设置总长度为 9 328.3 m，较环评阶段增加 2 853.8 m；

➢ 本工程距铁路外轨中心线 30 m 处各噪声敏感点等效 A 声级昼间、夜间均满足《铁路边界噪声限值及其测量方法》（GB 12525—90）标准要求；

➢ 全线采取声屏障和隔声窗的噪声敏感点大部分满足相应的噪声功能区标准要求，部分声环境敏感点（F 站××小区、F1 中学、XL 乡居民区、××中心）室内仍不能满足较室外声环境功能区严 10 dB（A）的要求（均已设置隔声窗）；

➢ 由于全线采用了铺设长钢轨、设置隔离网及封闭桥面系等措施，使火车运行噪声源强降低，并大大减少了列车鸣笛次数，声环境得到一定改善。

点评：

    声环境影响是铁路项目运营期的主要环境影响。本案例中调查单位对工程全线声环境敏感点的调查翔实，建议采取的降噪措施可行。还应补充降噪措施增减的原因，类比点应注明与之类比点位及相关参数。

---

② 环境振动影响调查

环境振动调查重点为环评报告书中所列的敏感点，监测点位见表 6-7，监测结果见表（略）。

根据监测结果，本线振动水平低于 GB 10070—88 中昼间 80 dB、夜间 80 dB 标准限值要求，表明本线现状振动水平达标。通过比较发现，本次现状监测值普遍比环评报告预测值低，经分析认为，环评预测采用的预测参数可能与实际情况有偏差，导致预测结果偏大。

（3）水环境影响调查

① 水污染源调查

沿线机务、车辆设备在成都，故无生产污水排放。沿线车站排放生活污水，F 站、G 车站为既有车站，生活污水经化粪池处理后排入市政下水道有偿交由地方统一处理，除新建 TX 站、G1 站、G3 站外，其他车站污水排入既有污水处理系统。

TX 站生活污水，采用人工湿地生态处理工艺；G1 与 G3 站都采用 SBR 工艺处理生活污水。

② 现状监测

a.监测布点

选择 TX、G1 站污水处理站进水口、出水口进行监测。

b. 监测指标

pH、SS、COD_{Cr}、BOD_5、$NH_3\text{-}N$。

c. 采样时间与频次

污水处理站污水进口、出口连续采样 3 天，每天上午、下午各一次。

d. 监测分析方法

按《污水综合排放标准》（GB 8978—1996）中监测分析方法执行。

③ 监测结果与分析

污水水质监测表（略）。

从监测结果可知，新 TX 站生活污水采用人工湿地生态处理系统处理后的水质可以达到 GB 8978—1996 一级排放标准。

G1 站生活污水采用 SBR 工艺处理后的水质可以达到 GB 8978—1996 一级排放标准。

（4）电磁环境影响调查

××铁路沿线共设 B1、F2、F3、F、G1、JI 六座牵引变电站，据现场调查，新建或沿用既有的牵引变电站距离周围居民住宅＞50 m。由于铁路沿线两侧零散居民住宅大多分布在距线路 50 m 以外，50 m 以内村舍多采用闭路或无线电视接收，调查单位认为电气化铁路运行造成的电磁对电视接收影响很小。

7. 公众意见调查

（1）征地拆迁安置情况调查

根据原铁道部、××省人民政府的会议纪要，××铁路建设项目征地拆迁安置工作由××省人民政府依据《土地管理法》组织统征统迁。

据现场调查，对拆迁比较集中的拆迁户主要采取集中安置，饮用水接自来水，安置区设生活垃圾箱，生活垃圾集中清运至垃圾处理场，生活污水经化粪池处置后排入污水管网。

（2）公众意见调查

调查单位采用问卷形式对××铁路沿线居民、村民开展了公众意见的调查，同时向 F 市、G 市、成都市环境保护行政主管部门、风景名胜区管理部门了解公众投诉、信访情况。

此次调查中，共发放问卷 170 份，收回 160 份，其中有效问卷 157 份，回收率 94.1%。公众意见调查表（略）。

调查结果如下：

① 75.2%的被调查者认为新建铁路有利于本地区经济发展；

② 35%的被调查者认为在施工期噪声对他们无影响，22.3%认为有影响，35.0%认为灰尘有影响；

③ 97.5%的被调查者认为在施工期工程临时性占地已采取复耕、恢复等措施；98%认为取弃土场已采取综合利用、恢复措施；

④ 夜间22:00至早晨6:00时段内机械施工方面，22.9%的被调查者认为没有扰民，12.1%认为常有，65.0%认为偶尔有。因××发生大地震，铁路因施工抢险偶尔在夜间22:00至早晨6:00时段内施工，经当地政府解释后，得到公众的谅解；

⑤ 认为运营期噪声影响较重、一般、轻微的分别占0、52.9%、47.1%；振动较重、一般、轻微的分别占0、32.5%、67.5%；影响通行较重、一般、轻微的分别占5.1%、57.6%、37.6%；

⑥ 75.2%的被调查者认为运营期对收看电视无影响，24.8%认为稍有影响；

⑦ 对工程建成后采取的环保措施，74.5%的被调查者表示满意，25.5%表示基本满意。

（2）相关单位

通过对线路经过的G市×××二级水源保护区、××××省级风景名胜区、××风景区管理部门调查了解到，施工期和试运营阶段尚未发现对NB堰河水污染，对××省级风景名胜区、××风景区的生态和景观影响不大。

（3）信访及投诉情况调查

F市环保局反映在铁路试运营期间多次接到F城区居民投诉，主要意见为：城区铁路沿线防噪措施未能全部落实到位，对沿途居民生活影响明显，火车在城区内鸣笛影响更大。

××铁路局对照批复意见要求，在F市噪声敏感点设置声屏障，总长度1 641.2 m，较环评报告书增加941.2 m。并在××小区增设了总面积为1 900 m^{2}的隔声窗。

为降低机车鸣笛对××城区的影响，机务段组织机车乘务员学习××铁路局《城区限制铁路机车（轨道车）鸣笛办法（试行）》。要求机车乘务人员除出现危及人身、行车安全情况外，在F城区实行限制鸣笛。

竣工环保验收时，在环保投诉地区设点进行噪声监测，F站居民区采取声屏障措施后，距铁路外轨中心线30～60 m区域的临铁路第一排建筑物等效A声级满足《城市区域环境噪声标准》（GB 3096—93）4类区昼间70 dB（A）、夜间55 dB（A）标准要求；距铁路外轨中心线60 m以外各噪声敏感点的后排建筑均满足《城市区域环境噪声标准》（GB 3096—93）2类区昼间60 dB（A）、夜间50 dB（A）标准要求。

点评：

本案例中调查单位对于公众的环境投诉问题十分重视，对于公众调查中发现的问题，采取了进一步的降噪措施。但公众意见调查问卷的数量偏少，缺少对村委会、街道办等基层单位的调查，且未将环保投诉地区的回访意见纳入调查报告中。

8. 环境保护补救措施

（1）生态环境

全线试运营后，在现场检查时发现，个别弃渣场的恢复工程不到位，经现场提出整改措施，进行绿化或复垦后移交地方政府，见图片（略）。

（2）声环境

××铁路在施工期已出现在铁路两侧新建村舍、商品楼的情况，为此，在 2009年 7 月 21 日××建指以××指安质函[2009]70 号文《关于请求协调停建××铁路沿线两侧噪声敏感建筑物的函》，见附件（略），同年 9 月×日××建指再次以××指安质函[2009]94 号文《关于再次请求协调停建××铁路沿线两侧噪声敏感建筑物的函》，见附件（略）。环保验收期间，施工期××铁路沿线两侧在建建筑物已建成，将会成为新的噪声敏感点，不可避免地会带来行车安全及噪声扰民的问题。建议当地政府有关部门加强规划管理，以避免形成新的噪声敏感点。

点评：

　　通过竣工环保验收调查提出工程补救措施及建议十分必要，本案例的补救措施建议恰当，为竣工环保验收打下了良好的基础。

---

9. 调查结论与建议

根据调查结果，××铁路在环评、设计、施工和试运营期采取了行之有效的污染治理和生态防护措施，本建设项目编制的环境影响报告书和各级环境保护主管部门的批复中要求的生态保护和污染治理措施已得到落实。达到了环评及设计要求，调查单位认为改建铁路××至××线扩能改造工程建设项目已符合工程竣工环境保护验收条件，建议通过对改建铁路××至××线扩能改造工程建设项目的环保验收。

（三）轨道交通案例

××市轨道交通××号线工程竣工环境保护验收调查报告

根据工程的主要环境影响，选择重点调查内容摘录。

1. 工程概况

（1）主要工程内容

××市轨道交通××号线线路呈东西走向，横贯××市城市中心区域，途经××、

××及××区。线路西起××区××大道西之南侧，东至××区的××村。右线设计起点里程为 YDK0＋179.000，设计终点里程为 YDK32＋192.405，右线长度为 32.019 km；左线设计起点里程同右线，设计终点里程为 ZDK32＋194.000，左线长度为 32.076 km。本工程的项目组成如下：

① 工程由轨道工程、场站工程、供配电系统、控制中心等组成。

② 轨道线路全长 32.019 km，其中地下线长 29.836 km，高架线长 2.027 km，高架至地下过渡段长 0.156 km。线路整体分为 23 个区间、2 条出入线（A 车辆段处）、2 条联络线（在 H 站、I 南站分别与四号线、六号线联络）及 2 条折返线（J 站、K 站各一条），根据各区间、出入线、折返线所处的地理位置、环境条件、地质条件及区间断面形态，地下线路分别采用盾构法、矿山法、明挖法施工。

③ 工程沿线设 24 座车站，其中高架车站 2 座，地下车站 22 座。平均站间距为 1 367.135 m，最大站间距为 2 207.23 m，最小站间距为 714.414 m。与环评阶段相比，部分车站的名称有所改变。车站实际建设内容与环评对比见表（略）。

④ A 车辆段与综合基地选址在××区××街，位于线路 B 站和 C 站之间，控制中心设在 A 车辆段内；在车辆段新建一座 E 主变电站，并扩建二号线 F 主变电站。

车辆段功能定位为本工程车辆的临修基地以及四号线、五号线、六号线的车辆大架修基地，并作为本工程各系统的运用、检修和材料基地。车辆段与综合基地内共计建设房屋 17 座，总建筑面积为 106 366.59 m²。

工程的主要建设内容见表 6-18，主要经济技术指标见表 6-19。

表 6-18　项目主辅工程建设情况汇总

	名称	环评建设内容		实际建设内容		备注
主体工程	线路	31.9 km	高架段 2 km	32.019 km	高架段 2.027 km	线路总长度增加了 0.119 km
			地下线 29.9 km		地下线 29.836 km	
			—		过渡段 0.156 km	
	车站	24 座	高架 2 座	24 座	高架 2 座	—
			地下站 22 座		地下站 22 座	
	车辆段	1 座，占地 25 hm²		1 座，占地 25.68 hm²		占地面积增加了 0.68 hm²
辅助工程	主变电站	新建 D 处，1 座		未建设		未建设
		新建 E 处，1 座		新建 E 处，1 座		位于车辆段内
		扩建 F 处，1 座		扩建 F 处，1 座		—
	控制中心	新建 G 处，1 座		新建 A 车辆段内，1 座		与车辆段合建

表 6-19　工程主要经济技术指标

项目	单位	环评内容	实际内容
线路长度	km	31.9	32.019
车站数量	个	24	24
车辆段	座	1	1
轨距	mm	1 435	1 435
最高行车速度	km/h	80	90
正线运行速度	km/h	—	64
地下线轨面埋深	m	14～25	14～28
高架线净空高度	m	10～14	10～14
列车编组	辆	6	6
全天运营时间	h	18	18
永久征用土地	亩	412.8	650.646
临时租用土地	亩	497.184	632.712
环保投资占比		6.72%	11.9%

（2）工况负荷

环评阶段设计的××线工程运营计划与管理情况表（略）。

工程试运营期工作日单日开行列车为 508 列，载客能力达到 64.4 万人/d。试运营期工作日（周一到周五）的发车间隔及上线列车数量见表 6-20。

表 6-20　××工程工作日发车设置

常规峰期设置				
峰期	时间段	间隔	列数	周期
高	6:56—9:59，16:42—19:49	4 分 10 秒	27	112 分 30 秒
中	6:15—6:56，9:59—16:42，19:49—21:48	5 分 10 秒	22	113 分 40 秒
低	21:48—23:30	6 分 50 秒	17	116 分 10 秒
单向超高峰设置				
运行方向	时间段	间隔	列数	
终点→起点下行方向	7:28—8:18	3 分 35 秒	29	
起点→终点上行方向	17:32—18:22			

据此计算，目前工程的验收阶段工况负荷已达到设计初期、近期、远期设计值的 91.04%、73.20%、70.75%。

点评:

　　工况负荷是反映工程环境影响程度的重要指标,如果运营负荷低,环境影响则无法充分反映出来。根据《建设项目竣工环境保护验收技术规范—生态影响类》（HJ/T 394—2007）,验收调查应在主体工程运行稳定、环境保护设施运行正常的条件下进行,注明实际调查工况,并按环境影响评价文件近期的设计能力（或交通量）对主要环境要素进行影响分析。通过上述工程情况介绍与对比,说明本工程负荷已达到初期设计运量,环境影响分析时不用再按近期设计能力进行声环境影响等分析。

（3）工程变更

根据现场调查和查阅相关资料,工程的实际建设内容和规模与环评阶段相比绝大部分相同,变更之处如下:

① 由于在实际建设过程中遇到拆迁等难题,工程线路的敷设有两处存在较大摆动,起止里程分别为 YDK19＋440～YDK21＋200、YDK26＋900～YDK28＋600,摆动处约 120 m 和 80 m,导致周边的振动敏感点发生变化,线路摆动情况图（略）。

YDK19＋440～YDK21＋200 段,环评线路周边振动敏感点为 6 个,线路下穿部分敏感点;实际线路周边振动敏感点为 4 个,均不下穿敏感点。YDK26＋900～YDK28＋600 段线路摆动后,新增 1 处下穿敏感点。

② ZJ 主变电站未建。

点评:

　　工程变更极易导致环境影响程度、范围和环保措施的变化,因此,工程变更调查是验收调查的重要工作内容之一。需给出工程主要内容与环评阶段相比发生的变化情况,并分析原因及相应的环境影响变化情况。本案例中,进行了工程变更情况的调查,并同时对环境影响的变化情况进行了简单分析。

2. 施工期环境影响调查

根据环评批复要求,建设单位于 2006 年 5 月委托××环保有限公司承担工程的施工期环境监理工作。监理单位进驻施工现场后对已竣工的少量分项工程开展了回顾性调查,对正在建设的工程进行巡视或旁站监理。施工期环境监理的时间为 2006 年 6 月—2009 年 11 月,为期 43 个月。期间监理单位对进行土建施工的 40 个施工工点进行了 3 360 余人次的日常环境监理巡查工作,并编制了 42 期环境监理月报,4 份环境监理年报和环境保护执行报告。在此基础上,2009 年 12 月,环境监理单位编写完成了《××线工程施工期环境监理工作总结报告》。

同时，在监理期间，建设单位委托××环境科学研究所进行了施工期监测，对工程施工期产生的废水、扬尘、噪声、振动等环境因子均进行实地采样监测，并于2007年1月编制了《××工程施工期现场环境监测报告》。

此次竣工环保验收中的施工期环境影响调查，主要依据上述环境监理报告和施工期监测报告进行分析。

（1）噪声影响调查

施工噪声主要来自现场施工机械和运输车辆。施工过程中动用的挖掘机、空压机、钻孔机、打桩机、风镐、打夯机等施工机械，成为对邻近敏感点有较大影响的噪声源；此外，一些施工作业如搬卸、安装、拆除等也会产生噪声；在施工工期紧、有些工艺必须连续施工时，夜间的施工噪声扰民问题会比较突出。

由调查可知，为减轻施工噪声的影响，监理单位要求采取以下措施：尽量选用低噪声施工设备；地下段施工的临时工房设在靠近敏感点的一侧，同时在靠近敏感点的一侧修建吸隔声围挡；发电机、空压机等尽量布置在偏僻处，远离居民区，并定期保养，以减轻施工噪声的影响（图略）。

① 测点位

监测单位根据环评报告书及批复的要求，并考虑工程施工期噪声污染特点和施工期环境管理的需要，结合施工现场噪声敏感点的分布情况、施工现场规模等因素，在施工工点的周围及靠近环境敏感点处布设了声环境质量监测点16处，具体为××站、××站、××站、××站、××站、××站……

② 监测时间和频次

在现场施工阶段进行监测，每个监测点土建施工阶段监测2期，夏季和冬季各1期，设备安装阶段监测1期，共分5期进行监测，监测时间分别在2006年8月、11月和2007年2月、8月。每期监测2 d，每天昼、夜各监测1次。

③ 监测因子

等效声级 L_{Aeq}。

④ 评价标准

施工场地场界的噪声监测结果评价标准为《建筑施工场界噪声限值》（GB 12523—90），场地周边敏感点处的噪声监测结果评价标准为《城市区域环境噪声标准》（GB 3096—93），标准值详见表（略）。

⑤ 监测结果分析

监测结果详见监测单位出具的监测报告。由于报告中监测数据数量众多，此次调查报告中仅对监测结果进行分析。

从2006年度监测报告中的噪声监测结果分析可知，由于大部分施工工地采取了较好的施工噪声污染控制措施，周边监测点测得的噪声出现超标的情况较少，有少部分工地附近敏感点处的夜间噪声值略超《城市区域环境噪声标准》（GB 3096—93）中相应的标准值，大部分施工工地场界噪声基本上都能满足《建筑施工场界噪声限值》（GB 12523—90）中相应标准值（结构施工阶段昼间 70 dB、夜间 55 dB），个别站点场界由于受周边道路来往的交通车辆影响超过相应的标准值。

2007 年度施工工地噪声监测结果超标的情况相比 2006 年度较少，各监测点昼间、夜间噪声值基本能够满足相应的标准限值要求。主要是因为大部分的站点施工工地已基本完成打桩、土石方阶段，处于结构施工阶段和装修施工阶段，工作重点主要是铺建地面道路排水设施、场内装修等，使用的多为混凝土搅拌机、吊车等小型机械，其噪声源强较小，使用的机械也多为振捣机等，因此，监测的噪声值均不高。

综上所述，本工程施工期基本能够按照环评报告书及批复中对于施工噪声防治的要求，积极落实相应措施，使工程施工噪声对外环境的影响减到最小。

（2）振动影响调查

施工振动主要来自重型运输车辆行驶，打桩、锤击、夯实等施工作业和爆破作业。

为减缓施工振动的影响，监理单位要求施工单位采取如下措施：对固定振动源如料场等相对集中布置；施工运输车辆，特别是重型车辆在运行中尽量避开振动敏感区域；在保证施工进度的前提下，合理安排作业时间，使用振动型施工机械时，如钻桩机、钻孔机、搅拌机、推土机、挖掘机等，其作业时间限制在 7:00—12:00、14:00—22:00，在夜间不进行有强振动的施工作业；严格按照××市对于施工爆破作业的要求，只允许在规定时间段内进行爆破，且在爆破前做到提前告知周边的居民等。

① 监测点位

综合考虑各方面因素，测点设置为：××站（矿山法区间工点）、××站（明挖车站工点）、××站、××站（明暗结合工点）、××站—××站区间（盾构区间始发井工点）、××站（××区间工点）。

在敏感建筑物第一层户外 0.5 m 布设监测仪器，每个敏感建筑物处均设置 2 个振动监测点，共计 12 个监测点。

② 监测时间和频次

监测分三期进行，每个监测点土建施工阶段测 2 期，夏季和冬季各 1 期，设备安装阶段测 1 期。监测时间分别在 2006 年 8 月和 2007 年 5 月进行。每期监测 2 d，每天昼、夜各监测 1 次。

③ 监测因子

铅垂向 Z 振级 VL_{Z10}。

④ 评价标准

《城市区域环境振动标准》（GB 10070—88），具体标准值略。

⑤ 监测结果分析

从 2006 年度、2007 年度各施工场地振动监测结果分析可知，各监测点位均满足相应的标准限值要求。主要是因为施工过程中大部分产生振动的作业在 2006 年上半年已基本完成，如打桩、锤击、夯实、爆破等，而结构施工阶段和装修施工阶段所使用的机械引起的振动都较小。

（3）水环境影响调查

施工期产生的废水主要来自：施工作业开挖、钻孔、连续墙围护结构和盾构施工产生的泥浆水，施工机械及运输车辆的冲洗水，施工人员产生的生活污水，下雨时冲刷浮土、建筑泥沙等产生的地表径流污水等。

由调查发现，工程线路经过的 ZJ 河段为《××市水环境功能区区划》中划定的"××水厂饮用水水源二级保护区"，工程以高架和隧道形式两次经过此河段。在此处施工时，采取了以下措施：高架桩基础施工时使用钢板围堰，使用驳船对作业过程产生的淤泥进行外运；在隧道穿越 ZJ 段采用泥水平衡式盾构法，尽量减少对河床底泥的扰动；施工废水经沉砂池沉淀处理后排入市政污水管网；加强施工场地中可能造成污染设施的维护和管理，油漆、油料、化学品等放置于专用的储藏库，并且库房的地面和墙面进行防渗处理；在盾构法施工区间设置施工废水沉淀池（图略），并由专人每天对沉淀池进行清理，施工废水达到相应标准后方可排放；土石方临时堆放场采取压实、覆盖等措施，并设置挡土墙、地表径流排水沟等，尽量避免雨天造成水土流失、泥沙堵塞市政管网等。施工人员产生的生活污水经化粪池处理后排入市政污水管网，临时食堂设置隔油沉渣池，餐饮污水入市政污水管网，食物残渣定期清理。

① ZJ 地表水监测

根据环评报告书及批复意见的要求，在工程高架桥跨越 ZJ 段水中桩基础施工和下穿 ZJ 段盾构法施工阶段，进行了 ZJ 断面水质监测。

a. 监测点位

ST 分叉处、ZJ 东桥本工程对应位置、ZJ 西桥本工程对应位置、DTW 合流处共 4 处。

b. 监测时间和频次

2006 年 8 月、9 月、10 月、11 月及 2007 年 9 月分五期进行监测。每期监测 2 d，每天每个断面监测两个时段（涨潮、退潮），每个时段按相应技术规范于断面处上、中、下、左、中、右 9 次取样后混合成 1 个水样。

c. 监测因子

pH、DO、COD、BOD_5、NH_3-N、LAS、石油类、Hg。

d. 评价标准

《地表水环境质量标准》（GB 3838—2002）中Ⅲ类和Ⅳ类标准，标准值略。

从 2006 年度监测报告的监测结果分析可知，除 pH、Hg、部分 LAS、部分 COD、部分 BOD_5 能够满足《地表水环境质量标准》（GB 3838—2002）Ⅲ类标准的要求外，其他项目如 DO、石油类只能够满足Ⅳ类标准，而 NH_3-N、部分 COD、部分 BOD_5、部分 LAS 均有不同程度的超过Ⅳ类标准的现象，以上结果说明 ZJ 水质已受到一定程度的污染；丰水期的水质比平水期的水质略好一些。2007 年度的监测结果与 2006 年度的监测结果相近。

由环评报告书中对于 ZJ 水质现状监测的结果可知，ZJ 的水质存在一定程度的污染。本工程在进行高架桥跨越 ZJ 河段水中桩基施工阶段和盾构法施工阶段，采取了较好的水污染控制措施，施工时没有施工废水排入水体，对 ZJ 河道水体水质的影响很小。

② 施工废水监测

a. 监测点位

根据施工内容、工艺、方法，施工所处现场位置的水环境敏感性，施工现场规模，现场施工人数等，共在 16 个站点、8 个区间设置监测点，分别为××站、××路、××—××区间、××—××区间……取样口设在施工废水经预处理后的总排放口。

b. 监测时间和频次

2006 年 8 月、12 月和 2007 年 5 月、8 月分四期进行监测，每期监测 2 d，选择在用水、排水量较多的夏季和排水量较少的冬季各测 1 期。每个监测点每期采样 1 d，每天采样 3 次，混合成 1 个混合样。

c. 监测因子

pH、SS、COD、石油类、NH_3-N、LAS。

d. 评价标准

《水污染物排放限值》（DB 44/26—2001）中第二时段标准。对排入城市污水处理厂的废水执行三级标准，标准值略。

从 2006 年度监测报告中的监测结果分析可知，各施工点废水中各项监测指标中绝大部分指标可满足《水污染排放限值》（DB 44/26—2001）三级标准的要求。2007 年度的监测结果比 2006 年度的相对较好，主要是因为 2007 年大部分场站都进入地下主体结构浇铸施工阶段，基本已结束地面土石方工程。

综上所述，工程大部分施工场地都能积极采取施工废水控制措施，加强了对工地施工废水的管理，取得了较好的效果。

（4）大气影响调查

施工期间大气污染源主要是燃油机械和车辆排放的废气，土方开挖、回填、拆迁、沙石灰料的装卸、水泥砂石料搅拌过程中产生的粉尘以及运输过程中引起的二次扬尘，施工过程中使用的油漆、沥青等挥发出的有毒和有恶臭气味的气体，施工人员炊事炉灶排放的油烟等。

调查发现，建设单位采取了以下措施：合理安排施工场地，严格控制、检查土石方运输车辆的遮蔽措施，限制车辆进出场地行驶速度，合理规划材料堆放场地，设置挡风遮尘棚，定期喷水防尘等措施（图略），有效控制了施工期的扬尘污染；各施工现场均在出入口设置了洗车槽，车辆驶出施工场地前需进行清洗和除泥，减少了二次扬尘；使用高效、环保施工机械及清洁燃料等措施，控制燃油施工机械和运输车辆排放的废气量；禁止焚烧沥青、油毡、橡胶、塑料、皮革等易产生有毒有害烟尘和恶臭气体的材料，严禁焚烧生活垃圾。

① 监测点位

在××站、××路、××—××区间、××—××区间……共 14 个站点和 3 个区间的施工场地设置监测点，每个监测点均设置在靠近周边环境空气敏感点的位置。

② 监测时间和频次

除××站每月监测 1 次外，其他监测点均分 4 期监测，夏季、冬季各监测 2 期，监测时间为 2006 年 8 月、12 月和 2007 年 5 月、12 月。每期监测 2 d，每天连续采样 12～18 h。

③ 监测因子

TSP。

④ 评价标准

《环境空气质量标准》（GB 3095—1996）中 II 类标准，具体标准值略。

⑤ 监测结果分析

从 2006 年度、2007 年度监测报告中的监测结果分析可知，由于大部分施工场地落实了较好的扬尘污染控制措施，各监测点的 TSP 值超标的情况很少。极少量出现超标的施工场地，监理单位已及时督促其采取相应措施，严格控制了造成扬尘污染的现象。

（5）生态影响调查

施工期生态影响主要表现在征地拆迁、建筑基础施工、材料设备和土石方运输等施工作业占用和破坏原有地块地貌，工程施工场地及临时便道设置导致一定范围内绿化带消失，雨季施工导致少量水土流失等。

由调查可知，在工程施工前，建设单位根据国家土地使用的相关规定，向当地国土行政主管部门为所涉及的工程临时用地均办理了土地使用函；对于涉及原有建筑物拆迁的均办理了相关补偿协议（略）。按照环评报告书及其批复中的相关要求，工程施工期间，场地尽量采用封闭围挡施工，使施工期间产生的水土流失集中在场地范围内；及时跟踪气象预报，事先了解区域降雨的时间和特点，在雨前对场地内堆置的土石方采取清运、压实、覆盖等措施；合理安排了高架桥梁施工进度，避免在汛期进行河槽内墩台施工，并采取妥善的弃土（渣）转运与堆置措施；将施工中产生的废浆弃土及时回填并分层夯实，尽可能地恢复河道、河岸原貌；工程开挖的土石方除用作回填外，弃方全部交由城市余泥渣土办处置，不专辟弃土（渣）场；施工结束后及时对地面进行平整、绿化恢复或硬化处理（图略）。

综上所述，工程在施工期按照环评报告书及批复中的要求，采取了有效的生态保护措施，工程施工期对生态环境的影响较小。

（6）固体废物影响调查

施工期产生的固体废物主要为工程弃土（渣）、建筑垃圾、施工人员生活垃圾。

由调查可知，工程弃土（渣），建设单位按照城市对于管理工程废弃土石方处置的相关要求，委托了××散体物料运输有限公司定时收集清运（委托协议略），在城市余泥渣土排放管理办公室指定的弃土场进行处理处置；生活垃圾在生活区和施工区设置垃圾桶统一收集（图略）；对施工作业人员进行环境保护教育，杜绝随地乱扔的行为；工程施工产生的极少量危险废物，委托××工业弃置废物回收处理有限公司进行现场清理和回收，未对周边环境造成不利影响。

点评：

　　施工期环境监理和环境监测制度的实施可以较好地控制工程施工期的各类环境影响，保证施工期各项环境保护措施的有效落实，促进"三同时"目标的实现。本案例邀请第三方实施了独立的环境监理，并开展了施工期环境监测工作，为验收时进行工程施工期环境影响调查提供了有力的支持；在进行分析时，因施工期数据较多，可明确监测时间、地点、频次，进行数据汇总，给出总体结论即可。

3. 声环境影响调查

工程由高架线、地下线、车站、车辆段及综合基地、主变电站等设施构成，工程噪声源的组成复杂。工程试运营期产生的噪声主要包括轨道交通噪声，风亭、冷却塔噪声，变电站噪声，车辆段噪声等。

高架段：主要为列车在地面线路运行时的轮轨噪声、机械噪声等。

地下段：主要为地下车站附属的环控设备噪声，包括风亭噪声、冷却塔噪声等。

车辆段及综合基地：主要为主变电站设备噪声、列车出入噪声、检修作业噪声等。

（1）声环境敏感点

调查发现，工程 A 车辆段及综合基地、E 主变电站周边均无声环境敏感点，工程噪声敏感点主要为高架段周边和地下车站风亭、冷却塔周边的居民住宅楼、学校、医院等声环境敏感建筑物。

工程验收范围内的噪声敏感目标共有 16 处，包括 3 处学校、13 处居民区；与环评时相比，噪声敏感点减少了 11 个，新增了 8 个，新增敏感点均早于本项目建设，列入此次竣工验收调查。敏感点的详细情况及变化情况见表 6-21。

表 6-21　声环境敏感目标变化情况

敏感点	区间	阶段	里程	与线路相对关系 距离/m	与线路相对关系 线路形式	敏感点概况	噪声源	备注
JZ 小学	××站—××站	环评	ZAK2＋300	40		2～3 层教学楼，学生 1 500 人，教师 53 人	高架列车	已拆迁
		实际				已拆迁		
SQ 中学		环评	ZAK2＋400	68		4～6 层教学楼，学生 1 000 人，教师 70 人	高架列车	环评原有
		实际	ZDK2＋100～210	60		4～6 层教学楼，学生 1 000 人，教师 70 人，无住宿，楼外地面与高架轨道面高差约 3 m		
HPN 小区	××站	环评	ZAK5＋180	0		3～6 层住宅楼，约 300 人	风亭，DF 西路	环评中的"HPN 街"
		实际	ZDK4＋900～950	14		3～8 层住宅楼，最近为 C 出口附近 8 层住宅，共约 40 户		
LX 大厦		环评			地下		风亭，XW 路	新增
		实际	ZDK5＋600～650	32		15 层住宅楼，约 60 户		
YD 大厦	××站	环评	ZAK9＋530	16		11 层大厦，约 100 人	风亭，HS 中路	改为"XH 商贸城"，取消
		实际						
ZQ 大厦		环评	YAK9＋500	18		10 层大厦，约 100 人	风亭，HS 中路	改为写字楼，取消
		实际						
SH 大厦	××站	环评	ZAK14＋910	40		26 层商用住宅楼，约 100 人		摆线，取消
		实际	ZDK15＋010～050	45				

略

（2）噪声治理措施调查

① 地下段

环评建议合理布置风亭位置或选用低噪声消声风机；在条件允许的情况下，尽量将风亭风口放置在绿化带中。调查可知，工程采取的措施如下：

风亭采用低风压、声学性能优良的消声风机，放置在专用机房；全线设置 3 个集中冷站，均采用下沉式布置于地下，减少冷站运行的噪声；集中冷站和另外 10 个独立供冷的车站冷却塔设计选型均采用马利牌超低噪声横流冷却塔，从源头减轻噪声。沿线风亭和冷却塔在选址时都已经考虑了对敏感点的影响，位置尽可能远离敏感点，且尽量使风口背向敏感点；风亭的风机风管采用软连接，离心风机与承重台之间设置阻尼弹簧隔振器；合理控制风亭风速，进风道、排风道设置了大型片式消声器。冷却系统采用组合式空调机组，使用内衬吸声棉的钢皮密闭。部分车站的排风亭、冷却塔等放置在道路中央绿化带，减轻对周边敏感点的影响。噪声防治设施图略。

② 高架段

环评预测本工程在投入运营后，若要使敏感点处噪声值达标，需要采取安装通风隔声窗或声屏障的措施。本工程高架线部分较短，沿线共计 3 个敏感点，均安装了声屏障，高度为 2.368 m，长度共计 692 m。工程的声屏障具体设置见表 6-22，具体规格参数见表 6-23，结构和效果图（略）。

表 6-22　工程声屏障设置里程

敏感点	所在区间	声屏障设置里程	声屏障长度/m
JK 村、SY 学校	××站—××站	ZDK 0＋515～ ZDK 0＋835	320
JZ 小学	××站—××站	ZDK 1＋973～ ZDK 2＋235	262
SQ 中学		ZDK 2＋235～ ZDK 2＋345	110
合计			692

表 6-23　工程声屏障规格参数

主要技术指标			
吸声隔声板	Rw≥25 dB，NRC≥0.75	穿孔面板孔径	≤2.5
结构强度	≥1.70 kN/m²	穿孔率	20%～30%
最大挠度	1/400	整体使用寿命	≥15 年
声屏障弧形顶部与列车设备界限间距	≥105 mm	水泥屏体	重量≤85 kg/m²，抗拉强度>1.5 N/mm²，抗压强度>3.0 MPa
主要材料			
声屏障立柱	H 型钢	底座等钢件	Q235C
穿孔面板	1.0 mm 铝合金板，双面氟碳喷涂	吸声填料	10 kg/m³ 三聚氰胺吸声泡沫纤维，厚度 80 mm
背板	1.5 mm 铝合金板，双面氟碳喷涂	中间隔板	1.2 mm 不穿孔镀锌钢板
螺栓	高强螺栓	钢结构件	热浸镀锌，氟碳喷涂
结构设计			

采用圆弧形结构形式，立柱采用 H 型钢与桥梁挡板上预埋件焊接固定，挡板没预埋件处声屏障立柱采用Ⅱ型钢在桥梁挡板上每隔两个凹槽设置一根立柱。疏散平台下方的声屏障采用两面为铝合金的吸声板，中间为不穿孔镀锌钢板，以压板固定。U 形槽处轻质水泥声屏障立柱采用Ⅱ型钢与 U 形槽处种植化学螺栓连接

③ 车辆段及综合基地

环评中，本工程 A 车辆段周边存在噪声敏感点 SG 新村，最近距离为 60 m，声环境质量较好。环评报告书预测车辆段及综合基地投入运行后，将会对其造成一定影响，提出在车辆段靠近 SG 新村侧修建隔声式围墙，并适当考虑种植密集绿化带。

现场调查可知，敏感点原靠近车辆段的部分房屋已拆迁，且车辆段内部建筑布局、南侧边界线路走向也进行了适当优化调整。现在 SG 新村与车辆段最近处距离为200 m。为了更好地防治车辆段及综合基地投入运行后各组成设施如出入线、试车线、检修厂房、污水处理站等的运营噪声，建设单位在车辆段内布设了良好的绿化，种植了以竹、美人蕉、夹竹桃等为代表的密集绿化带，可以起到降噪消声作用（图略）。

（3）现状监测

① 高架段

a. 监测因子

等效连续 A 声级 L_{Aeq}；有车时加测持续时间。

b. 监测时段和频率

连续监测 2 d，昼间 2 次，夜间 1 次。监测时选择接近列车运行平均密度的 1 h进行连续监测。昼间监测时段：10:00—16:30、20:00—21:30；夜间监测时段：22:00—23:30。

c. 监测要求

垂直衰减断面上的各监测点同步监测；监测前，对用于同步监测的噪声仪进行比对，以保证测量数据的一致性。按照《声环境质量标准》（GB 3096—2008）、《建设项目竣工环境保护验收技术规范—城市轨道交通》（HJ/T 403—2007）及国家颁布的有关标准和技术规范要求进行。昼间同步监测 1 h 等效 A 声级 L_{Aeq}、背景噪声；夜间同步监测 1 h 等效 A 声级 L_{Aeq}、背景噪声和每列车通过敏感点时的等效 A 声级 L_{Aeq}；同时记录监测时间、列车通过监测点的持续时间、列车运行方向（上行、下行）、鸣笛状况等。监测时注意避开干扰；因严重干扰造成数据失效的进行重新监测；因特殊原因无法避开的，详细记录干扰的情况（噪声源、干扰时间、次数等）。学校测点选择休息日等学生不在校时进行监测。

d. 监测点位

设在敏感点窗外 1 m 处。选择商业学校布设监测断面，共 4 个测点，进行线路附近敏感点噪声监测，具体见表 6-24 和监测图（图略）。

监测结果略。

从监测结果来看，SY 学校 2 层、5 层监测点昼间满足《声环境质量标准》（GB 3096—2008）2 类标准限值要求，8 层超标 0.5 dB。各监测点夜间监测值全部超标，超标量为 2.9～7.5 dB；但其背景值也全部超标，超标量为 2.6～6.6 dB；工程增量为 0.3～0.9 dB。结果与环评中的预测基本相同，即敏感点由于受地面交通干线的影响，背景值超标现象严重，由于本工程建设引起的增量不大。

表 6-24　高架段敏感点噪声监测点位

编号	区间	敏感点名称	起止里程	方位	距外轨中心线		监测点编号	监测点位置	降噪措施情况	备注及图号
					距离/m	高差/m				
1	××站—××站（高架）	SY学校	ZDK0＋550～650	左	30	−9	N1-1	教学楼2层窗外	声屏障	垂直衰减断面，图略
					30	0	N1-2	教学楼5层窗外		
					30	＋9	N1-3	教学楼8层窗外		
2	××站—××站（过渡）	SQ中学	ZDK2＋100～210	左	60	0	N2-1	教学楼2层窗外	声屏障	只测昼间，图略

SQ 中学昼间的监测数值可满足《声环境质量标准》（GB 3096—2008）2 类标准限值要求。

由类比可知，紧邻 SY 学校的 JK 村楼房在 5 层以下，昼间可以满足标准限值要求，夜间不能满足标准限值要求，但同样主要受地面交通干线噪声影响。

② 固定设备噪声

工程固定设备噪声源分为地下站风亭、冷却塔噪声和主变电站电磁噪声两大类。其中新建 E 主变电站位于车辆段内，周边没有声环境敏感点，因此不予监测。

工程沿线共有 9 个地下车站的风亭、冷却塔周边存在噪声敏感点，本次调查选取了其中 4 个作为监测点。见表 6-25（图略）。

表 6-25　风亭噪声敏感点监测点位

序号	敏感点名称	所在车站	距声源（风亭）距离/m	监测点编号	监测点位置	图号
1	HQ 新村	××站	6	N3-1	5 层住宅楼的 2 层窗外	略
2	LX 大厦	××站	32	N4-1	10 层住宅楼的 1 层窗外	略
3	GA 大院	××站	16	N5-1	5 层住宅楼的 3 层窗外	略
4	HP 阁	××站	7	N7-1	26 层商住楼的 1 层窗外	略

a. 监测因子

等效 A 声级 L_{Aeq}。

b. 监测时段和频率

连续监测 2 d，昼间 2 次，夜间 1 次，每次监测 20 min。由于排风亭的风机开启时间为 6:00—23:30，因此，昼间选择 6:00—22:00 时段进行监测；夜间选择 22:00—

23:30 时段进行监测。

监测结果略。风亭、冷却塔周边敏感点的噪声影响分析结果表（略）。

从监测结果可知，4 个监测点位的昼间监测结果均可满足《声环境质量标准》（GB 3096—2008）相应标准限值要求；夜间只有 HP 新村超标 2.2 dB，其他 3 个监测点均可满足标准限值要求。HP 新村周边有多栋居民建筑，社会生活噪声较大，该处监测点背景值已超标，本工程的增量有限，建议建设单位在后续工作中对其进行跟踪监测。

③ 厂界噪声

工程新建 A 车辆段及综合基地 1 座，原设置在××站的控制中心，实际也建在其内，另新建 1 座主变电站。由于对原有敏感点 SG 新村最靠近车辆段南侧边界的部分居民楼进行了搬迁，现最近距离为 200 m，超出此次调查范围，因此，仅对车辆段厂界进行噪声监测。

a. 监测因子

等效 A 声级 L_{Aeq}。

b. 监测时段和频率

连续监测 2 d，昼间、夜间各监测 2 次，每次监测 20 min。

c. 监测要求

按照《建设项目竣工环境保护验收技术规范—城市轨道交通》（HJ/T 403—2007）等国家颁布的相关标准和技术规范要求进行。

d. 监测点位

车辆段四周厂界围墙外 1 m 处，各设 1 个监测点，图略。

监测结果略。从监测结果可以看出，A 车辆段及综合基地的厂界噪声可以满足《工业企业厂界噪声标准》（GB 12348—90）中Ⅲ类标准，同时也可以满足新的执行标准即《工业企业厂界环境噪声排放标准》（GB 12348—2008）中的 3 类标准限值。

点评：

声环境影响是轨道交通项目的主要环境影响因素之一，主要体现在高架线路列车和风亭、冷却塔运行噪声对周围居民点的影响，以及车辆段和停车场厂界噪声的达标情况。重点关注声环境敏感点与工程的相对位置关系及环评要求措施的落实情况，尤其需注意环评批复是否有"风亭应远离居民 15 m"的要求，并根据声环境敏感点的分布及措施情况合理布设监测点位，具体的监测要求按《建设项目竣工环境保护验收技术规范—城市轨道交通》（HJ/T 403—2007）执行。

本案例中，工程高架线路较短，声环境影响调查重点体现在风亭、冷却塔的噪声影响分析上。调查重点掌握准确，对声环境敏感点调查细致、翔实，监测符合技术规范的规定，分析结果可信，补救措施基本可行。

4. 环境振动影响调查

（1）振动敏感点调查

由调查可知，工程验收范围内的环境振动敏感目标共 57 处，包括 43 个居民区、11 所学校、3 所幼儿园。与环评阶段相比，敏感点减少了 12 个，新增了 31 个。新增敏感点中有 8 处属于新建工程，此次调查不进行监测和类比；18 处早于本项目建设，列入此次竣工验收调查；5 处属于线路摆动新增。

敏感点的具体情况见表 6-26。

表 6-26　环境振动敏感点情况

序号	区间	敏感点名称	起止里程	敏感点概况	环评内容			实际内容			与环评对比
					方位	距离/m	埋深/m	方位	距离/m	埋深/m	
1	×站～×站	SLJ住宅区	YDK3+700～900	3～10 层住宅楼，框架结构，约 300 户	下穿			下穿		−20	环评原有
2		XG外国语学校	YDK3+900～YDK4+030	2～9 层教学楼，砖混结构，教师 20 人，学生 200 人，夜间有住宿	右	15		右	25	−20	环评中的"第 SR 中学"
3	×站～×站	NY 花园	YAK4+350～500	7～9 层房屋，砖混结构，约 400 人	下穿						摆线，取消
4		FL 新居	ZDK4+450～550	9 层住宅楼，框架结构，约 80 户				左	40	−27	新增
5		FLH西苑	ZDK5+350～460	13～15 层住宅楼，框架结构，约 100 户				左	8	−28	新建
6	×站～×站	YD 大厦	ZAK9+550		左	10					改为"XH商贸城"，取消
7	×站～×站	HSL小学	YDK9+700～780	4～6 层教学楼，框架结构，教师 60 人，学生 500 人，夜间无住宿				右	8	−37	新增
8		天胜新村	ZDK10+220～500	2～4 层房屋，砖混结构，约 50 户	左	10		左	14	−32	环评原有

序号	区间	敏感点名称	起止里程	敏感点概况	环评内容			实际内容			与环评对比
					方位	距离/m	埋深/m	方位	距离/m	埋深/m	
9	×站~×站	ZHH湾城	YDK16+750~800	30层住宅楼，框架结构，约250户				右	30	−16	新增
10	×站~×站	XJ东村	YDK20+600~900	4~6层住宅楼，砖混结构，约50户				右	40	−25	摆线，新增
11	×站~折返线	SH小区	ZDK31+720~ZDK32+000	5~6层住宅楼，砖混结构，约80户	左	12		左	10	−15	环评原有
略											

（2）振动防治措施调查

为减轻工程建成后对沿线地面建筑物的干扰程度，本着技术可行、经济合理的原则，工程从源头控制、用地规划、敏感点防治等几方面采取了相应措施。

① 源头控制：选择噪声和振动值低、结构优良的新型直线电机车辆；运营期加强轮轨的维护、保养，定期旋轮和打磨钢轨，保证其良好的运行状态；正线、出入段线（除道岔区外）均铺设无缝线路，减少了列车通过时的振动源，降低了对周围环境的影响。

② 规划控制：结合城中村改造建设等规划，对工程沿线老旧建筑物进行拆除；在距工程轨道交通线路外轨中心线 20 m 范围内原则上不再新建居民住宅、学校、医院等敏感建筑物。

③ 敏感点振动治理：根据环评报告书及其批复中对于振动敏感点的防治要求，对敏感点均采取减振措施，工程地下线全线采用长轨枕整体埋入式道床，部分减振要求较高的区间站点采用橡胶浮置板道床、Vanguard 扣件、GJ-3 扣件等。

工程振动防治措施落实情况见表 6-27。

（3）现状监测

a. 监测因子

有列车通过时的 VL_{Zmax}，同步记录 VL_{Z10}。

b. 监测时段和频率

监测 1 d，昼、夜各监测 1 次，每次连续监测 5 对列车，取 10 次读数的算术平均值；夜间如不能满足 5 对列车要求，则按实际运营监测 1 h。按近轨最大影响进行平均，如远轨、近轨影响接近，难以判断，则按所有列车进行平均。

c. 监测要求

按照《城市区域环境振动测量方法》（GB/T 10071—88）、《建设项目竣工环境保护验收技术规范—城市轨道交通》（HJ/T 403—2007）及国家颁布的有关标准和技术规范要求进行。

　　d. 监测点位

　　选择 18 个敏感点进行振动监测，见表 6-28（图略）。

表 6-27　工程减振措施汇总

序号	敏感点名称	左线		右线		减振措施	
		起止里程	长度/m	起止里程	长度/m	环评内容	实际内容
1	SLJ 住宅区、第 SR 中学			YDK3＋710～YDK4＋090	380	橡胶浮置板	Vanguard 橡胶浮置板
2	NY 花园	ZDK4＋240～590	350	YDK4＋190～590	400	长轨枕道床	线路摆动
3	HPJ 居民区、HSXL 小学	ZDK4＋640～ZDK5＋240	600	YDK4＋640～YDK5＋440	800	长轨枕道床	Vanguard 长轨枕道床
4	WM 幼儿园						敏感点取消
5	XL 花园	ZDK20＋000～180	180			—	GJ-3 长轨枕道床
6	YM 幼儿园			YDK27＋520～650	130	—	Vanguard 橡胶浮置板

略

表 6-28　工程环境振动监测点位

区间	敏感点名称	起止里程	位置	距外轨中心线		监测点编号	监测点位置	图号
				距离/m	埋深/m			
×站～×站（高架）	XY 学校	ZDK0＋550～650	左	30	15	V0-1	楼前 0.5 m 处	略
×站～×站（地下）	SLJ 住宅区	YDK3＋700～900	下穿	0	−20	V1-1	楼前 0.5 m 处	略
×站～×站（地下）	XWL 住宅区	DK5＋600～DK6＋000	右	8	−22	V4-1	楼前 0.5 m 处（只测昼间）	略
×站～×站（地下）	HSL 小学	YDK9＋700～780	右	8	−37	V5-1	楼前 0.5 m 处（只测昼间）	略
×站～×站（地下）	GH 苑	YDK13＋950～YDK14＋200	右	15	−23	V8-1	楼前 0.5 m 处	略

略

监测结果略。

由监测结果可以看出，本工程所带来的振动影响并不明显，所有监测点的 VL_{Z10} 值与 VL_{Zmax} 值全部符合 GB 10070—88 中相应的"居民、文教区"（昼/夜低于 70 dB/67 dB）和"混合区、商业中心区"（昼/夜低于 75 dB/72 dB）标准。由类比分析可知，工程全线所有环境振动敏感目标均可满足标准限值要求，类比分析表略。

点评：

环境振动影响是轨道交通类建设项目又一重要的环境影响，重点核查环评要求的减振措施是否落实。本案例中，详细调查了环境振动敏感目标的分布及减振措施实施情况，但因工作开展时间略早，未进行二次辐射噪声相关监测与分析工作，目前需按照《城市轨道交通引起建筑物振动与二次辐射噪声限值及其测量方法标准》（JGJ/T 170—2009）要求，一般选择线路两侧 10 m 范围内的环境振动敏感点进行二次辐射噪声的监测与分析。

---

5. 环境空气影响调查

（1）污染源调查

本工程的环境空气污染源主要包括地下车站排风亭排放的异味、车辆段食堂厨房排放的油烟废气。车辆段检修厂房运营期不进行喷漆作业，因此，不会产生油漆漆雾污染。

（2）防治措施调查

食堂措施（略）。

根据环评中的要求，本工程风亭在选址时已考虑尽可能避让周边居民区。无法避开的风亭尽量使排风口背对敏感目标，并向上方排风；排风系统安装了过滤器，并定期除尘，以保证排出空气的质量。

（3）排风亭异味监测

a. 监测因子

臭气浓度。

b. 监测时间和频率

监测 1 d，每天 4 次，每 2 h 监测 1 次。监测时记录风向、风速、气温、气压及天气状况等因素。

c. 监测点位

XQ 站南侧 D 出口排风亭下风向厂界处，图略。

d. 监测要求

按照《建设项目竣工环境保护验收技术规范—城市轨道交通》（HJ/T 403—2007）

和国家颁布的相关标准和技术规范进行。监测时要求风亭风机及排风量控制在正常运行工况下。

监测结果略。

监测结果表明，本工程车站的排风亭臭气浓度满足《恶臭污染物排放标准》（GB 14554—93）中的二级标准，对周边环境空气的影响很小。

点评：

　　环境空气影响调查重点在于风亭异味的调查，重点关注风亭的位置、形式（排风亭、新风亭、活塞风亭等）、风口朝向、排风系统采取的措施、与敏感点的距离等内容；另外，监测时间尽量选择在夏季高温时段进行。本案例考虑以上因素，对风亭功能、措施和敏感点分布情况进行了深入、细致的调查，并在 7 月进行了监测。

---

6. 电磁环境影响调查

工程的电磁环境影响主要来自变电站设备运行产生的电磁场。考虑到工程沿线居民已全部采用有线电视，电视信号不会受到本工程的影响，变电站 50 m 范围内无环境敏感目标，本次调查仅对变电站厂界的电磁影响进行调查分析。

a. 监测因子

工频电场强度、工频磁感应强度、无线电干扰。

b. 监测点位

变电站厂界四周各设 1 个监测点位，电场强度、工频磁感应强度监测点位在厂界外 5 m、距地面 1.5 m 高处；无线电干扰测点在厂界外 20 m、距地面 1.5 m 高处（监测 0.5 MHz 下的干扰值）。

c. 监测频率

监测 1 次。

d. 监测方法

按照《辐射环境保护管理导则—电磁辐射监测仪器和方法》（HJ/T 10.2—1996）、《建设项目竣工环境保护验收技术规范—城市轨道交通》（HJ/T 403—2007）及国家颁布的有关标准和技术规范要求进行。

监测结果略。

由监测结果可知，各监测点位工频电场强度和工频磁感应强度远低于《500 kV 超高压送变电工程电磁辐射环境影响评价技术规范》（HJ/T 24—1998）规定的 4 kV/m 和 0.1 mT 限值要求，0.5 MHz 下的无线电干扰值满足《高压交流架空送电线—无线电干扰限值》（GB 15707—1995）中 46 dB（μV/m）的限值要求。

7. 公众意见调查

（1）调查内容

重点调查工程建设前后环境影响的变化，工程施工期的环境影响情况，运营期环境影响情况、来源以及希望采取的措施，工程对沿线居民生活水平的综合影响。

（2）调查对象及方法

主要调查对象为沿线受影响的公众及工程所在地环保主管部门。

调查方法采用现场访谈和问卷调查相结合的方式。

（3）调查结果

本次调查共发放调查表 200 份，收回调查表 200 份，回收率 100%。被调查者中男性占 48.5%，女性占 51.5%；年龄在 25 岁以下的占 39%，25～50 岁的占 57%，50 岁以上的占 4%；初中以下文化水平的占 13.5%，高中文化水平的占 30%，大专文化水平的占 38%，本科及以上文化水平的占 18.5%。

调查结果统计表略。

本次调查采用的是抽样问卷调查。调查结论如下：

① 认为该工程施工期间的机械噪声对公众无影响的有 76 人，占总调查人数的 38%；认为有轻微影响的有 45 人，占总调查人数的 22.5%；认为有一般影响的有 61 人，占调查人数的 30.5%；认为影响严重的有 18 人，占总调查人数的 9%。

② 认为夜间经常有施工现象的有 5 人，占总调查人数的 2.5%；认为夜间偶尔有施工现象的有 85 人，占总调查人数的 42.5%；认为夜间没有施工现象的有 110 人，占总调查人数的 55%。

③ 认为施工扬尘对公众影响严重的有 12 人，占总调查人数的 6%；认为有轻微影响的有 64 人，占总调查人数的 32%；认为有一般影响的有 63 人，占调查人数的 31.5%；认为无影响的有 61 人，占总调查人数的 30.5%。

④ 认为施工期间废水排放对公众影响严重的有 11 人，占总调查人数的 5.5%；认为有轻微影响的有 58 人，占总调查人数的 29%；认为有一般影响的有 54 人，占总调查人数的 27%；认为无影响的有 77 人，占总调查人数的 38.5%。

⑤ 认为施工中生活和生产垃圾的堆放对公众影响严重的有 14 人，占总调查人数的 7%；认为有轻微影响的有 55 人，占总调查人数的 27.5%；认为有一般影响的有 54 人，占总调查人数的 27%；认为无影响的有 77 人，占总调查人数的 38.5%。

⑥ 认为本工程运行期间对公众的出行更加方便的有 113 人，占总调查人数的 56.5%；认为对出行造成不便的有 20 人，占总调查人数的 10%；认为无影响的有 67 人，占总调查人数的 33.5%。

⑦ 认为该工程建设前后当地环境状况有所改善的有 89 人，占总调查人数的 44.5%；认为基本没变的有 97 人，占总调查人数的 48.5%；认为环境变差的有 14 人，

占总调查人数的 7%。

⑧ 工程运行期间，公众对已采取的减振和声屏障等措施的效果很满意的有 35 人，占总调查人数的 17.5%；比较满意和基本满意的有 162 人，占总调查人数的 81%；不满意的有 3 人，占总调查人数的 1.5%。

⑨ 认为该工程试运营过程中对公众日常生活、工作造成影响的环境问题是噪声的有 78 人，占总调查人数的 39%；认为对日常生活、工作造成影响的环境问题是振动的有 64 人，占总调查人数的 32%；认为对日常生活、工作造成影响的环境问题是电磁辐射的有 33 人，占总调查人数的 16.5%；认为还有其他影响的有 28 人，占总调查人数的 14%。

⑩ 对该工程的环境保护工作持满意和基本满意态度的有 198 人，占总调查人数的 99%；不满意的有 2 人，占总调查人数的 1%（附件略）。

（4）公众反映的问题

在此次公众意见调查中，公众反映的主要环境问题有：

① 机器运行时噪声和振动较大，影响休息，尽量避免休息时间开工；

② 施工造成楼房裂缝，修复质量较差，经济赔偿不到位，造成对幼儿园的环境污染；

③ 人口流动变大，对周围环境卫生带来影响。

（5）对公众意见的答复

针对此次公众意见调查中反映的主要环境问题，调查单位向建设单位进行咨询调查，答复如下：

① 该条意见主要反映的是施工前期问题。当时环境监理刚刚介入，部分场地的施工存在环境保护工作不到位问题。在监理单位进场工作之后，情况得到了很大改善，并且在后续的工作中，都没有收到相关的投诉。

② 该条意见反映的是线路区间下穿的 YM 幼儿园投诉的问题。该园认为是本工程施工导致的幼儿园房屋墙体开裂。建设单位收到相关意见反馈后，迅速派人赶赴现场进行踏勘，并及时进行修补。在当地政府部门的配合下，该问题于 2008 年 8 月办结，此后没有再收到该幼儿园的相关投诉。

③ 轨道交通工程的开通必然会导致人流量的加大，所带来的环境卫生问题主要在于人群环境保护和卫生意识的提高。建设单位已经在车站周边设置了多处垃圾桶，并派人定期巡查监管。

（6）主管部门意见

经调查单位向工程所在地环境保护局等相关部门咨询，在本工程施工及试运营期间，未收到环保相关投诉。

> **点评：**
>
> 　　轨道交通项目沿线多经过城市中心区，沿线学校、医院、居民区等环境敏感点密集，公众意见调查时需注意调查对象的覆盖度。本案例在调查对象、内容设置上较为合理，但缺少对沿线学校、居委会等团体的调查。

　　8. 结论与建议（摘）

　　建议：

　　① 对噪声监测值超标的 SY 学校、JK 村进行跟踪监测，当确认工程影响较大时，及时采取进一步的降噪措施。

　　② 加强工程运营期对各污染防治措施的管理，保证各项环境影响因子长期稳定达标。

　　③ 配合当地政府有关部门做好工程沿线规划管理，避免新建环境敏感建筑物，产生新的环境影响。

　　综上所述，工程在设计、施工和试运营期落实了环境影响报告书和环境保护行政主管部门批复中要求的生态保护和污染控制措施，各项措施有效，工程建成后区域环境质量未有明显变化。建议通过对该工程的竣工环境保护验收。

> **点评：**
>
> 　　本案例调查结论恰当。该结论的写法属于第五章中"调查结论部分"第（8）项"对项目竣工环境保护验收的建议"中第①类情况。

第二节　港口、航道类

一、调查重点

　　港口与航道工程施工期建设对环境的影响主要体现在港池疏浚、陆域吹填和疏浚土外抛、陆上工程和水工构筑物建设、施工营地等产生的污染影响和生态破坏；营运期港口与航道工程对环境的影响主要体现在到港船舶产生的机舱水、生活污水、含油污水等对水环境和生态环境的影响，锅炉烟气、作业机械尾气等对环境空气的影响，交通噪声对声环境的影响及溢油类环境风险事故对水环境和生态环境的影响，另外，航运枢纽建设项目一般要考虑将工程建设对鱼类"三场"和通行阻隔影响作为调查重点。针对港口、航道类工程的特点及其主要影响，以下按环境要素列出其竣工环境保护验收调查中需要关注的要点。

1. 水环境影响调查

该类工程对水环境的影响主要为施工期的基槽开挖和炸礁、港池及航道疏浚、吹填及抛泥引起的泥沙悬浮物、施工船舶产生的废弃物、运行期船舶废水、陆源生活污水排海（江、河）等。应重点关注的要点：

（1）水环境敏感目标

明确调查范围内水环境敏感目标分布及变化情况、与项目相关水体的环境功能区划。

（2）施工期水环境影响调查

① 施工人员数量、施工期间用水量等相关参数，分析施工期生产废水、生活污水的发生量，处理后排放情况，重点针对 pH、SS、石油类、COD、NH_3-N 等污染物进行分析。

② 施工期水上施工工艺，重点关注项目的疏浚量、疏浚物的去向、炸礁的数量及炸礁废物的处理情况。

③ 利用施工期水环境监测资料并结合工程监理、环境监理以及公众意见调查结果，重点针对水环境敏感目标，调查水环境保护措施落实情况，分析建设项目施工对水环境的影响以及措施的有效性。

（3）运行期水环境影响调查

① 调查项目的用水情况、用水量、循环水量、排放水量、污水处理、回用及排放情况、水污染物排放总量目标可达性。

② 调查运行期水环境风险防范、事故应急机制及设施配备，水环境保护措施落实情况以及其他相关内容。

2. 生态影响调查

① 结合施工期水环境影响调查、水生生物生境变化、公众意见调查结果与水上施工工艺，分析港口建设项目施工期对水生生态和生态敏感目标的影响。

② 调查陆域施工中料场、施工营地等临时占地的情况，水土保持措施和生态恢复措施落实情况等。

③ 项目占地与征用水域影响调查，列表说明项目永久或临时性占地与征用水域的情况，包括位置、占用面积、用途等。

④ 对比分析项目建设前后影响区域内生态状况的变化，并结合项目采取的环境保护措施，分析项目建设对生态环境的影响；调查项目建设前后生态敏感目标功能完整性的变化情况，结合项目采取的生态减缓、补偿措施的落实情况，分析项目建设对生态敏感目标的影响；同时还要对水土保持及景观影响进行调查。

⑤ 必要时进行植物样方、水生生态、土壤调查，对于航运枢纽建设项目，一般还要进行农业生态影响调查。

3. 环境空气影响调查

① 调查环境空气敏感目标的分布情况，列表说明保护目标的名称、位置及与环境影响评价阶段对比变化的情况；调查施工期扬尘、燃料废气的控制措施情况。

② 调查主要施工工艺，重点针对产生扬尘、废气的生产环节；针对粉尘、烟尘和二氧化硫等控制要求展开调查，调查大气污染物排放总量目标可达性。

③ 结合环境空气监测资料及公众意见调查反映的情况，分析项目施工期对环境空气的影响以及环境空气保护措施的有效性。

4. 固体废物影响调查

① 分类核查固体废物（生活垃圾、生产垃圾、船舶垃圾）的主要来源及发生量，区分危险废物和一般固体废物，并将危险废物和来自疫区的船舶垃圾作为调查重点。

② 调查各类固体废物的处置方式、处置量和综合利用量，危险废物的处置方式和处置效果应作为调查重点。

③ 若项目运行过程中产生的固体废物委托处理，应核查被委托方的资质和委托合同，并检查合同中处理的固体废物的种类、处理量和处理处置方式是否与其资质相符合，必要时对固体废物的去向做相应的跟踪调查。

5. 环境风险防范及应急预案调查

① 工程施工期和试运行期存在的环境风险因素调查。

② 施工期和试运行期环境风险事故发生情况、原因及造成的环境影响调查。

③ 调查工程环境风险防范措施与应急预案的制定和设置情况，国家、地方及行业中关于风险事故防范与应急方面相关规定的落实情况，必要的应急设施配备情况和应急队伍培训情况。

④ 调查工程环境风险事故防范与应急管理机构的设置情况。

⑤ 收集调查区域的气象资料，应有针对性地收集不利气象条件资料（特别是营运期不利气象的发生频率等），不利气象条件主要是指静风、小风、逆温、熏烟、海陆风等。

根据以上调查结果，评述工程现有防范措施与应急预案的有效性，针对存在的问题提出可操作的改进措施与建议。

二、案例

××港××港区二期集装箱码头工程竣工环境保护验收调查报告

1. 工程概况

××港二期集装箱码头工程位于××市××区，北临××水道，位置优越，交通便利。工程建设的地理位置与环评时相比没有变动，区域位置图（略）。

××港区集装箱码头工程由 5 个 5 万～10 万 t 级集装箱专用泊位（2#、8#、9#、10#、11#）组成，2#泊位、8#泊位和 9#泊位于 2008 年 12 月竣工，10#、11#泊位于 2012 年 12 月竣工。工程还包括引桥、陆域堆场、装载机械、环保等配套工程。泊位总长 1 625 m，港区陆域总占地面积 224.8 万 m²。

主要施工内容包括港池疏浚、陆域形成（海砂吹填、水下炸礁及开山土石方利用回填）、码头引桥工程（高桩梁板式结构）、地基处理（水泥搅拌桩、强夯、碎石桩、堆载等）和道路堆场工程（混凝土大板、高强连锁块等结构）。码头设计年吞吐量 250 万标箱，其中危险品箱约占 0.5%（未建危险品堆场，危险品堆存作业利用一期集装箱堆场扩建工程中的危险品专用堆场）。无洗箱、修箱作业。2012 年 1 月××港区二期集装箱码头试运行，2012 年全年吞吐量 245 万标箱，试运营期吞吐量达设计能力的 98%，运行工况满足竣工环境保护验收的工况条件。

工程组成及主要建设内容见表 6-29，工程主要工程量及变化情况见表 6-30，工程主要技术经济指标及变化情况见表 6-31。

表 6-29　工程组成及主要建设内容一览

类别	环评阶段设计情况	实际建设情况
建设地址	××省××市××区××半岛北岸，2#泊位位于一期码头西侧，8#等泊位西起一期 7#泊位东侧，跨××嘴，东至××嘴，北临××水道	一致
建设规模	由 5 个 5 万～10 万 t 级以上集装箱专用泊位（2#、8#、9#、10#、11#）和××国际物流园、××物流区组成，占用岸线总长 1 625 m，设计年吞吐量 220 万标箱，其中危险品箱 2.2 万标箱。工程内容包括码头平台、引桥、后方堆场、装卸机械、国际物流园区及配套工程	泊位数量、等级、岸线长度与环评一致。根据发改委批复（发改基础[2008] ××号文）取消了××国际物流园和××物流区（含铁路作业区）建设内容，设计吞吐量提高到 250 万标箱，其中危险品箱比例为 0.5%（1.25 万标箱）。考虑实际到港危险品箱情况和港区接卸能力，建设单位取消新建危险品箱堆场，危险品堆存作业依托××港一期集装箱堆场，就该工程建设内容调整情况向环保部做了专项汇报并征得认可

类别		环评阶段设计情况	实际建设情况
平面布置		2#泊位位于一期工程 3#泊位西侧，泊位后方布置重箱、空箱堆场和一座拆装箱库。8#～11#泊位西邻一期 7#泊位，后方布置重箱和空箱堆场。××大道北侧布置工程辅建区，6#泊位后方建设生活小区。××岛上布置国际物流园区，2#泊位后方为××铁路作业区，危险品堆场位于 9#泊位后方堆场最南端	泊位及后方堆场总体布局一致。2#泊位后方拆装箱库未建，现为海关查验场地；××大道北侧布置综合办公区，部分辅助设施布置在 9#泊位后方堆场东侧；机修车间配套油污水站位置随其移至东侧；生活污水处理站位置由生活小区移至综合办公区（生活小区污水仍送该站处理）；××国际物流园区、××铁路作业区、危险品堆场、车辆冲洗厂及其配套油污水处理站等个别生产辅助设施未建
水工建筑		2#、8#和 9#泊位为栈桥式布置，建引桥 3 座共 302 m；10#、11#泊位为满堂式结构，不另建引桥	一致
道路堆场		重箱堆场面积为 76.6 万 m²，空箱堆场面积为 12.4 万 m²。冷藏箱比例为 5%，危险品箱比例为 1%	重箱堆场面积增加 0.3 万 m²，空箱堆场面积增加 17 万 m²。冷藏箱比例为 1%，危险品箱比例为 0.5%
航道锚地		依托××港区现有南北两条主要航道和港区附近现有 3 个锚地。本工程不含航道和锚地建设内容	一致
配套工程	装卸工艺	岸边集装箱装卸桥、轮胎式龙门起重机、轨道式龙门起重机等	装卸工艺一致
	辅助建筑、给水、排水、供热等（略）		
环保工程	生活污水处理站	新建生活污水处理站 1 座，采用 SBR 工艺，建议设计处理能力达到 300 m³/d。处理后的生活污水就近排入排洪渠排放或回用	一致。新建 1 座总处理量为 330 m³/d 生活污水处理站，采用 SBR 污水工艺。出水水质达到《城市污水再生利用—城市杂用水水质》（GB/T 18920—2002）标准后回用于场地绿化，富余量处理达到《污水综合排放标准》（GB 8978—1996）中二级标准后排海
	油污水处理站、事故应急、烹饪尾气净化等环保工程（略）		

表 6-30　工程主要工程量及变化情况对照

序号	项目	单位	环评阶段	竣工情况	变化
1	码头岸线长度	m	1 625	1 625	—
2	引桥长度	m	302	302	—
3	港区总面积	万 m²	401	224.8	−176.2
4	道路面积	万 m²	54.43	45.3	−9.3
5	疏浚挖泥量	万 m³	89.9	28.7	−61.2
6	陆域吹填量	万 m³	749.3	219.4	−529.9

序号	项目	单位	环评阶段	竣工情况	变化
7	陆域回填量	万 m³	626.0	311.6	−314.4
8	开山工程量	万 m³	515.3	306	−209.3
9	水下炸礁工程量	万 m³	4.2	5.6	+1.4
10	生产生活辅助建筑物	万 m²	9.9	13.3	+3.4
11	铁路作业区堆场面积	万 m²	22.8	0	−22.8
12	国内物流区堆场面积	万 m²	31.7	0	−31.7
13	国际物流区堆场面积	万 m²	36.6	0	−36.6

表 6-31　主要技术经济指标及变化情况（摘）

序号	项目		单位	环评阶段	竣工情况	变化
1	年吞吐量		万标箱	220	250	+30
2	泊位数		个	5	5	0
3	泊位利用率		%	60	60	0
4	拆装箱库面积		m²	36 000	0	−36 000
5	堆场容量	重箱堆场	标箱	53 533	53 767	+234
6		冷藏箱堆场	标箱	1 100	1 042	−58
7		空箱堆场	标箱	16 867	30 382	+13 515
8		危险品箱堆场	标箱	293	0	−293
9		铁路区	标箱	2 527	0	−2 527

工程主要变更情况如下：

① 根据发改委批复（发改基础[2008] ××号文）取消了××国际物流园和××物流区（含铁路作业区）建设内容。

② 取消了危险品堆场建设内容，还有个别生产辅助设施未建，工程总平面布置中部分生产、生活辅助设施位置进行了调整。

点评：

本案例中，与港口水运工程环境影响相关的"工程组成及主要建设内容一览"和工程主要技术指标对照清晰，分析细致深入。明确了主要工程变更内容是危险品集装箱堆场和物流园区未建，但本项目中熏蒸房改为熏蒸场地也应列入变更内容。

---

2. 环境敏感目标

环境敏感目标与环评时一致（表 6-32），具体位置图（略）。

表 6-32　环境敏感目标（摘）

环保目标			与工程的距离	简况
海域	生态环境	1L 鱼产卵区	东北，约 6 km	与工程距离均较远，不受本工程施工和运营的直接影响
		2MC 鱼产卵区	西北，约 15 km	
		3DHY 产卵区	东，约 15 km	
		4L 鱼产卵区	东南，约 17 km	
陆域		1#××村	南，约 800 m	搬迁 520 户
		2#××村	西南，约 400 m	
		3#××水库	北，约 100 m	非饮用水，丰水期蓄水，用于农灌

3. 调查重点

本次调查的重点是水环境和生态影响，环境影响报告书及批复中提出的水环境和生态等环境保护措施的落实情况。

> **点评：**
> 　　对于港口、航道这种生态影响类建设项目来说，除应将水环境影响调查作为重点外，还应将生态影响调查，尤其是水生生态影响调查（包括环境敏感目标的影响调查）作为重点。

4. 环境保护措施落实情况调查

（1）环评中环保措施落实情况调查

本工程落实《××港××港区二期集装箱码头工程环境影响报告书》中提出的各项环保措施与建议的情况见表 6-33。工程施工期和试运营期基本落实了环境影响报告书中提出的环保措施以及各级环保主管部门的批复意见，各项环保设施与工程同时设计、同时施工、同时投产使用。

表 6-33　环评要求措施落实情况

影响类别		环评要求措施	实际情况
施工期	水环境	① 码头施工人员产生的生活污水应尽可能地予以收集，通过临时管道进入四期工程污水处理设施处理后，达标排放。② 施工船舶产生的机舱油污水、生活污水等全部接收，上岸处理达标后予以排放。船舶含油污水由 2 艘油污水接收船接收，送至××油污水处理厂进行集中处理	① 已落实。施工营地设有临时厕所，生活污水经化粪池处理后再通过吸污车抽吸至一期工程污水处理设施进行处理。② 工程施工期不接收施工船舶产生的污水。较大型的施工船舶安装有油水分离设备及渣仓、水仓，配有船舶防治油污证书，由船舶管理机构定期进行检验。按照海事部门的规定，船舶的油污水委托由海事部门认可的资质单位进行接收处理

影响类别		环评要求措施	实际情况
施工期	渔业资源补偿措施	① 投入 150 万元进行增殖放流，放流的品种为大黄鱼、黑鲷、梭子蟹、日本对虾、青蛤、菲律宾蛤。放流在施工完成后分三年、每年 5～6 月进行。 ② 建议购置报废船舶 1 艘，清理消毒后在附近海域投放，作为占用海域的补偿措施	① 已落实。企业委托××市海洋与渔业局按照环评要求在工程附近水域开展了增殖放流工作，支付资金 150 万元。 ② 未落实。环评报告中未列支对应环保费用。××海域人工鱼礁投放由××海洋与渔业局统一组织，鱼礁投放地为××海域，近年来投放废船作为鱼礁的观测效果不明显，"十二五"期间××海洋与渔业局没有规划报废船舶人工鱼礁的投放
	其他措施（略）		
营运期	水环境	① 港区排水采用雨、污分流制，雨水经管沟收集后直接排入港区后方排洪渠（沟）。 ② 新建生活污水处理站 1 座，采用 SBR 工艺，建议设计处理能力达到 300 m³/d，处理后就近排入排洪渠排放或回用。出水指标达到《污水综合排放标准》（GB 8978—1996）表 4 中的二级标准。 ③ 在车辆冲洗厂和码头前沿机修车间分别设处理能力为 5 m³/d、3 m³/d 的油水分离器处理含油污水，采用隔油沉淀、重力分离及粗粒化的方法进行处理，经处理出水含油≤8 mg/L 后就近排入生活污水管道。 ④ 生活污水排入本工程的生活污水处理站，经处理后就近排入排洪渠排放或回用；油污水经油水分离器处理后就近排入生活污水管道；危险品堆场设 1 座污水收集池，将收集到的污水送到一期工程的洗箱污水处理站进行处理。 ⑤ 污水处理站设置在 8#～9# 泊位后方的辅助区内，靠近项目所在区域的排洪渠。污水经处理达标后，就近排入该排洪渠，并通过排洪渠在××处入海。 ⑥ 到港船舶产生的各类废水一般情况下通过船舶自配的污水处理装置处理后达标排放；在船舶油污分离设备故障情况下，机舱油污水由××港配备的 2 艘含油污水接收船接收，送至××港集团含油污水处理站进行集中处理。 ⑦ 到港船舶生活污水就近排，由一期、二期工程接收处理	① 已落实。港区排水采用雨、污分流制，雨水经雨水管网收集后直接排入港区后方的排洪渠后入海。 ② 已落实。在××码头公司的综合办公区内新建了 1 座总处理量为 330 m³/d 的生活污水处理站，采用 SBR 污水工艺。出水水质达到 GB/T 18920—2002 后回用于场地绿化，富余量排海。 ③ 已落实。码头前沿机修车间区域建有 1 座处理能力为 5 m³/d 的油污水处理站。采用隔油沉淀、重力分离及粗粒化工艺处理含油污水，出水含油≤5 mg/L 后通过污水总管进入新建的生活污水处理站。车辆冲洗厂未建，对应油水分离器未建。 ④ 已落实。前沿机修车间区域的含油污水经油水分离器预处理、陆域的生活污水经化粪池/隔油池预处理后，均通过污水总管进入新建的生活污水处理站，经处理后回用于场地绿化，富余量排海。危险品堆场已取消。 ⑤ 已落实。码头面、引桥面的雨水通过排水孔直接排入海域；后方陆域内的雨水通过雨水管网就近排入排洪渠内，最终排海。生活污水处理站处理达标后回用于场地绿化，梅雨季节富余量排入排洪渠后最终排海。 ⑥、⑦ 按照海事部门要求的靠港船舶产生的机舱油污水及生活污水有关规定执行。如特殊情况下船舶确需在港区内排放污水，需经海事部门批准同意后可上岸处理

影响类别		环评要求措施	实际情况
营运期	风险事故	① 在危险品堆场周围设置围坎和事故污水收集池，容积不小于 100 m³，并配备污水泵。送到一期工程的洗箱污水处理站进行处理。 ② 成立应急反应指挥中心，制定和实施码头应急反应计划，配置应急救援物资。 ③ 按照区域风险防范系统的要求，做好污染事故的防范和应急工作	① 危险品堆场已取消。 ② 已落实。根据××港统一规划，本工程纳入××海区应急体系。××港公司及××公司均编制了事故应急预案，定期进行事故应急演练。 ③ 已落实。××公司按照环评及《港口码头溢油应急设备配备要求》配备了事故处理及应急物资等，如围油栏、收油机、吸油毡及溢油分散剂等
	其他措施（略）		

（2）环评批复意见落实情况调查

环评单位于 2006 年 8 月完成了《××港××港区二期集装箱码头工程环境影响报告书》，各级环保主管部门对该环境影响报告书的批复情况见表 6-34，批复意见及落实情况见表 6-35。

表 6-34　环境影响报告书批复情况

环保主管部门	批复时间	文号
国家环境保护总局	2006 年 12 月	环审[2006] ××号
交通运输部	2005 年 10 月	交环函[2005] ××号

表 6-35　环境影响报告书批复意见落实情况（摘）

主要批复意见	批复意见落实情况
炸礁作业应避开鱼类产卵高峰期。施工时设置驱鱼设施，采用小剂量预爆破，以减小对鱼类的影响。采取增殖放流等生态补偿措施。工程完工后在工程附近海域连续 3 年进行人工增殖放流，每年 5—6 月放流大黄鱼、黑鲷、日本对虾、三疣梭子蟹、青蛤、菲律宾蛤等	已落实。 炸礁作业委托专业公司实施，严格按照施工方案进行作业。选用污染小的高能乳化震源药柱。该炸药不含有毒的 TNT 等物质，爆炸后的有毒气体生成量也比较少。采用了水下钻孔爆破和延时爆破等先进的施工工艺，减缓冲击波对鱼类的影响。炸礁作业时间为 1—3 月，避开了鱼卵、仔鱼的高峰期。建设单位委托××市海洋与渔业局按照环评及批复要求在工程附近水域开展了增殖放流工作
制定、落实并完善环境风险防范措施和应急预案。应建立本项目与整个×港环境风险防范的应急联动机制。危险品堆场四周设隔离围墙，布设独立排水系统，建设事故废液和消防污水收集池。按环评报告书要求进行危险品堆存作业，不得堆放 1 类、3 类、5 类危险品箱	已落实。 根据××港统一规划，本工程纳入××海区的应急体系中。××港股份有限公司及项目运营单位××公司均编制了相应的事故应急预案，定期举行事故应急演练；××港××港区联防区域联防机制正在建设中。 ××公司按照环评报告及《港口码头溢油应急设备配备要求》要求配备了相应的事故处理及应急物资，如围油栏、收油机、吸油毡及溢油分散剂等。 危险品堆场取消

> **点评：**
> 　　环境保护措施落实情况调查需对照环境影响报告书、原国家环保总局批复意见和交通部预审要求的各项措施逐条简洁明了地说明落实情况，本案例调查结果较清晰。但应注意，如有未落实措施或变化措施需进行汇总、分析。

5. 施工期环境影响调查

　　工程施工期对水环境的主要影响包括疏浚施工、水下炸礁、施工期生产和生活污水及施工船舶污水排放等。

　　建设单位在施工过程中委托××市海洋环境监测中心分别于 2009 年 1 月、4 月、9 月和 2010 年 7 月开展了施工期海水水质和海洋沉积物、海域生态监测；在本工程水上施工末期，建设单位委托××省××海洋生态环境监测站，于 2012 年 5 月对工程附近海域海水水质、海洋沉积物、海域生态进行了跟踪监测。

　　（1）施工期水环境影响调查

　　根据调查，施工期水下炸礁作业主要位于 10$^#$泊位码头前××处，水下炸礁施工炸礁量共计 5.6 万 m^3，炸礁所产生的礁渣全部用于 10$^#$、11$^#$泊位堆场区内作为形成回填料，炸礁时间为 1—3 月。疏浚施工主要位于工程 2$^#$、8$^#$、9$^#$和 10$^#$泊位码头结构处及前沿停泊水域内，工程疏浚量 28.7 万 m^3，其中 1 万 m^{3}外抛至海洋管理部门指定的××以北的抛泥区，剩余部分均用于陆域吹填。本工程陆域吹填量为 219.4 万 m^3，其中利用五期工程疏浚物 27.7 万 m^3，其余吹填量来源于××港区其他码头、航道工程维护性疏浚等。

　　① 现状监测与调查

　　海域水质监测点位和监测结果表（略）。施工期海域海水水质监测与评价结果表明，各监测站位海水水质中除活性磷酸盐和无机氮含量超标外，其他各项污染物含量均满足《海水水质标准》（GB 3097—1997）中三类标准的要求。本工程施工生活污水经化粪池处理后再通过吸污车抽吸至一期工程污水处理设施进行处理，施工船舶油污水由船舶自身配备的油水分离器处理，均未直接排海。造成工程附近海域活性磷酸盐和无机氮含量超标的主要原因是陆域污染物排放入海。

　　② 与环评阶段监测结果对比分析

　　施工期海水调查得知，本工程施工期所在海域海水水质 pH 和 DO 含量与环评阶段比较变化不大；石油类含量较环评阶段有所降低；SS、活性磷酸盐、COD 和无机氮含量较环评阶段有不同程度的增加。

　　③ 沉积物质量监测与调查

　　沉积物监测点位和监测结果及与环评时期对比表（略）。海洋沉积物中 Cu、Zn

含量较环评阶段有所减少；Pb 和硫化物含量较环评阶段有所增加，各污染物含量均可满足《海洋沉积物质量》第二类标准限值的要求。本工程施工期开展了水下炸礁和疏浚施工，炸礁产生的石方全部回填于后方陆域，疏浚土方大部分回填，少量外运至海事部门指定的抛泥区外抛。监测结果表明，各监测点位处海洋沉积物中各项污染物因子可以满足《海洋沉积物质量》第二类标准限值的要求。由此可见，本工程建设对所在海域海洋沉积物质量的影响较小。

（2）施工期环境空气影响调查（略）

（3）施工期声环境影响调查（略）

（4）施工期生态影响调查

工程施工期对生态环境的主要影响包括码头水工结构施工、炸礁、疏浚以及生产、生活污水排放等影响。

<u>施工期水生生物调查</u>

为了解工程施工期对调查海域水生生物的影响，建设单位××港股份有限公司委托××市海洋环境监测中心于 2009 年 1 月、4 月、9 月和 2010 年 7 月，××省××海洋生态环境监测站于 2012 年 5 月对调查海域进行了施工期水生生态环境监测。

① 调查站位

2009 年 1 月、4 月、9 月和 2010 年 7 月，在码头前沿水域共设 5 个调查站位，潮间带生态调查设 2 个断面（A 断面和 B 断面）；2012 年 5 月，在码头前沿水域共设 8 个调查站位，潮间带生态调查设 2 个断面。（调查站位和断面布置图略）

② 调查项目

2009 年 1 月、4 月、9 月和 2010 年 7 月，调查项目为：叶绿素 a、浮游植物、浮游动物、底栖生物、潮间带生物、粪大肠杆菌和细菌总数。

2012 年 5 月，调查项目为：叶绿素 a、浮游植物、浮游动物、底栖生物、潮间带生物、生物体内有害物质残留量（石油烃、Cu、Zn、Pb、Cr、Hg 和 As 残留量）。

③ 采样及分析方法

海洋生物及潮间带生物样品的采样、处理和鉴定均按《海洋监测规范—第 7 部分：近海污染生态调查和生物监测》（GB 17378.7—2007）与《近岸海域环境监测规范》（HJ 442—2008）实施。

④ 水生生物监测结果分析

a. 叶绿素 a：2009 年 1 月、4 月、9 月和 2010 年 7 月 4 个航次的叶绿素 a 含量变化不大，叶绿素 a 含量范围为 0.2～8.6 μg/L，平均值为 0.96 μg/L，叶绿素 a 含量在 2010 年 7 月小潮涨潮时的含量最高。2012 年 5 月调查海域各站位叶绿素 a 含量普遍较低，除 3# 站位测值为 0.53 μg/L，其余站位均未检出，调查海域叶绿素 a 含量均值为＜0.50 μg/L。

b. 浮游植物：根据 2009 年 1 月、4 月、9 月和 2010 年 7 月 4 个航次调查，调查海域共采集到浮游植物 68 种，其中包括硅藻 60 种，甲藻 6 种，绿藻 2 种。主要优势种为虹彩圆筛藻、中肋骨条藻、琼氏圆筛藻、洛氏角毛藻。2012 年 5 月调查海域共采集到浮游植物 78 种，隶属 4 门 20 科 40 属，其中硅藻 65 种，占 83.4%；甲藻 9 种，占 11.5%；绿藻 3 种，占 3.8%；裸藻 1 种，占 1.3%。各站位种类数相差不大。优势种类主要有琼氏圆筛藻、虹彩圆筛藻、星脐圆筛藻、中华盒形藻、夜光藻、中肋骨条藻和具槽直链藻等。2009 年 1 月、4 月、9 月和 2010 年 7 月 4 个航次各站浮游植物密度相差不大，生物密度范围为 $4.96 \times 10^3 \sim 223.2 \times 10^3$ 个/L，平均密度为 68.5×10^3 个/L，2010 年 7 月浮游植物密度最大。2012 年 5 月调查海域浮游植物的细胞丰度测值范围为 $3.13 \times 10^3 \sim 17.6 \times 10^3$ 个/L，均值为 11.6×10^3 个/L，最大值出现在 $7^{\#}$ 站位，最小值出现在 $4^{\#}$ 站位。2009 年 1 月、4 月、9 月和 2010 年 7 月 4 个航次调查海域各站浮游植物多样性指数范围为 1.4～3.72，均值为 2.41。4 个调查航次浮游植物的多样性比较好，各航次大潮时的多样性指数高于小潮。2012 年 5 月××二期前沿海域浮游植物种类多样性指数平均值为 1.95，多样性指数一般，种类分布比较均匀。2009 年 1 月、4 月、9 月和 2010 年 7 月 4 个航次调查××二期前沿海域各站浮游植物均匀度为 0.41～0.93，浮游植物的均匀度一般。浮游植物丰富度为 0.50～1.27，丰富度较差。

　　c. 浮游动物：根据 2009 年 1 月、4 月、9 月和 2010 年 7 月 4 个航次调查，××二期前沿海域共采集到浮游动物 73 种，分属毛颚类、甲壳动物、幼体、水母类、多毛类等 8 大类 57 个属。优势种类主要有针刺拟哲水蚤、拟长腹剑水蚤、中华哲水蚤、克氏纺锤水蚤、太平洋纺锤水蚤等。2012 年 5 月调查海域共采集浮游动物 32 种，其中桡足类 10 种，占总数的 31.2%；浮游幼虫 5 种，占 15.6%；毛颚类 4 种，占 12.5%；管水母类和水螅水母类各 3 种，各占 9.4%；磷虾类和栉水母类各 2 种，各占 6.2%；端足类、介形类和糠虾类各 1 种，各占 3.1%。各站位相差不大。优势种类主要有中华哲水蚤、五角水母、漂浮囊糠虾、精致针刺水蚤、虫肢歪水蚤和百陶箭虫等。2009 年 1 月、4 月、9 月和 2010 年 7 月 4 个航次调查海域浮游动物生物密度范围为浮游动物 I 型网密度为 7.3～126.7 个/m³，II 型网密度为 39.4～346.5 个/m³；生物量为 9.2～86.7 mg/m³，平均生物量为 27.7 mg/m³。2012 年 5 月调查海域浮游动物密度范围为 15.2～68.8 个/m³，均值为 38.8 个/m³，生物量范围为 47.8～147.4 mg/m³，均值为 90.9 mg/m³。2009 年 1 月、4 月、9 月和 2010 年 7 月调查海域各站浮游动物多样性指数范围为 1.94～3.27，均值为 2.70。4 个调查航次浮游动物的多样性比较好，2010 年 7 月生物多样性最好。2012 年 5 月调查海域浮游动物种类多样性指数平均值为 2.16，多样性指数较丰富，种类分布比较均匀。2009 年 1 月、4 月、9 月和 2010 年 7 月调查海域各站浮游动物均匀度范围为 0.35～0.95，4 个调查航次浮游动物的均匀度一般。浮游动物丰富度范围为 1.31～3.42，4 个调查航次浮游动物的丰富度较好。

　　d. 底栖生物：共采集到大型底栖生物 17 种，分别隶属软体动物、多毛类、节肢动物、棘皮动物、纽形动物 5 大类 15 属。主要优势种为豆形短眼蟹、不倒翁虫、半褶织纹螺、圆筒原盒螺、叶须虫、纽虫。2012 年 5 月调查海域共采集底栖生物 5 种，其中多毛类 2 种，占 40.0%；甲壳类、软体类和鱼类各 1 种，各占 20.0%。调查海域底栖生物匮乏，3#站、5#站、6#站和 8#站采泥无生物。2009 年 1 月、4 月、9 月和 2010 年 7 月 4 个航次各站底栖生物密度为 5～65 个/m²，平均密度为 20 个/m²，生物量为 0.1～3.95 g/m³，平均生物量为 1.29 g/m³；2012 年 5 月底栖生物栖息密度平均值为 8.8 个/m²，生物量平均值为 0.41 g/m³。2009 年 1 月、4 月、9 月和 2010 年 7 月××二期前沿海域各站底栖生物多样性指数为 0.00～2.13，各个航次的多样性较差。2012 年 5 月调查海域底栖生物多样性指数平均值为 0.20，多样性指数低，种类分布不均匀。2009 年 1 月、4 月、9 月和 2010 年 7 月××二期前沿海域各站底栖生物均匀度为 0.82～1.00，4 个航次的各站均匀度较好。各站底栖生物丰富度为 0.26～0.92，4 个航次的各站丰富度很差。

e. 潮间带生物：根据 2009 年 1 月、4 月、9 月和 2010 年 7 月 4 个航次调查，××二期前沿海域共设 A 和 B 两个断面共采集到潮间带生物 46 种，分别隶属于软体动物、环节动物、节肢动物、鱼类、星虫和其他 6 个门类、35 属。主要优势种类有短滨螺、粗糙滨螺、单齿螺、粒结节滨螺。2012 年 5 月调查海域共采集潮间带生物 19 种，其中甲壳类和软体类各 7 种，各占 36.8%；多毛类 3 种，占 15.8%；其他类和鱼类各 1 种，各占 5.3%。主要优势种类有短滨螺、长足长方蟹、四齿大额蟹和单齿螺等。2009 年 1 月、4 月、9 月和 2010 年 7 月××二期前沿海域 4 个航次 A 和 B 两个潮间带生物密度范围为 0～3 608 个/m²，平均密度为 464.7 个/m²；生物量范围为 0～104.08 g/m³，平均生物量为 32.22 g/m³。2012 年 5 月调查海域 A 和 B 两个潮间带生物密度范围为 2～312 个/m²，平均密度为 131.3 个/m²；生物量范围为 0.28～56.32 g/m³，平均生物量为 24.44 g/m³。2009 年 1 月，A 断面的低潮带未采到生物样，高潮带和中潮带的生物多样性、均匀度和丰富度差，B 断面均匀度高，但是多样性和丰富度差；2009 年 4 月，A 断面的低潮带未采到生物样，高潮带和中潮带的生物多样性、均匀度和丰富度差，B 断面的多样性、均匀度和丰度要好于 A 断面，但多样性和丰富度还是很差；2009 年 7 月，A 断面的高潮带、中潮带和 B 断面的多样性较好，A 和 B 断面的均匀度较好，丰富度差；2010 年 7 月，A 和 B 断面丰富度差，A 断面的中潮带多样性一般，其他潮带较差，A 断面的中潮带和 B 断面的低潮带均匀度较好，其他潮带一般或较差。2012 年 5 月，各调查站位多样性指数平均值为 0.91，多样性指数低，种类分布不均匀。

f. 粪大肠杆菌和细菌总数调查：2009 年 1 月、4 月、9 月和 2010 年 7 月××二期前沿海域粪大肠杆菌和细菌的调查结果（略）。4 个航次粪大肠杆菌数为 20～330 个/L，粪大肠杆菌监测值均符合《海水水质标准》（GB 3097—1997）一类标准要求。4 个航次细菌总数为 305～8 200 个/L。

g. 生物体内有害物质残留量：施工期调查海域生物体内有害物质残留量监测结果除牡蛎体内铜超标（超标 0.5 倍）以外，其他监测结果均可以满足标准要求。牡蛎一直被认为对重金属具有较强的积蓄能力，Blackmore 对香港海域无脊椎动物的研究认为，与其他无脊椎动物相比，牡蛎对铜和锌的积蓄水平为最高。本工程所在海域施工期沉积物跟踪监测结果与环评阶段监测数据相比较，调查海域沉积物中铜含量较环评阶段有所降低；同时本工程未向调查海域排放与铜有关的污染物。因此，牡蛎体内铜超标与本工程无直接关联，可能与整个海区的污染水平有关。

（5）施工期渔业资源现状调查

受建设单位委托，××省海洋水产研究所于 2012 年 5 月进行了××港××港区二期集装箱码头工程施工期海域渔业资源调查。

① 调查站位

本次调查共设置了 14 个调查站位，其中 1#～12# 站位为鱼卵和仔稚鱼调查站位，Y1、Y2 为张网渔业资源调查站位。

② 调查时间

2012 年 5 月 4 日，进行了鱼卵、仔稚鱼现场调查；2012 年 5 月 6—12 日，在××张网渔业资源调查站位（Y1）进行了 7 d 的张网调查；2012 年 5 月 22—28 日，在××张网渔业资源调查站位（Y2）进行了 7 d 的张网调查。

③ 调查方法

鱼卵和仔稚鱼调查、张网渔业资源调查均按《海洋监测规范》（GB/T 17378—2007）和《建设项目对海洋生物资源影响评价技术规程》（SC/T 9110—2007）规定进行。

④ 鱼卵和仔稚鱼调查结果

2012 年 5 月调查共采集到鱼卵 2 种共 6 枚（其中鲻鱼 5 枚、小黄鱼 1 枚），隶属于 2 目 2 科 2 种；采集到仔稚鱼 1 种共 10 尾（鳀鱼）。本次调查采集到的鱼卵、仔稚鱼隶属 3 目 3 科 3 种，其中鱼卵 2 种，仔稚鱼 1 种；12 个站位中有 3 个站位出现鱼卵，为鲻鱼和小黄鱼，鱼卵分布范围为 0～15.3 个/m²，平均分布密度 2.55 个/m²；12 个站位中有 5 个站位出现仔稚鱼，均为鳀鱼，仔稚鱼数量变动范围在 0～35.7 尾/m²，平均密度为 5.1 尾/m²。

（6）固体废物影响调查（略）

点评：

　　查阅核实施工期工程环境监理和环境监测资料，是开展施工期环境影响回顾调查工作最有效的方式。本案例逐一将工程监理、环境监理中主要涉水工程数量、施工机械及施工时间与施工期相关水域的水环境、水生生物、渔业资源等监测数据进行对照分析，使施工期间两个重点环境要素（海域生态和海水水质）的环境影响调查结论可信。

6. 试运行期环境影响调查

（1）试运行期水污染源调查

试运行期水污染源主要为工作人员的生活污水以及机修车间所产生的含油污水等。

① 含油污水来源及处理方式调查

根据调查，本工程含油污水主要来源于机修车间。工程配套建设了 1 套处理能力为 5 m³/h 的 ZYF-5 型含油污水处理设施，含油污水经处理达标后，通过污水总管进入新建的生活污水处理站，经进一步处理后回用于场地绿化，富余量经排洪渠排海。根据港区及××小区用水量统计，2012 年 12 月—2013 年 3 月本工程实际油污水产生量约为 3 m³/d。工程配套建设油污水处理站处理能力可以满足要求。

② 生活污水来源及处理方式调查

港区生活污水主要来源于港区综合办公区工作人员以及生活小区住宿人员日常工作所产生的生活污水。本工程港区直接生产人员编制为 888 人，生活小区最多可住宿 1 000 人左右，据此估算，本工程在港人员生活污水日最大发生量约为 230 m³/d，根据港区及××小区用水量统计，2012 年 1—11 月本工程实际生活污水产生量约为 82 m³/d，2012 年 12 月—2013 年 3 月约为 124 m³/d。工程配套建设的生活污水处理站（处理能力为 330 m³/d）可以满足港区日常生活污水处理要求。

工程配套建设的生活污水处理站采用 SBR 污水处理工艺的，设计出水水质达到《城市污水再生利用—城市杂用水水质标准》（GB/T 18920—2002）后回用于场地绿化，富余量经处理达标后经排洪渠排海。生活污水处理站工艺流程图（略）。

③ 来港船舶生活污水和含油污水处理方式调查

按照《防治船舶污染海洋环境管理条例》的规定，靠港船舶产生的船舶污水由海事部门负责具体管理，一般情况下不得上岸处理，需通过船舶自配油水分离器及生活污水处理装置处理达标后，按照《船舶污染物排放标准》（GB 3552—83）所规定的海域排放。特殊情况下船舶确需在港区内排放污水，船方需事先向海事部门进行申请，经海事部门批准同意后，由海事部门认可的资质单位进行接收处理。调查单位通过咨询××海事局××海事处了解到，本工程试运营以来，到港船舶尚未出现需在港排放船舶污水的情况，目前在××港区有 4 家经海事部门认可，具有接收资质的单位负责接收处理船舶污水。

④ 船舶压载水处理方式调查

船舶在××港港区水域排放压载水要具备以下条件：排入水域的压载水，符合相应的排放标准；来自疫区的压载水已经过检验检疫部门的处理，并具有中华人民共和国出入境检验检疫部门签发的船舶入境检疫证，不会造成水域污染。现行许可证制度中尚未明确可能存在的船舶压载水中外来物种的检测和处理达标的管理规定。

⑤ 污水处理设施运行效果调查

本次调查委托××市环境监测中心于 2012 年 10 月对工程配套建设的生活污水处理设施和含油污水处理设施的处理效果进行了监测，监测点设置情况详见表 6-36，监测结果（略）。

表 6-36　污水处理设施监测

污水处理装置	位置	监测因子	监测要求
生活污水处理站	处理装置进口	pH、BOD_5、COD、SS、NH_3-N、动植物油、石油类	连续监测 2 d，每天监测 2 次
	处理装置出口		
含油污水处理站	处理装置进口	pH、石油类	
	处理装置出口		

由本项目的生活污水和含油污水处理设施监测结果可知，本工程配套建设的生活污水处理设施处理后的污水水质满足《污水综合排放标准》中二级标准的要求。

本工程生活污水和含油污水经处理后回用于港区绿化，富余量经排洪渠排海，参照执行《城市污水再生利用—城市杂用水水质标准》（GB/T 18920—2002）中城市绿化用水标准（pH：6～9；NH_3-N：20 mg/L；BOD_5：20 mg/L），本工程所产生的生活污水和含油污水经处理后可以满足回用的要求。建议在今后的运营过程中，加强港区污水处理设施的管理和维护，确保各污水处理设施保持正常运行。

（2）试运行期环境空气影响调查

本工程运行阶段环境空气污染源主要包括：港区装卸车辆尾气、综合办公区锅炉烟气以及集装箱熏蒸废气。

① 锅炉大气污染物达标情况调查

本工程综合办公区内建有 2 台 1 t/h（一用一备）的燃油锅炉及 1 台整体式热交换机组，为食堂和浴室提供蒸汽。锅炉采用轻质柴油作为燃料，锅炉房烟囱高度为 15 m（2 根）。本次验收调查委托××市环境监测中心于 2012 年 10 月 23—25 日对工程综合办公区配置的燃油锅炉烟气进行了监测。监测项目包括 SO_2、NO_x、烟尘和林格曼黑度。具体监测结果（略）。

由监测结果可知，本工程综合办公区配置的燃油锅炉排放口处 SO_2、NO_x 和烟尘排放浓度以及林格曼黑度均符合《锅炉大气污染物排放标准》（GB 13271—2001）中二类区 Ⅱ 时段排放限值的要求。锅炉房烟囱高度满足《锅炉大气污染物排放标准》（GB 13271—2001）中不得低于 8 m 的要求。

② 熏蒸废气影响调查

根据国家进出境集装箱检验检疫要求，对于装载有纸张、皮货、橡胶制品、精密电子仪器以及含有原木包装的货物等的集装箱，在入境时需开展集装箱熏蒸工作。为了配合国检部门开展集装箱熏蒸工作，本工程实际建设将环评阶段设计的熏蒸房（100 m²）改为固定熏蒸场地。该场地位于 8#泊位后方堆场，占地面积约 3 500 m²，场地的设置满足《集装箱熏蒸操作规程》中"与办公和居民区远离 50 m 以上，场地平整"等安全环保要求。

根据建设单位统计，2012 年本工程全年进行熏蒸的集装箱量共计 40 224 标箱，约占总吞吐量的 1.6%。在实际运营过程中，集装箱熏蒸作业全部由国检部门人员负责开展。需进行熏蒸作业的集装箱到港后，由集卡车运至固定熏蒸场地，然后在不开箱的情况下，由国检部门工作人员使用针筒向集装箱内注入熏蒸药剂，熏蒸使用的药剂为硫酰氟，投放量为 15 g/m³。投放了熏蒸药剂的集装箱达到规定的熏蒸时间后，再静置 4 h 以上由国检人员确认后由集卡车外运。

熏蒸所产生的主要环境影响是熏蒸后的集装箱开箱时有小范围硫酰氟气体扩散，熏蒸作业中投药、开箱检测全部由国检部门专业工作人员进行作业，且熏蒸投放药量较少，本工程所设置的熏蒸场地周边 50 m 范围内没有办公区等敏感建筑，集装箱熏蒸作业不会对工程所在地环境空气质量产生明显不利影响。

点评:

因工程变更将环评阶段设计的熏蒸房改为固定熏蒸场地，从安全环保方面分析了其对环境空气的影响。

---

③ 环境空气质量影响调查

本次验收调查，在距离工程 800 m 的××村设置了 1 处环境空气质量监测站位，并委托××市环境监测中心于 2012 年 10 月 23—25 日进行了环境空气质量监测。监测项目为 SO_2、NO_2 和 TSP。具体监测结果（略）。工程试运营期与环评阶段环境空气监测结果对比（略）。

由监测结果可知，工程试运营期距离本工程最近的××村处环境空气中的 SO_2、NO_2 和 TSP 含量均满足《环境空气质量标准》（GB 3095—1996）及其修改单中二级标准的要求；本工程建成后××村处环境空气中 SO_2、NO_2 和 TSP 含量较环评阶段变化不大。工程建成投入运营后对周边环境空气质量未造成明显不利影响。

（3）试运行期声环境影响调查（略）

（4）试运行期水生生物调查

为了解工程试运行期对调查海域水生生物的影响，建设单位委托××省××海洋生态环境监测站于 2012 年秋季对调查海域进行了水生生态环境监测，调查站位、调查项目、采样及分析方法同施工期水生生物调查。水生生物监测结果分析如下：

a. 叶绿素 a 含量：试运营期，各监测站叶绿素 a 含量普遍较低，其中 3#和 7#站未检出，调查海域叶绿素 a 含量均值为 0.75 mg/m³。

　　b. 浮游植物：调查海域共出现浮游植物 85 种（附件略），隶属 3 门 18 科 40 属，其中硅藻 60 种，占 70.6%；甲藻 22 种，占 25.9%；蓝藻 3 种，占 3.5%。4#站种类最多，5#站种类最少，各站相差不大。优势种类主要有中肋骨条藻、尖刺拟菱形藻、琼氏圆筛藻、旋链角毛藻和菱形海线藻等。海域浮游植物的细胞丰度测值范围为 7.50×10^3～50.8×10^3 个/L，均值为 15.4×10^3 个/L，最大值出现在 5#站，最小值出现在 7#站。海域浮游植物种类多样性指数平均值为 1.70，多样性指数一般，个体分布比较均匀。本工程所在海域水体处于轻—中污染状态。

　　c. 浮游动物：调查海域共出现大型浮游动物 36 种，其中桡足类 12 种，占总数的 33.3%；浮游幼虫 9 种，占 25.0%；毛颚类、水螅水母各 3 种，各占 8.3%；管水母类和栉水母类各 2 种，各占 5.6%；浮游多毛类、介形类、糠虾类、磷虾类和樱虾类各 1 种，各占 2.8%。2#、8#站出现种类最多，4#、5#站出现种类最少。优势种类主要有太平洋纺锤水蚤、百陶箭虫、背针胸刺水蚤、束状高手水母、长额刺糠虾和真刺唇角水蚤等。浮游动物密度测值范围为 15.3～55.3 个/m^3，均值为 27.5 个/m^3，最大值出现在 2#站，最小值出现在 4#站。浮游动物生物量测值范围为 8.0～65.0 mg/m^3，均值为 32.2 mg/m^3，最大值出现在 3#站，最小值出现在 7#站。调查海域浮游动物种类多样性指数平均值为 3.27，多样性指数高，种类分布均匀。

　　d. 底栖生物：调查海域共出现底栖生物 5 种，其中多毛类 3 种，占 60.0%；甲壳类和其他类各 1 种，各占 20.0%。调查海域底栖生物匮乏，1#、4#、6#和 7#站采泥无生物。底栖生物生物量平均值为 0.70 g/m^2，栖息密度平均值为 15.0 个/m^2。调查海域底栖生物多样性指数平均值为 0.13，多样性指数低，种类分布不均匀。

　　e. 潮间带生物：本次调查共设置 2 个断面，共鉴定大型潮间带生物 12 种，其中甲壳类 6 种，占 50.0%；软体类 5 种，占 41.7%；其他类 1 种，占 8.3%。所获优势种类有齿纹蜒螺、海蟑螂、单齿螺和短滨螺等。各断面各潮区的栖息密度和生物量（略）。各断面各潮区的平均生物量为 59.22 g/m^2，平均栖息密度为 90.0 个/m^2。多样性指数平均值为 1.74，多样性指数一般，种类分布较均匀。

　　f. 生物体内有害物质残留量：试运营期调查海域生物体内有害物质残留量监测结果除牡蛎体内铜超标（超标 2.79 倍）以外，其他监测结果均可以满足标准要求。经对本工程附近海域施工期和试运营期沉积物跟踪监测，与环评阶段相比较，附近海域沉积物中铜含量较环评阶段有所减少，同时，本工程未向附近海域排放与铜有关的污染物，因此，牡蛎体内铜超标与本工程无关，可能与整个海区的污染水平有关。

　　（5）试运行期渔业资源现状调查

　　受建设单位委托，××省海洋水产研究所于 2012 年 9 月进行了××港××港区五期集装箱码头工程试运营期海域渔业资源调查。调查站位、调查方法同施工期渔业资源现状调查。

① 鱼卵、仔鱼调查结果

2012 年 9 月调查没有采集到鱼卵；采集到仔稚鱼 2 种共 2 尾（其中凤鲚 1 尾、棘头梅童 1 尾）。本次调查没有采集到鱼卵，采集到的仔稚鱼隶属 2 目 2 科 2 种，12 个站位中有 2 个站位出现仔稚鱼，为凤鲚和棘头梅童，仔稚鱼平均密度为 0.85 尾/m²，数量变动范围在 0～5.1 尾/m²。

② 张网渔业资源调查结果

调查海域渔获物包括鱼类、甲壳类（含虾类、蟹类和口足类，由于口足类仅有虾蛄一种，因此归在虾类统计）两大类。××南面海域渔获物产量稍高于××岛西面海域，两处海域两季渔获物产量基本持平。试运营期海域张网渔获物中共有游泳生物 15 种，其中鱼类 7 种、虾类 6 种、蟹类 2 种。两处海域渔获物种类相差不大，××岛南侧海域为 11 种，××岛西侧海域为 14 种。试运营期海域张网渔获物中按照重量组成，鱼类平均占 71.30%、虾类占 27.98%、蟹类占 0.72%；按照尾数组成，鱼类平均占 40.68%、虾类占 58.48%、蟹类占 0.84%。张网渔获物重量组成中鱼类多于虾类、尾数组成中虾类多于鱼类，蟹类最少。试运营期调查海域平均相对资源重量密度为 40.8 t/km³，相对资源尾数密度为 27.24 万尾/km³。调查海域张网渔获物优势种主要为龙头鱼、凤鲚、棘头梅童、脊尾白虾、葛氏长臂虾。

（6）增殖放流实施情况调查

本工程环境影响报告书及批复文件中要求：在本工程施工完成后每年的 5—6 月实施渔业资源增殖放流活动，共放流 3 年。

根据××市政府的要求，建设单位××港股份有限公司与××市海洋与渔业局签订了"××港××港区五期集装箱码头工程实施渔业资源增殖放流生态补偿协议书"，委托××市海洋与渔业局按照环评及批复要求开展人工增殖放流和后期跟踪监测工作。按照协议要求，××市海洋与渔业局已于 2012 年 5—9 月实施了一次增殖放流活动，放流品种包括大黄鱼 50 万尾、黑鲷 50 万尾、梭子蟹 100 万只、日本对虾 150 万尾、青蛤 400 万粒、菲律宾蛤 400 万粒。××市海洋与渔业局对放流效果进行了跟踪监测，放流效果较好，对修复海洋生态环境起到了积极作用。对于协议中要求放流品种的数量而此次放流未完成的部分，××市海洋与渔业局将于 2013 年和 2014 年分两次放流完成。

另外，本工程环境影响报告书中建议工程投入使用后，购置报废船舶一艘，清理消毒后在人工鱼礁投放区投放，作为占用海域的补偿措施，但环境影响报告书的环保投资中未列支相关费用。根据××市海洋与渔业局的意见，××海域人工鱼礁投放工作应由××市海洋与渔业局统一规划并组织实施。目前××海域采用报废船舶作为人工鱼礁投放仍处于试验性开展阶段，已投放报废船舶作为人工鱼礁观测效果不明显，"十二五"期间××市海洋与渔业局没有用报废船舶作为人工鱼礁的投放规划和安排。因此，本工程未购置报废船舶作为人工鱼礁投放。

> **点评：**
> 　　生态保护措施落实情况调查是港口工程竣工环保验收调查的重点。本案例中，针对环评报告书中提出的"投放人工鱼礁的生态保护措施"，结合该建议措施提出的背景情况和验收阶段当地海域生态保护规划，说明了该措施未落实的原因，同时调查获得了海洋渔业主管部门的正面回应意见，为调查报告技术审查和环保主管部门决策提供了客观技术支撑。

　　（7）陆域生态环境影响调查

　　① 工程建设对土地利用及动植物的影响（略）

　　② 工程水土保持措施落实情况（略）

　　③ 港区绿化情况调查（略）

　　（8）固体废物影响调查

　　① 港区生活垃圾（略）

　　② 港区生产垃圾（略）

　　③ 到港船舶垃圾（略）

　　综上所述，工程试运行期产生的各类固废均得到了妥善处置。

　　（9）风险事故防范及应急措施调查

　　本工程为集装箱码头，其中危险品箱约占总吞吐量的 0.5%。工程运行后可能发生的风险事故主要是船舶在航行、靠离码头时，由于碰撞、触礁、搁浅、起火、船体破损、断裂等发生的溢油事故以及危险品箱装卸过程中因危险品泄漏，从而引发的火灾、爆炸等风险事故。

　　① 溢油风险事故应急预案

　　根据《××公司船舶溢油应急预案》：为了保证在发生风险事故对环境造成污染事故时能迅速有效地采取协调和指挥行动，工程设立了溢油应急指挥部。应急机构主要任务是协调港区各应急支持保障部门和公司各部门应急力量在应急行动中的行动，配合当地人民政府、海事局、环保局以及公安消防等有关部门或单位参与重大事故的应急反应行动。

　　② 区域应急资源与区域联防机制调查

　　根据调查，目前××港海域具有一定的应急能力。与工程相邻的××港××港区四期集装箱码头和××港区××煤炭码头也配有一定数量的溢油风险应急设施，该两个码头分别位于本工程东西两侧，且均隶属于××公司，一旦本工程发生溢油风险事故需要借助周边区域应急力量时，在地方政府及相关主管部门的统一协调下，上述两家公司可及时赶赴现场进行应急救援。

　　③ 危险货物集装箱应急预案

　　根据《××公司危险货物集装箱应急预案》：为了保证危险品集装箱作业的安全，

应对可能发生的事故，工程设立了应急指挥部。应急机构主要任务是协调港区各应急支持保障部门和公司各部门应急力量在应急行动中的行动，配合××港公安局消防大队、××港油港轮驳公司的消拖船及周边地区、单位的消防力量开展危险品货物集装箱事故状态下的应急救援工作。

（10）总量控制目标达标情况调查（略）

（11）环境管理及监测计划执行情况调查（略）

（12）公众意见调查（略）

7. 调查结论与建议（摘录）

××港××港区二期集装箱码头工程在建设过程中和试运营期间，重视环境保护工作，执行了环保"三同时"要求，施工和试运营过程中采取了有效的污染防治措施与生态保护措施，在施工和试运营阶段执行了国家和地方环保法规、规章和环境保护部对于建设项目环境保护工作的各项要求。根据本次调查，该工程满足建设项目竣工环境保护验收的条件。

点评：

本案例调查结论的写法属于第五章中"调查结论部分"第（8）项"对项目竣工环境保护验收的建议"中第①类情况。

第三节　水利水电类

一、调查重点

水利水电工程影响的对象主要是区域生态环境。不同的水利水电工程，或同一工程的不同区域，由于所处的地理位置不同，其环境影响的特点各异。水利水电工程的环境影响区域可分为库区、大坝施工区、坝下游区。影响主要表现如下：

施工期：大量土石方工程引发的水土流失；施工和淹没对野生动植物的影响，特别是对珍稀动植物的影响；大规模移民的集中安置及土地开垦带来的环境影响以及施工期产生的污废水、大气污染物、固体废物和噪声对环境敏感目标的影响。

运行期：因工程建设造成水资源时空分配的明显改变，对水资源利用的影响；闸坝下游减水河段或脱水河段引起的环境影响；水电工程调峰运行时，下游水情频繁的涨落变化对下游生态和用水的影响；清水下泄对下游河床、岸滩的冲刷影响。还有工程建设后，因拦蓄、引水、调水等改变河流、湖泊天然水体性状、改变库区及下游水体稀释扩散能力，由此可能产生水质恶化、富营养化及河口咸水入侵等；闸坝阻隔、水文情势变化等对水生生物的影响，特别是对洄游鱼类、急流鱼类、鱼类产卵场、越冬场、索饵场的影响；水库形成对自然保护区、风景名胜区等环境保护目标的综合影响；水温变化（主要是高坝下泄的低温水）对农业灌溉和水生生物的影响以及对局地气候的影响；泄洪期下泄水流形成的水雾对附近环境敏感目标的影响；库区浸没对周边土壤的影响（沼泽化、次生盐碱化）；总溶解气体过饱和对水生生物的影响等。不同的水利水电项目，可能涉及上述不同方面的问题。

针对水利水电工程的特点及其主要影响，以下分环境要素列出竣工环境保护验收调查中关注的要点。

1. 生态环境影响调查

（1）生态环境敏感目标调查

重点调查自然保护区、风景名胜区、重要湿地等的分布状况，调查应包括项目实施前已有的生态保护目标和项目实施后新确定的生态保护目标。应查清保护目标的基本情况，如保护区设立时间、级别、区划、保护物种及保护范围等，明确保护目标与项目的相对位置关系，收集比例适宜的保护目标与工程的相对位置关系图、保护区边界和功能分区图，重点保护物种的分布图等。

（2）陆生生态环境影响调查

主要调查工程占地（临时占地、永久占地），重点调查占地位置、面积、类型、用途；工程影响范围内植被类型、数量、覆盖率的变化情况，动植物种类、保护级别、分布状况、主要动物特别是保护动物适宜的生境和生活习性等；分析工程占地对生态的影响，占地的生态恢复情况等。

调查水库淹没和施工对国家、地方重点保护动植物、地方特有动植物和古树名木的影响。

调查环评及其批复文件中所要求的生态避让、恢复、减缓、补偿措施的落实情况及其效果。

调查工程土石方量、取弃土（渣）场及施工营地等临时占地的设置情况和恢复措施（包括位置、数量、占地类型、生态恢复措施及恢复效果等）。

调查生态保护及恢复措施实施情况，主要调查取弃土场的生态恢复措施及效果；弃渣场是否按照环境影响评价文件要求进行设置，位置是否合理，是否存在弃至河床、河道等影响行洪，是否存在水土流失隐患的现象；采取的弃土（渣）场挡墙、截排水沟、工程边坡防护等水土保持措施及效果。

（3）水生生态环境影响调查

调查内容主要包括：水生生物的种类、保护级别、生活习性、分布状况及生境，应重点针对珍稀保护鱼类、洄游性鱼类影响开展调查；渔业资源的变化；鱼类产卵场、索饵场和越冬场"三场"分布的变化。工程验收调查阶段，均应对工程影响范围内的水生生态现状及受影响情况，进行现场调查与对比分析。

根据工程建设前后水域内重要水生生物栖息环境及水生生物种群数量的变化情况，分析工程运行对水生生态环境的影响。重点是对珍稀濒危、特有和保护性物种的影响；对鱼类"三场"分布，渔业资源的影响；还应与环境影响评价文件中的预测结果进行比较，分析工程对水生生态影响的符合程度。

在查清项目对水生生态环境影响的基础上，须重点调查工程采取的水生生态环境保护措施及其效果；对于坝、闸工程，重点调查过鱼设施或措施、鱼类增殖放流设施的建设情况，已经开展的放流活动（放流的种类、数量、规格与位置）和今后的放流及效果监测计划。

（4）农业生态影响调查

调查工程建设对区域农业生产的影响，工程采取的农业保护措施及其效果。与环境影响评价文件对比，列表说明工程实际占地和变化情况，包括基本农田和耕地，明确占地性质、占地位置、占地面积、用途、采取的恢复措施和恢复效果。说明工程影响区域内对水利设施、农业灌溉系统采取的保护措施。

调查工程对土壤次生盐渍化、潜育化、沙化、沼泽化的影响，防治措施及效果。分析所采取的工程措施与非工程措施对区域内农业生态的影响。

（5）水土流失影响调查

调查内容主要包括：工程影响区域内水土流失背景状况、工程施工期和运行期水土流失状况、所采取的水土保护措施的实施效果等。先期完成水土保持验收工作的建设项目，水土流失影响调查可引用其验收结果。

（6）生态环境影响保护措施及其有效性分析

从自然生态环境影响、生态环境保护目标影响、农业生态影响、水土流失影响等方面分析已采取的生态环境保护措施的有效性，评述生态环境保护措施在保护生态系统结构与功能方面的保护作用（保护性质与程度）、生态功能补偿的可达性、预期可恢复程度等。根据上述分析结果，从保护、恢复、补偿和建设等方面，对存在的问题提出补救措施和建议。对短期内难以显现的预期生态影响，应提出跟踪监测要求及回顾性评价建议，并提出监测计划的建议。

水利水电工程对区域生态环境的影响具有滞后性、累积性的特点。验收调查阶段，工程的运行时间较短，有些生态环境影响问题可能尚未显现或初露端倪，调查中应特别注意发现和分析工程可能存在的长期的、隐性的和潜在的环境影响，应对长期、潜在的影响提出长期关注、跟踪监测或调查等建议。另外，涉及自然保护区、风景名胜区等生态环境保护目标的水利水电工程，在设计和建设阶段往往被要求对生态环境保护目标采取生态补偿措施并要求施工期、试运行期均开展连续的监测和调查（水生生态、水环境、陆生生态等），项目验收后，相关生态补偿、监测和调查等活动往往随着项目的验收而终止，这种情况对于长期开展与该水利水电工程相关的生态环境保护工作、分析该工程的累积生态影响和区域的生态环境管理工作都是非常不利的，因此，调查单位应根据生态学的基本原理、在综合分析验收调查结果、提出充分论据的基础上，向主管验收的环境保护行政机关和建设单位提出验收后需继续开展监测、科学考察、连续调查观测、持续生态补偿、对生态环境保护目标管理机构给予长期支持等具体建议。

2. 水文、泥沙情势影响调查

调查工程影响范围内河流水系控制性水文站的特征水文资料，以及工程运行后的水文数据；收集工程对水位、流量、泥沙调控的设计资料和运行方案。涉及梯级开发的水利水电工程，应调查相关的水利水电工程联合调度资料。对造成下游河道减（脱）水的建设项目，应重点调查坝下减脱水段及减脱水段的长度等；下泄生态基流的保证措施及效果。收集工程建设前后水文、泥沙资料，分析其变化情况，调查相应保护措施的落实和减缓效果。

水库工程要重点分析最小下泄流量、水量过程变化特征；引水工程应重点分析引水量对河流生态用水及下游水资源开发利用的影响；跨流域调水工程应重点分析调水区和受水区水资源利用的影响。对于长期运行才能显现的泥沙情势的影响，应提出长期观测调查计划建议。

调查高坝坝前水温分布情况、下泄低温水沿程变化及恢复情况，根据下游用水水温要求，分析工程低温水下泄对下游水生生物、鱼类及农业灌溉的影响。

3. 水环境影响调查

调查建设项目所在区域的河流、水库的水环境保护目标及分布，重点调查流域内饮用水水源保护区和取水口的位置、性质、取用水量和取水要求。调查水库库底清理情况及验收结论。重点调查工程蓄水后，库区水位、水深、流速、水体交换速度等的变化和对水体富营养化的影响；下游水文情势的变化情况，包括流量、流速、水位变化等；对下游水质的影响。地表水环境质量监测范围应包括工程主要影响区，即上下游水质监测。水库工程包括库区、库湾、一级支流、大坝下游等；供水工程包括引水口、输水沿线、与河渠交叉处、调蓄水体；灌溉工程包括输水和退水水质、地下水水位和水质等。

4. 社会环境影响调查

主要包括对下游生活及工农业用水、上游排水等的影响和移民安置不当带来的环境影响。重点调查移民安置区环境保护措施的落实情况及其效果，迁建企业和复建专项设施的环境影响分析。

调查建设项目施工区、永久占地区及影响范围内的具有保护价值的文物古迹，明确保护级别、保护对象与工程的位置关系等，调查保护措施的落实情况及效果。

对用水及排水的影响主要调查：① 工程影响范围内上下游生活及工农业用水取水口、排水口的设置情况，包括取排水量、取排水口设置高程等；② 工程建成后，下游水量、水位、水质变化等对下游生活及工农业用水取水的影响；③ 工程建成后，上游水位上升对原有取排水的影响。

移民安置环境影响主要调查移民数量、安置方式等，对移民集中安置区应调查安置后带来的新的环境影响和环评及其批复文件中有关移民安置的环境保护要求落实情况。

5. 环境风险事故防范及应急措施调查

水利水电类项目的危险源一般为变压器油、水轮机油、其他机械润滑油和废六氟化硫等，这些物质在《国家危险废物名录》中均被列为危险废物。

调查中应根据建设项目可能存在的环境风险事故的特点及环境影响评价文件中有关内容和要求确定调查内容，包括：

① 工程施工期和运行期存在的环境风险因素调查，是否出现过环境风险污染事故，水利水电工程可能存在的环境风险因素是漏油事故污染水体及土壤；

② 施工期和运行期环境风险事故发生情况、原因及造成的环境影响调查，并给出补救措施及其效果；

③ 工程环境风险防范措施、应急预案的制定及报备情况，主要环境风险防范措施是变压器事故油池设置、润滑油、透平油贮存罐及回收设施等；

④ 调查工程环境风险事故防范与应急管理机构的设置、应急器材置备和演练情况。

6. 公众意见调查

了解工程影响区域内公众（包括下游用水单位）和专家对工程施工期、试运行期环境保护工作的意见，以及工程建设、运行对影响范围内居民工作和生活的环境影响情况，跨流域调水工程应重点关注下游用水企事业单位的影响情况。

二、案例

××水电站枢纽工程竣工环境保护验收调查报告

1. 工程概况

水电站位于××流域××河干流，枢纽工程坝址距××县城 15 km，坝址以上流域面积 98 500 km²，约占××河流域面积的 75%。水电站正常蓄水位为 375 m，相应库容为 162.1 亿 m³，电站总装机容量为 420 万 kW，年发电量约为 156.7 亿 kW·h，防洪库容为 50 亿 m³。此工程为大型水库、中型电站工程。水库淹没涉及××省、××省 5 个地区 10 个县。

大坝为碾压混凝土重力坝，最大坝高 192 m，坝顶长 746.49 m，大坝自右至左共分 32 个坝段，泄水建筑物布置在大坝河床部位，为溢流坝段，设有 7 个表孔和 2 个底孔，表孔、底孔均采用鼻坎挑流的消能形式，设计洪水时最大泄量为 23 524 m³/s。表孔担负泄洪和放空水库任务；底孔一般不参与泄洪，主要担负后期导流、水库放空和排沙任务。

引水发电系统布置在左岸，除进水口、尾水出口、开关站和出线平台及中央控制楼布置在地面外，其余均布置于左岸地下。发电系统布置在左岸坝后的山体内，引水管内径 8.7～10.0 m，引水道长度为 248.94～256.55 m，每三台机共用一个尾水调压井和一条尾水洞。

已完成了通航建筑物一期工程（上游引航道、通航坝段、第一级升船机塔楼等）。通航建筑物布置在右岸，采用二级全平衡重垂直升船机，两级升船机最大提升高度分别为 88.5 m 和 90.5 m，两级之间通过错船渠道相连。升船机轴线与坝轴线正交，通航建筑物全长为 1 800.0 m。××水电站工程主要特性见表 6-37。

表 6-37　工程主要特性（摘）

序号	项目	单位	可研阶段指标	实际指标	备注
1 水文气象泥沙	河流流域面积	km²		138 340	
	工程控制流域面积	km²		98 500	
	坝址多年平均径流量	亿 m³		508	
	坝址多年平均流量	m³/s		1 610	
	设计洪水流量	m³/s		27 600	500 年一遇
	校核洪水流量	m³/s		35 500	10 000 年一遇
	最大可能洪水流量	m³/s		42 600	
	多年平均年输沙量	万 t		5 240	1960—1992 年
	多年平均含沙量	kg/m³		1.05	1960—1992 年
2 水库	正常蓄水位	m		375	
	设计洪水位	m		377.26	
	校核洪水位	m		381.84	
	防洪限制水位	m		359.3	
	死水位	m		330	
	正常蓄水位以下库容	亿 m³		162.1	
	校核洪水位以下库容	亿 m³		179.6	
	兴利库容	亿 m³		111.5	

序号	项目	单位	可研阶段指标	实际指标	备注
2 水库	防洪库容	亿 m³	50		
	调节流量	m³/s	1 100		
	水库面积	km²	360	363.42	
	淤沙高程	m	287.6		
3 淹没	淹没耕地	hm²	5 613	6 128	
	迁移人口	万人	7.82	7.72	测算至 2008 年
4 大坝	坝型		碾压混凝土实体重力坝		
	坝顶高程	m	382		
	最大坝高	m	192		
	坝顶长度	m	746.49		
	坝顶宽度	m	14		
	坝底宽度	m	168.58		
	最大下泄流量	m³/s	28 190		
	坝基岩石		砂岩、板岩		
	地震烈度	度	7		
	大坝地震设防等级	度	8		
	大坝建筑物等级		一级		
5 厂房			略		
6 垂直升船机			略		
7 工程施工			略		
8 工程效益			略		
9 经济指标			略		

2. 环境敏感目标

由于环评文件对于水环境、环境空气、声环境以及社会环境等方面的环境敏感保护目标未作详细描述，同时，由于环评文件审批之后调查区环境现状又有一定变化，导致验收调查时，调查区涉及的环境敏感保护目标较环评阶段有所增加。

环境敏感保护目标见表 6-38。

表 6-38　环境敏感保护目标一览（摘）

要素	对象	区位关系	具体情况
水环境	××县城水厂取水口区间河段水体	××水电站坝址—××县城水厂取水口区间 15 km 河段（岩滩水库库尾）	该 15 km 河段由于××县城水厂取水需要,划定为《地表水环境质量标准》（GB 3838—2002）Ⅱ类区,该水厂主要承担××县城老城区的供水任务,日可生产饮用水 1.0 万 t
	××水文站	××水文站位于××坝下 15.1 km,距岩滩坝址 150 km,是××的出库站,也是岩滩的入库站	××水文站于 1959 年 5 月设立,控制流域面积为 105 535 km^2,是××河中游的主要控制站,观测水位、流量、泥沙等项目
	××省界水质自动监测站	××省界水质自动监测站位于××水文站内,是××两省（区）的省界监测站	2009 年 9 月 24 日,××省界水质自动监测站正式运行,对××省经××河流入××省境内的来水实现水量、水质同步监测,实时、连续、准确地掌握和评价入境来水的水质状况及动态变化趋势
	××水电站水库水体	××江汇口以下的干流 130 km、汇口以上的××江 109 km、汇口以上的××江 100 km,以及库区主要支流（××河、××江等）	水库面积为 377 km^2,正常蓄水位以下库容为 162.1 亿 m^3,死水位为 330 m,死库容为 50.6 亿 m^3,水库干流平均河宽为 850 m,平均水深为 92.7 m。库区水体水质标准为《地表水环境质量标准》（GB 3838—2002）Ⅲ类
生态环境	珍稀植物	共计 56 种,如金毛狗脊、桫椤、叉孢苏铁、黄枝油杉、油杉、罗汉松、樟树、金丝李、柄翅果、××芒木、蝴蝶果、顶果木、苏木、花榈木、红豆树、榉树等	
	国家重点保护动物	略	
	古大树	略	
	珍稀鱼类	略	
环境空气、声环境	××沟居民点	约 3 户 20 人,施工征地范围外,距××沟中心炸药库 50 m,高差为 40 m	为施工结束后新迁居民点;目前××沟渣场、炸药库已停止使用,该居民点基本不受施工活动影响
	××屯居民点	共计 115 人,施工征地范围内,距离大法坪砂石系统较近	2005 年 9 月前未搬迁,砂石系统粉尘对其影响较大,2005 年 9 月已搬迁;目前该居民点已搬迁至××移民新村,在施工区外,与施工区高差很大
	××屯居民点		
社会环境	社会经济	水库淹没涉及 10 县的 48 个乡（镇）的社会经济、旅游发展、航运等	
	人群健康	××水电站枢纽工程建设区及其周边区域集中居民点	
	文物和景观	环评阶段提及的××省××县××清代墓葬、××县××桥、××县××庙“×××记”碑,××省××县××镇的××村、××村旧石器散布点、××村无脊椎动物化石发现点;库区自然景观	

3. 环境保护措施落实情况调查

（1）自然保护区措施落实情况（略）

（2）生态保护措施落实情况

① 陆生植物保护措施落实情况

a. 大力发展林业，增加森林覆盖度

对库区各县进行调查中发现，近些年来，各县均发展了一定数量的经济林和果木林，库区常见的经济林有桉树林、马尾松林，常见的果木林有油桐、油茶、龙眼、板栗等。根据遥感图像解译，2001 年调查区内有经济林 12 106.06 hm^2，2008 年调查区内经济林面积达 24 121.12 hm^2，比 2001 年增加了 1 215.06 hm^2。

b. 建立珍稀植物园，对库区淹没线以下的珍稀濒危植物及古大树进行抢救性保护

××、×× 两省区共建立 5 个珍稀植物移植园用以移植库区 375 m 淹没线以下的珍稀濒危植物及古大树，移植园除了对珍稀植物和古大树进行抢救性的迁地保护外，其内还开辟了栽培、繁育基地，用以人工繁育珍稀植物。

5 个珍稀植物移植园分别为 ×× 大峡谷珍稀植物园、×× 基地珍稀野生植物园、×× 自然保护区珍稀植物园、×× 库区珍稀植物 ×× 植物园及 ×× 林场野生珍稀植物及古树迁地保护基地，5 个移植园已于 20×× 年 12 月正式通过专家组验收。

c. 加强宣传教育，防止移民动迁时对植物的破坏

通过座谈会、发放宣传册、宣传横幅等方式，对当地群众进行了宣传教育工作。

在珍稀植物及古大树移栽过程中，聘用了当地群众参与，让当地群众对珍稀植物及古大树的价值有了一定的了解。

同时，建设了珍稀植物移植园，有一部分已经作为当地的科普教育基地，这些教育基地均布设了一定数量的宣传牌，基地的建立，对于提高当地群众的环境保护意识、加强珍稀濒危植物的保护，都起到了积极的推动作用。

② 陆生动物保护措施落实情况

a. 高程 450 m 以上大力发展林业，为动物营造有利生境

近些年天然林保护工程和退耕还林政策的实施，使调查区内 450 m 以上林地面积有所增加，但新发展的林地多为人工林，且多为幼龄林，主要为小型兽类、林禽和陆禽提供生境。

b. 加强宣传教育及执法工作，提高全民保护意识

通过座谈会、发放宣传册、宣传横幅等方式，对当地群众进行了宣传教育工作，禁止捕捉野生动物和破坏其生境的行为。

c. 其他保护措施

在施工时尽量减轻对周边地区景观破坏，工程结束时恢复原有景观。严格限制进入保护区车辆鸣笛范围、夜间行车等有碍野生动物活动的一切行为，尤其在野生动物

繁殖季节。加强保护区巡护工作，提高打击破坏野生动物资源的力度。对珍稀野生动物原有生存环境进行有效保护，最大限度地减少人为干扰，消除一切不利因素影响。在被保护动物如穿山甲、蟒蛇等经常出没地段设置补充饲料基地，种植珍稀濒危动物喜食的作物。

③ 水生生物保护措施落实情况

a. 制定库区渔业发展规划

2010 年 9 月，××公司委托××水产研究完成了《××河××水电站库区水产养殖容量规划（2011—2025 年）》。此外，库区各地方政府对渔业生产较重视，并制定了渔业规划。如××县编制了《2006—2020 年××县××渔业发展规划》，××县制定了《××电站××县库区渔业发展规划》，××县制定了《××水库××库区渔业发展规划》，××县制定了《××、××水库渔业发展规划》等。

b. 水生生物生境保护

××水电站工程建设前库区已建有 5 个县级自然保护区，即××省××县××河、××河××林自然保护区，××省××、××和××河谷季雨林自然保护区。电站建设后，经过调整升级，目前库区涉及的自然保护区共 4 个，分别为××植物国家级自然保护区、××省级自然保护区、××省××河谷季雨林县级自然保护区及××省××河谷季雨林县级自然保护区。这些保护区虽然不是专门为保护库区水域生态而设立的，但保护区的河流多为库区支流，对保护区水域水生态环境及水生生物特别是鱼类的保护及库区鱼类多样性的保护有重要作用。特别是××省级自然保护区，涉及支流××河、××河，保护区的保护对维持这些支流流水性鱼类起到了重要作用。

c. 鱼类增殖放流

为了保护库区渔业资源，2010 年 7 月 6 日，××公司在库区举行了鱼类增殖放流仪式，放流鲢、鳙、青鱼、赤眼鳟等 6 种鱼类 126 万尾；2010 年 7 月 2 日，××省××县××库区渔业资源增殖放流活动在××库区××码头举行了启动仪式，当天放流鳙、草鱼、鲤等鱼种 30 万尾，整个活动将分别在××库区××码头和××码头进行，总放流量将达 400 万尾。此外，当地渔业管理部门也进行过零星的鱼类放流，如××水产局 2008 年组织向库区投放规格为 3 寸的鲢、鳙鱼种 15 万尾，鲤鱼种 15 万尾，2009 年投放鲤鱼种 50 万尾。

④ 水土保持措施落实情况

a. 工程措施（略）

b. 植物措施（略）

c. 临时措施（略）

（3）环境污染防治措施落实情况

① 水库水质保护措施落实情况

a. 近年来，××库区库周各县积极调整了其产业结构，重点发展无污染或轻污染、高效益产业，限制重污染企业的兴建，严格落实了环境影响评价"三同时"制度，兴建了大批生活污水处理厂、生活垃圾填埋场等环境保护基础设施以保护库区水质。

b. 近年来，××省依托长江流域污染防治为重点，综合采取法律、行政、经济、技术措施，加大结构性污染治理力度，完善环境基础设施，环保工作取得明显成效。目前，××（××县出境断面）等段面的水环境质量较以往同期有大幅度改善。

c. 近年来，××库区库周各县以坡改梯、退耕还林、封山育林等工程或生物措施进行水土流失治理，缓坡地以种植经济林、果木林为重点，25°以上的耕地退耕还林还草，大力恢复和扩大林草植被，革除烧山垦荒陋习，营造水土保持林和水源涵养林，推进天然林资源保护、水土流失治理、××江防护林建设、岩溶石漠化生态建设、沃土工程、节水农业、农村沼气池和自然保护区建设，各县水土保持工作和生态农业发展取得良好效果。

d. 2006 年××水电站完成了水库 330 m 以下库底清理验收，2007 年完成了水库 330～375 m 库底清理验收。

e. 根据库区水产养殖发展情况，××县编制了《2006—2020 年××县××渔业发展规划》，××县制定了《××电站××县库区渔业发展规划》，××县制定了《××水库××库区渔业发展规划》，××县制定了《××、××水库渔业发展规划》等，充分利用××库区水面发展水产养殖业和水产加工业。

f. 2009 年 8 月，××公司委托××水产研究所开展了××水库水产养殖容量规划相关研究；2010 年 9 月，××水产研究所完成了《××河××水电站库区水产养殖容量规划（2011—2025 年）》。

g. 2009 年 8 月，××公司委托××水产研究所开展了××水库水体富营养化类比研究相关工作；2010 年 9 月，××水产研究所根据与××水库运行特点相似的并已经处于富营养化状态的××桥一级水库实际情况以及类比研究的可行性，编制了《××水库与××桥水库水体富营养化类比研究报告》。根据水库水体富营养化形成的机理与条件类比研究表明，××桥水库运行至营养稳定期，水质营养状态仍处于临界富营养型状态，××水库正处于水质营养暴发期，水质营养处于中营养状态。

② 施工区水质保护措施落实情况

a. 大法坪砂石系统废水处理

Ⅰ. 措施实施情况

大法坪砂石系统设计生产能力为 2 000 t/h，设计处理能力为 2 500 t/h，砂石生产加工过程中有洗砂、洗石工艺，砂石料经过加工后有一部分粒径 0.15 mm 以下的粉砂和毛石料的泥浆进入水中，形成高悬浮物浓度废水。

大法坪砂石加工系统的设计生产能力很大，在建设初期其生产废水处理仍规划采用辐流式沉淀压滤机脱水处理方式，共设计直径 $D=40$ m 的辐流式沉淀池 4 座，并配备 XMZ1060/2000 型箱式压滤机 8 台。但由于建设场地的限制，主要设施只能布置在采石场的山脚下，爆破滚石对废水处理系统建筑物构成极大威胁。

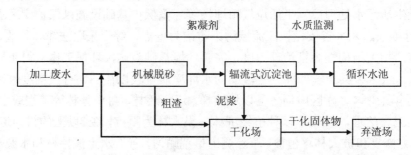

图 6-7　××砂石系统废水辐流沉淀池、刮泥机浓缩和压滤机干化处理系统工艺流程

为了确保系统的安全运行及节约运行管理成本，在进行废水处理设施土建施工时，经过认真考察和评审，将原设计方案更改为废水处理池和环保型劲马泵处理系统方式，废水处理池和环保型劲马处理系统由沉淀池、回收水池、回收水泵站、劲马泵系统、清淤船、输送管道、堆渣库等组成。

2005 年 1 月，××砂石生产废水处理系统开始改建为尾渣库长距离处理方式，2005 年 4 月 1 日投入运行，至 2008 年 1 月砂石料系统完成生产任务而停止使用。

Ⅱ. 处理效果

根据××市环境保护监测站的《××水电站施工区环境监测报告》中施工期××石系统生产废水处理尾渣库底部排洪管渗出废水水质监测结果可知：施工期××石系统生产废水处理尾渣库底部排洪管渗出废水监测因子中，超标因子为悬浮物，最高超标时达到 5 775 mg/L（2006 年 4 月），超标原因主要是施工高峰期废水的冲击负荷大，导致尾渣库防渗、防漏设施局部失效，从而使尾渣库底部排洪管渗出废水的悬浮物超标。

根据××石系统生产废水处理尾渣库底部排洪管渗出废水水质超标的情况，××市环保局于 2005 年以"×环字[2005]16 号"《关于对××水电工程施工区向××河排放未经处理达标废水的整改通知》责成有关部门限期对未达标排放的生产废水进行整改。经过整改，2006 年 4 月之后，大法坪砂石系统生产废水处理尾渣库底部排洪管渗出废水水质明显好转，超标现象不明显。

b. 混凝土拌和系统废水处理

右岸混凝土生产系统：布置于右岸坝线下游约 350 m 处（直线距离），共布置了 2 个混凝土生产系统，分别是高程为 308.5 m 和 360 m 的混凝土生产系统。

左岸混凝土生产系统：布置了左岸高程为 382 m 的混凝土生产系统，左岸高程为 345 m 的混凝土生产系统（根据左岸工程施工强度需要，在 2005 年新增）。

××水电站环境影响复核评价报告书及其批复对混凝土生产废水处理措施未提具体要求。根据 2001 年××水电站施工区环境保护规划设计要求，混凝土系统生产废水处理方法采用斜管加药沉淀池处理，处理出水循环利用的处理措施。

喷淋水循环过程：制水厂将冷水泵送至喷淋洞内，进行混凝土骨料喷淋，喷淋骨料经脱水筛脱水，脱出的废水经淋水洞，依靠重力送至水处理系统进行处理，处理后的清水用泵送至制水厂。喷淋废水首先自流进入平流式锥底沉砂池处理后，再加絮凝剂与废水混合，进行机械搅拌反应后，进入斜管沉淀池进行沉淀处理，处理后出水进入清水池，最后泵入制水厂混合水池。

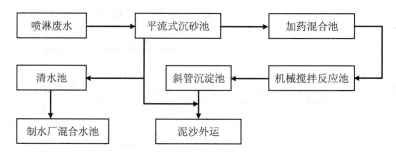

图 6-8 ××水电站混凝土加工系统废水处理工艺流程

c. 基坑废水处理

××水电站基坑初期排水总抽水量为 150 万 m^3，土石围堰内经常性排水抽水强度为 1 700 m^3/h，混凝土围堰内抽水强度为 2192 m^3/h。环境影响复核及补充评价报告书及其批复对基坑废水处理措施未提具体要求。

××水电站工程施工期对基坑废水进行悬浮物沉降 2 h 后，将上层清水抽排入××河，在枯水季节延长沉淀时间，在基坑排水过程中也加强了管理和监测。由于基坑废水量少且施工期间采取了相关防治措施后达标排放，××水电站工程施工期基坑废水对××河水体水质基本无影响。

d. 含油废水处理

××水电站对外交通主要依靠路上运输，水运任务很少，施工期间河水油污染问题较小。含油废水主要来自陆上燃油机械、运输车辆的滴漏，随雨水排入河道中。环境影响复核与补充评价报告书及其批复对含油废水处理措施未提具体要求。

××水电站工程施工期实施的含油废水防治措施主要有：加强施工监督管理，施工区岸边施工企业、施工用船和过往的船舶不准直接向水体中排放含油废水；配套××营体、××联营体、葛洲坝集团××项目部、××局三经部与××公司含油废水处理设施并保持其运转正常。由于含油废水量少且施工期间采取了相关防治措施后达标排放，××水电站工程施工期含油废水对××河水体水质基本无影响。

e. 生活污水处理

Ⅰ. 生活污水处理措施实施情况

××水电站前方施工区施工高峰期人数约 8 000 人，日产生活污水量约 800 t。工程施工期间，所有的公共设施建筑物均配套建设了标准化粪池，下水管道进行清污分流，对集中收集下水管道的生活污水进行相应的二级生化处理。

××生活基地高峰期约 1 000 人，在配套建设标准化粪池、下水管道进行清污分流后，进入××开发区的二级生化处理厂进行处理后达标排放。

前方施工区生活污水处理工艺为：污水经过格栅拦渣，拦出污水中较大的漂浮物，随后进入沉淀沉砂池进行沉淀处理，去除部分悬浮物后进入初滤池，经过滤处理后再经两段生物接触氧化处理、高负荷生物过滤，最后进行消毒处理后排放。

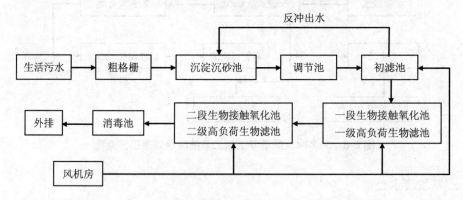

图 6-9　　××水电站前方施工区生活污水处理工艺流程

Ⅱ. 生活污水处理的效果

××水电站环境影响复核与补充评价报告书及其批复对施工区生活污水水体的要求为："在施工人员集中地方修建厕所和化粪池，对较大生活营地生活污水进行一定的处理，达标排放进入××河"。××水电站施工期间，前方施工区所有的公共设施建筑物均配套建设了标准化粪池，下水管道进行清污分流，对集中收集下水管道的生活污水进行相应的二级生化处理。××生活基地配套建设标准化粪池，下水管道进行清污分流，然后进入××开发区的二级生化处理厂进行处理后达标排放。

根据××市环境保护监测站的《××水电站施工区环境监测报告》中施工期生活污水处理设施污水排放口水质监测结果可知，××水电站工程施工区生活污水处理设施污水排放口水体水质存在一定的超标情况，其中超标倍数最多的为粪大肠菌群数。

③ 环境空气保护措施落实情况（略）

④ 声环境保护措施落实情况（略）

⑤ 生活垃圾处理措施落实情况（略）

（4）社会环境保护措施落实情况

① 人群健康保护措施落实情况（略）

a. 施工区卫生和人群健康

b. 水库库底清理

c. 饮用水水源保护

d. 制定卫生保健制度

② 文物古迹保护措施落实情况（略）

点评：

本案例应在环保措施落实情况调查的基础上，采用列表的形式概括描述工程在设计、施工、试运行阶段针对生态环境影响、污染影响和社会环境影响等所采取的环保措施落实情况，并重点对环评批复意见的落实情况——予以对照核实、说明，并对未落实的措施及变更措施进行分析说明。

4．环保投资概算与落实情况调查

（1）环保投资概算

根据工程补充评价报告书及其批复意见，工程总体的环境保护投资共计 19 772 万元，各分项的环保投资见表 6-39。

表 6-39　环评阶段环境保护投资分项投资统计

序号	项目	简要说明	环保投资/万元	备注
1	施工区环境保护	建立集中式砂石料加工废水处理系统 2 座，总处理水量 4 157 m³/h，生活污水和××基地中心医院废水处理系统各 1 座，1 个生活垃圾站及部分环保设备	1 242	
2	水土保持	包括工程措施、植物措施和土地整治措施	14 000	初步估算
3	自然保护区环境保护	包括猕猴保护费、珍稀濒危植物移植费等 7 项经费	1 250	
4	人群健康保护	对移民及施工人员共 9.8 万人进行普查，疫情抽查 0.98 万人	297	
5	环境监测	水环境监测	86	
		大气环境监测	40	
		噪声监测	40	
		水土流失监测	84	
		水库水温监测	45	
		水库气候观测	60	
		生态调查与观测	750	
6	环境监理	施工区环境监理	468	设备由业主提供，列入工程监理费用
		库区及移民安置区环境监理	780	

序号	项目	简要说明	环保投资/万元	备注
7	环境管理			在工程建设管理费中列支
8	环境培训	包括定期协调会、技术培训、专题研讨和考察	130	
9	专题研究及后评估	对施工意外环境事件进行分析研究，并开展回顾评价	500	
	合计		19 772	

（2）环保投资落实情况

验收阶段工程，环境保护累计投资费用为 80 408.98 万元。

表 6-40　工程环境保护工程投资落实情况统计

序号	具体环境保护工程项目	已完成投资/万元
一	环境保护设施建设及管理项目	5 685
1	生产废水处理	4 224
1.1	麻村生产废水处理厂	1 607
1.2	大法坪生产废水处理系统	1 675
1.3	大坝拌和系统生产废水处理系统建设及运行费用	690
1.4	其他生产废水处理系统建设及运行费用	252
2	环境卫生投资	1 331
2.1	卫生防疫费用	175
2.2	垃圾处理及运输费用	550
2.3	承包商营地生活污水处理系统建设及运行费用	318
2.4	××生活用水净化系统建设及运行费用	20
2.5	噪声、大气质量控制方面的费用	62
2.6	场地及道路洒水维护费	206
3	环境监测及排污费	130
二	自然保护区及珍稀物种保护	1 378.48
1	××省××县××自然保护区淹没损失补偿	30
2	××省级自然保护区珍稀植物及古树迁地保护	482.36
3	××植物自然保护区珍稀动植物及古树迁地保护	290.21
4	××县××自然保护区珍稀动植物及古树迁地保护	163.38
5	××县××自然保护区珍稀动植物及古树迁地保护	183.94
6	××水电站××野生珍稀植物保护园珍稀植物及古树迁地保护	228.59
三	水土保持工程投资（摘自枢纽区水土保持验收专题）	70 871.31
四	水库淹没区灭鼠	424.19
1	水库淹没区××部分	209.93

序号	具体环境保护工程项目	已完成投资/万元
2	水库淹没区××部分	214.26
五	施工区环保设计	500
六	环保水保综合监理	450
七	环保水保专题验收调查	600
八	鱼类放流以及相关专题研究（库区水资源保护专题研究、水产养殖容量规划等）	500
	××水电站枢纽区环境保护工程投资合计	80 408.98

点评：

本案例中明确了实际环境保护投资和环境影响评价时的投资，但应整合为同一张表，分项进行对比分析，并说明环境保护投资变化的原因。

5. 生态环境影响调查

（1）陆生植物影响调查

① 工程占地及恢复调查

a. 枢纽建构筑区

枢纽建构筑区主要包括尾水洞出口、开关站、中控楼、导流洞进出口、大坝、通航建筑物等，占地面积共 128.03 hm²。根据现场检查，枢纽建构筑区的尾水平台、开关站、中控楼等场地边坡及空地实施了绿化措施，绿化面积共 1.50 hm²，边坡主要栽植爬山虎，现场检查发现爬山虎已基本成活且长势良好。

b. 弃渣场

工程设××沟、××沟、××区、××沟、××堡、××沟、××沟和××滩共8 个弃渣场，总占地面积为 130.64 hm²。其中××滩渣场位于左岸坝址上游 1 km 处，××堡渣场位于坝址上游右岸 0.6 km 处，两个渣场被淹没，未采取植被恢复措施。××沟渣场、××沟渣场、××区渣场及××沟渣场已经过碾压平整、填作施工营地，并且在空地处进行了绿化：顶面主要铺设马尼拉草坪或种植香根草，并栽植樟树、四季桂、小叶榕、大王椰、羊蹄甲、柳叶桉、三角梅、夹竹桃等作为点缀；上边坡主要种植有爬山虎，下边坡主要种植野毛豆、澎蜞菊。

为了解弃渣场植被在自然恢复后的群落学特征，对××沟和××沟 2 个弃渣场植被现状进行了样方调查，共设置 2 个样方，样方面积约 25 m²。根据样方调查，××沟弃渣场自然恢复的植被分为草本层和地被层 2 层，总覆盖度达 90%以上，其中草本层以狗牙根为优势种，伴生有紫茎泽兰、胜红蓟、芦竹、龙葵、一莲蓬、水蓼和问荆等蕨类，地被层主要为一些苔藓类。而××沟弃渣场自然恢复的植被可分为灌木层和草本层 2 层，群落总盖度约 40%，高度 1～1.5 m，灌木层主要以荚蒾为优势种，伴生有黄果茄、粗叶地桃花和少量龙须藤，草本层主要有五节芒、一莲蓬、香丝草、鬼针草、棱子芹、琉璃草和一些蕨类。

综上所述，8个弃渣场中除××滩和××堡弃渣场被淹没外，其余渣场均已恢复，尤其是××沟渣场、××沟渣场、××区渣场及××沟渣场在填作施工营地后又进行了绿化恢复，不仅有效地防止了水土流失而且使当地环境得到美化。而××沟和××沟弃渣场有许多植物生长并最终发展为具有一定抵抗力稳定性和恢复力稳定性的藤刺灌丛，这主要与该地优越的水热条件有关，在优厚的环境因子的作用下，该地的植被覆盖度会继续提高、生态环境可以依靠自身力量实现自我修复。

c. 施工生产生活区

施工生产生活区主要包括砂石料加工系统、混凝土拌和系统、施工场地和生活营地等，占地面积共 187.34 hm^2，集中布置在左岸的××区、××沟区、××沟区，右岸的××堡区、××沟、坝址至××区，××县城的××区以及其他零星施工场地。

××沟、××沟、××沟、××沟等区块内的施工生产生活设施主要由施工弃渣场经碾压平整、防护后形成。现场调查显示，××坪、××、××沟、××以及武警消防营地等5个施工营地及××村砂石料系统生活区实施了绿化美化，主要种植四季桂、桉树、羊蹄甲、小叶榕、樟树、苏铁、鱼尾葵等乔灌木，绿化草种主要为马尼拉草皮、局部边坡坡脚栽植爬山虎、野毛豆、澎蜞菊。植物成活率达95%以上，植被覆盖度达80%。

××生活基地内主要种植有三药槟榔、大王椰、糖胶树、印度紫檀、蒲葵、丛生鱼尾葵、散尾葵、垂叶榕、小叶榕、羊蹄甲、佛肚竹、白玉兰、四季桂等绿化树种，品种繁多、布局合理，成为县城内一道亮丽风景。

工程设置有2个砂石料加工场地，即××村砂石料加工系统和××坪砂石料加工系统，分别位于××村砂石料厂和××坪砂石料场附近。由于这2个石料厂将预留在后续工程中作为备用料场，因此，2个料场及其加工系统设备均未拆除，场地未施行植被恢复措施，仅在周围空地上自然生长出一些高大草本，以禾本科的五节芒和菊科的小白酒草为主，植被覆盖率较低，建议尽快采取临时恢复措施，可选择夹竹桃、桉树等一些对土质要求较低、易成活的树种进行栽植。

d. 施工道路区

工程建设共修建施工道路 31.61 km，其中永久道路 16.70 km，临时道路 14.91 km，总占地面积 32.41 hm^2。此次调查对其中的 12 条道路进行了抽查。

根据检查，各条道路均实施了植被恢复措施，在清除原有混凝土地面和碎石垫层后，回填种植土，种植小叶榕、三角梅作为行道绿化树。路堑边坡采用浆砌石护坡后栽植了爬山虎、野毛豆及香根草，各种植物长势较好，成活率达80%，林草植被覆盖度约70%。

临时道路迹地主要依靠自然恢复植被，主要以五节芒、白茅和小白酒草为主，伴生有苎麻、黄果茄、粗叶地桃花、荚蒾及少量龙须藤等，目前基本无裸露地块。

e. 料场开采区

工程设置两处石料场和一处土料场，分别为××村、××石料场和××堡土料场，总占地面积为 21.93 hm²。××堡土料场现已被淹没，无法开展调查。××村石料场预留在后续工程中作为主料场，××石料场预留在后续工程中作为备用料场，因此，现阶段现场未实施恢复措施。根据现场调查，建设单位已做好石料场的拦挡和排水措施，石料场的水土流失控制在料场征占地范围内。

② 水库淹没对植被的影响

环评阶段认为水库淹没对植物区系的影响仅为减少一些植物种类的个体数量，而组成本地区的植物区系种类不会发生变化，不存在淹没引起物种灭绝的问题。

××水库蓄水后，被淹没的植被类型有 11 种，主要是一部分的仪花—柄翅果—高山栲林和小部分的细叶松林、马尾松林、黄栎—白栎林和丛生竹林，被淹没的灌丛和灌草丛主要是大部分的中平树—灰毛浆果楝灌丛和少部分的短翅黄杞灌丛、番石榴—黄荆灌丛和红背山麻杆—龙须藤灌丛、扭黄茅草丛和水蔗草草丛，其中遭受淹没损失最大的是仪花—柄翅果—高山栲林。

在此次调查过程中发现上述 11 种植被类型的垂直分布范围较广，400 m 以上范围内仍有分布，并未全部被淹没。如此次在沿××河及其支流××江进行调查时，在河岸消落带以上发现多处残余的仪花—柄翅果—高山栲林的分布，其分布范围可达到海拔 500 m。为了更好地了解该群落的生态特性，选择××省××县××乡境内一处林相较好的仪花—柄翅果—高山栲群落进行样方调查，样方定点为 24°59′39″N、106°20′27″E，该地地形为石灰岩山地、海拔标高为 381 m、坡度为 40°~50°。群落总盖度约 90%，分为乔木、灌木和草本共 3 层。在淹没线上 20 m×20 m 的样方内生长有 5 株仪花、6 株柄翅果及 2 株高山栲，仪花平均高度为 5 m，平均胸径为 20 cm，冠幅约为 2 m×2 m；柄翅果平均高度为 8 m，平均胸径约为 25 cm，冠幅约为 4 m×4 m；高山栲平均树高约为 12 m，胸径约为 15 cm，冠幅约为 3 m×3 m。林下灌木及草本种类稀少，灌木层盖度约 50%，以仪花的小树为主，稀见其他种类，高度约为 3 m。草本层盖度较大，达到 90%，主要以禾本科草类为主。层外植物也较为丰富，以萝藦科弓果藤和菝葜科的一些种类为主。

此外，其他几种群落在淹没线以上也均有分布：细叶松林的分布范围为海拔 300~1 800 m，而马尾松林在××省××县一带较为常见，为当地主要造林树种，在海拔 1 000 m 以下均可分布。番石榴—黄荆灌丛在××江一带也较为常见，短翅黄杞灌丛的分布范围也可达到海拔 500 m，扭黄茅草丛和水蔗草草丛在海拔 1 000 m 以下均可分布。这与环评阶段预测分析结果基本一致，由此，水库淹没并未造成某种植被类型的消失。

③ 小气候对植被的影响

环评阶段就水库蓄水对植被演替趋势的影响作出了预测，认为水库的热效应会使库区周围的气候条件发生变化，但这些变化不会使库区周围植被类型发生较大改变。

本次调查中发现，××水库蓄水后，库区水体突然增大，增大最为显著的为其支流××河，××河水面由原来的 50～1 000 m 增宽到 3 000～4 000 m，水面面积达到 105 km²；其余部分水库呈峡谷型封闭。库区气候只是局部的改变，未引起大幅度的地带性气候变化，调查中未发现由此引起的大规模的植被类型变化，与原环境影响报告书中的预测结果相符。

④ 外来物种入侵的影响

××水电工程的建设虽然没有直接引入新的外来有害入侵物种，但是在施工过程中对地表植被的扰动为外来入侵种占据生态位提供了机会；其次，车辆运输、水体流动也为其蔓延提供了条件，使得外来入侵种的分布面积有所增加。

本次调查中，在××水电站的消落带、坝址区、××沟弃渣场、××林场乔木移植园、××自然保护区等多处发现外来入侵种紫茎泽兰群落、胜红蓟群落及飞机草群落的分布，其他地区如××县××乔木移植园也有零星分布。因此，调查认为××水电站的建设为当地外来种的蔓延提供了机会。入侵的外来种对当地生态环境产生的影响如下：

a. 生态系统方面：外来入侵物种一般具有耐瘠、耐旱，适应高温、高湿，萌生力及传播能力强的特点，加上其繁殖能力极强，繁殖方式多种，一经侵入新的生态系统，就与当地的植物争水分、争阳光、争空间，侵占本地物种生态位。它生长非常迅速，通过大量繁殖幼苗占据空地。压迫和排斥本地物种导致生态系统的物种组成和结构发生改变，从而破坏生态系统物种多样性。

b. 对人类及动物的安全方面：一些外来入侵物种能引起人类及动物的过敏，如豚草花粉是一部分鼻炎和哮喘病人的过敏原；飞机草叶有毒，用叶擦皮肤会红肿、起疱，误食嫩叶会引起头晕、呕吐，还能引起家畜和鱼类中毒等。

⑤ 对南亚热带季雨林的影响

由于生境限制，本植被类型仅局限分布于××江、××江河谷、××河及其支流河谷海拔 600～700 m 以下地带。根据此次调查，××水电站工程施工并未对沿河岸分布的季雨林造成影响，对其影响主要来自于水库蓄水淹没。水库蓄水后，原分布在海拔 375 m 以下的河谷季雨林被淹，导致河谷季雨林面积减少。从消落带中尚未被清除的枯枝来判断，被淹没的主要是仪花—柄翅果—高山栲群落及部分木棉—柄翅果—榕树群落。

为了补偿水库蓄水对河谷季雨林造成的淹没损失，各保护区采取的措施主要是通过调整保护区界限及功能区划来加强对现存季雨林的保护和封育，××自然保护区还在其内选取适宜地点对其进行监测研究。从调查结果来看，现已采取的措施对于当地季雨林的保护具有一定效果，在很大程度上减少了当地居民对季雨林的人为干扰。

⑥　对珍稀濒危植物和古大树的影响

调查区内的珍稀濒危植物和古大树受到影响主要是水库淹没，为了减小水库淹没对珍稀濒危植物和古大树的影响，在××水库蓄水前，××公司委托××县林业局、××县林业局、××县林业局和××县××林场对淹没线以下的珍稀濒危植物进行了移植和繁育工作，现已将分布于 375 m 水位以下的珍稀濒危植物移入各移植园进行了异位保存。

通过对各个移植园的调查，虽然各种珍稀濒危植物均已经在移植园中存活，但也存在一定的问题：移植园内的环境较之前的生境显得单一，且人为影响因素较大，相较之野生状态下，人工建立的生态群落其抵抗力稳定性及恢复力稳定性都存在一定差距。以受淹没影响较大的柄翅果为例，水库淹没影响了较大面积的以柄翅果为建群种的阔叶林，迁地保护对于这一树种的保存起到了积极作用，但是柄翅果种群所受到的影响还不能因此得到消除。因此，对于××水库淹没线以上现存柄翅果天然林的就地保护，才是对这一珍稀植物的最有效措施。由于现存的柄翅果群落多位于自然保护区内，因此，建议加强保护区的管理，以使区内柄翅果等保护植物得以保存并发展。

调查区原有古树 19 种，共 183 株，它们多分布于村边和河边。常见的有小叶榕、黄桷树、黄连木、木棉等，为保护这些珍贵资源，环评阶段提出了移栽措施，措施指出"对淹没线以下的大古树，可以抢救移植的，应尽量进行抢救"。此次调查发现，调查区中共有 51 株古树受到不同程度、不同方式的保护：其中有 33 株原来位于淹没线以下的古树迁至各个移植园进行保护，已建立的 5 个珍稀植物保护园内共移植古树 30 株，另有 3 株榕树移至××镇镇政府所在地，从现场调查结果来看，各古树均已成活，且长势良好。此外，××自然保护区还对水库淹没线以上的 18 株古树进行了挂牌保护。

（2）对陆生动物的影响调查

由于环境影响报告书对陆生动物物种的组成数量和分布地点没有详细介绍，因此，本次验收调查主要以访问调查的形式来分析××水电站的建设对当地陆生脊椎动物造成的影响。

①　对两栖类的影响调查

施工期间工程产生的生产废水、生活污水、弃渣淋溶液等改变了河道水体的混浊度及理化性质，但是随着施工的结束，水质因水体的自净能力已经得到恢复。因此，施工期间造成的水体环境的改变对生活于河道中的两栖类所产生的影响已经消失。

此外，由于水库蓄水使得水面范围扩大，一些地区由原来的溪流环境变为静水环境，这种环境的改变对静水型的两栖类和溪流型的两栖类造成了不同的影响：一些静水型的种类如沼水蛙、台北纤蛙、饰纹姬蛙、花姬蛙、粗皮姬蛙等因此得到了更为充裕的栖息、觅食、繁殖地，这种影响是正面的；而一些溪流型的种类如华南湍蛙、大绿臭蛙、云南臭蛙、绿臭蛙、花臭蛙、棘胸蛙、棘腹蛙、双团棘胸蛙等其生境缩小，但是由于动物具有一定的迁移能力，可以通过向库区各支流的回水末端迁移而寻找到新的适宜的生境，此次在库区进行调查时发现，水库蓄水后形成新的回水末端能够满足溪流型两栖类对生境的要求，因此，调查认为水库蓄水造成的环境改变对两栖类的影响不大。

水库蓄水后，库区内水位线大大提高，淹没了河谷两岸大量的河滩地、灌草地和河谷林地，致使原来生活于河谷地带的两栖类如雨蛙科、树蛙科和姬蛙科等种类的生境完全或部分消失，一些种类在淹没线以上寻找到了合适的替代生境从而向上迁移，但也有一些尚未来得及迁移的两栖动物被淹死。因此，调查认为水库蓄水淹没会致使某些两栖类的种群数量减少，但对两栖类的种类组成不会产生影响。

综上所述，××水电站建设前后，调查区内两栖动物的种类未发生大的变化，仅因为环境变化，导致一些种类的数量和分布区发生了较小的变化。而环境影响报告书中预测，两栖类的种类组成在建库后，不会发生明显变化，现状调查与预测结论基本一致。

② 对爬行类的影响调查

施工期间，工程产生的生产废水、生活污水、弃渣淋溶液等改变了河道水体的浑浊度及理化性质，影响了水栖型和林栖傍水型爬行类的生存环境，但是施工结束后，水质恢复，这些影响也已经消失。

水库修建后，分布于岸边、沟谷地带的住宅型、灌丛石隙型和树栖型种类如石龙子、蓝尾石龙子、丽棘蜥、睑虎、南草蜥以及大部分蛇类等爬行动物的生境被淹没，使其生活区向上迁移，使淹没线以上的密度有所增加，引发种间竞争，但现在两岸环境已经稳定，各种群的数量也已稳定，这些种群的总数量较蓄水以前有小幅度的减少，但种类没有变化。据当地群众反映，蓄水初期，蛇类密度增加较多。

爬行动物中的蛇类多以鼠类为主要食物来源，水库蓄水淹没部分鼠科的动物，此外，在水库蓄水前，为了预防库区下闸蓄水后鼠类动物迁徙和传染源扩散，预防和控制鼠疫、流行性出血热等急性传染病发生和流行，××公司在库区开展了灭鼠工作，通过降低库区的鼠密度，以消除和阻断传染源。由于食物链中的鼠类数量减少，蛇类的数量也随之减少。现在库区的鼠类和蛇类的种群数量已趋于稳定，其数量较蓄水前有所减少，但幅度不大，种类没有发生变化。

水库蓄水淹没了大部分河谷带动物生境的同时，也为另一些水栖型动物提供了新的栖息、活动、觅食和繁殖地。水库蓄水后，形成了大面积的库区，为水栖型爬行动物，如龟鳖目的一些物种，提供了栖息地和食物来源，这些物种在库区的数量有所增加。

原环境影响报告书中预测建库前后爬行类的种类组成不会发生明显的变化，仍以现存的种类为主。此次调查结果显示，调查区内动物变化情况与环境影响报告书所作的预测基本一致。

③ 对鸟类的影响调查

××水库蓄水淹没了大面积的林地，这其中的高大树木是很多林禽筑窝的良好环境，水库蓄水后使这一良好环境消失；两岸的灌丛也是很多陆禽如鸡形目、鸽形目鸟类的重要栖息地，水库淹没了灌丛也使这些鸟类丧失了栖息地。但是鸟类的迁移能力强，活动范围及食物来源广，淹没线以上的环境大多可成为这些鸟类的替代生境，因此，水库的兴建对这些陆禽和林禽的影响不大。

与此同时，由于库区蓄水后水面扩大、出现了库湾、库汊、消落区等新的生态景观，能为多种水禽、亚水禽和傍水禽提供栖息、繁殖的理想环境，因而能招引库区周围更多的水禽、亚水禽和傍水禽来此觅食、繁殖，使得这些种类的种群数量有所增加。在此次调查中发现，调查区内的几种鹭科鸟类较为常见，同时也有很多小型水滨鸟类频繁活动，如翠鸟、蓝翡翠、红尾水鸲、褐河乌和鹡鸰类等。这与河谷地带流域长、人为干扰小、隐蔽和营巢条件好密切相关。说明水库蓄水对此类鸟类具有一定的正效应。

④ 对兽类的影响调查

××水电站建设对兽类的主要影响来自施工干扰和蓄水淹没。施工期间的机械、噪声以及人为活动等各方面对环境的扰动，都对兽类产生了一定的影响，随着工程的结束这些影响也已经消失。

水库蓄水淹没了大面积的土地，其中包括一些河谷森林及大量的河滩地、灌草地及农田等动物栖息、活动地。但由于兽类应变能力较强、活动范围广泛，具有一定的迁移能力，故能通过寻找替代生境来避免灾难。在沿××河及其支流进行调查时，将淹没线以上尚存的植被类型和消落带中被淹没的植被类型作对比，发现水库蓄水并未导致某一植被类型完全被淹没。因此，水库蓄水并未造成河谷及浅滩地带的动物生活环境完全丧失，原来生活于淹没线以下的动物在生境部分丧失后能够在淹没线以上寻找到新的栖息、活动、觅食、繁殖地，所以水库蓄水不会导致这些物种因生境丧失而消失。但由于水库蓄水造成的生境缩小，会导致种群数量有所减少。与此同时，由于库汊、库湾等新环境的出现，有利于沿河岸边活动的动物的生长、繁殖，如红狭獴、水獭等的数量有所增加。

根据调查可知，水库蓄水后原有水面积增加，但仅在××河的××镇河段形成了较大面积的水面，而其他地段所形成的大多数为河道型水库，淹没线以上的陆生生境均相连，没有"孤岛"的形成。因此，不存在地块分割切断其物种流通道、造成生态阻隔障碍的问题，所以库区的动物组成种类不会因此而发生大的变化。

综上所述，××水电站的建设对动物的影响主要是导致生活在原河谷地带的动物种群数量发生变化，但不会造成动物种类组成的变化。

（3）水生生态影响调查

① 水生生物影响调查（摘）

××水库蓄水后，库区水文情势和水质均发生了显著变化。水生生物群落结构发生明显改变，浮游生物种类和现存量均增加，底栖动物中环节动物所占比重增加，软体动物所占比重下降，密度较原河流大幅增加，生物量则出现一定幅度的下降。水生维管束植物未见变化。

② 鱼类资源影响调查

a. 红皮书及特有鱼类的变化

在本次采集和调查到的种类中，单纹似鳡及长臀鮠为《中国濒危动物红皮书》及《中国物种红色名录》易危种，暗色唇鲮为《中国濒危动物红皮书》稀有种及《中国物种红色名录》易危种，唇鲮为《中国物种红色名录》易危种。巴马似原吸鳅为××省特有种。

单纹似鳡及长臀鮠在主库区渔获物中极少见到。暗色唇鲮在××电站坝下及××坝下的流水河段中有少量分布，其中××坝下六排河段稍多。唇鲮及巴马似原吸鳅仅在××河上游有少量分布。

在蓄水前调查到本次未调查到的记录种中，花鳗鲡、大眼卷口鱼为《中国濒危动物红皮书》及《中国物种红色名录》濒危种，稀有白甲鱼为《中国物种红色名录》濒危种，乌原鲤为《中国濒危动物红皮书》及《中国物种红色名录》易危种，波纹鳜为《中国物种红色名录》易危种。大眼卷口鱼为××省特有种。

经调查，花鳗鲡在库区河段蓄水前曾有少量分布，现在在××下游××滩等库区中仍可偶尔捕获，随着时间的推移，鳗鲡及花鳗鲡都将在库区消失。其余大眼卷口鱼、稀有白甲鱼、乌原鲤、波纹鳜等均未调查到。

b. 鱼类资源变化

建库后，流水性底栖鱼类的生存空间被压缩至库尾或支流上端的流水或间歇性流水河段，原资源量较大的种类如唇鲮、瓣结鱼、卷口鱼、巴马拟缨鱼、南方白甲鱼、细尾白甲鱼、斑鳠、马口鱼、宽鳍鱲等资源量减少，原资源量较少的种类如倒刺鲃、三角鲤、稀有白甲鱼、光倒刺鲃、小口白甲鱼、暗色唇鲮、长臀鮠等大多已很少见，部分种类有退出该分布区域的危险。

适宜静缓流鱼类如鲤、鲫得到迅速发展，在增养殖及人工放流的协助下鳙、鲢种群在库区迅速扩张，壮体沙鳅、银飘鱼、太湖新银鱼等小型鱼类发展迅速，除鳡鱼外，斑鳠等常见经济鱼类渔获个体小型化趋势明显，外来物种尼罗罗非鱼、黄颡鱼、太湖新银鱼、露丝塔野鲮等渐次进入，数量逐渐增多，水域鱼类向湖库型及低多样性水平演化。

洄游性鱼类日本鳗鲡由于××大坝及下游数级大坝的阻隔，即使偶尔有少量个体随船闸的开启穿越大坝，但其在××江主要生活水域最终会被压缩到××以下。

c. 鱼类重要生境变化

水库蓄水后，库区原河道及支流除库尾及支流回水区以上江段，大部分水域多变为静缓流生境。对原适宜急流生境的鱼类，索饵育幼场在库周沿岸及浅水库湾会得到一定补偿或扩大，在主库区则形成更为广阔的越冬场，受影响最大的应是产卵场的萎缩。

在急流中产黏沉性卵的鱼类产卵场被压缩到库尾回水区至××大坝之间，××江××以上，××河××以上及××江××以上。该类群多为野鲮亚科及鲃亚科的种类，如泉水鱼、东方墨头鱼、卷口鱼、唇鲮、暗色唇鲮、倒刺鲃、光倒刺鲃、细身光唇鱼、云南光唇鱼、多耙光唇鱼、长鳍光唇鱼、细尾白甲鱼、白甲鱼、南方白甲鱼、瓣结鱼。

在静缓流中产黏沉性卵的鲤、鲫、黄颡鱼、鲇、大口鲇等在库周沿岸带有较广阔的适宜产卵水域，其种群数量增加。

产漂流性卵的类群一方面××大坝及上游电站的建设运行削峰平谷改变了洪水期的涨落规律，鱼类产卵所必需的水文过程难以满足，导致产卵场消失或产卵量减少；另一方面，由于原有流水河段已变成缓流或静水库区，流水河段大幅度萎缩，满足受精卵漂流孵化的流程不足，进入缓流或静水库区后，将沉入库底，死亡率会很高，鱼类繁殖效率会很低，如鲢、鳙、青鱼、草鱼、鳡、鳤、银鮈等。

（4）农业生态影响调查

调查区各县经济以农业为主，农业又以种植业为主，林牧业次之，渔业较少。在种植业中又以水稻生产为主，其他粮食作物有玉米、大豆、红薯、土豆等，经济作物主要有棉花、油料、烟叶、甘蔗、蔬菜等，经济果木主要有柑橘、油桐、茶叶、香蕉等。

工程施工扰动原地貌面积约为 825.46 hm^2，其中水田为 31.76 hm^2，旱地为 91.80 hm^2。××水库正常蓄水位 375 m 时，淹没耕地面积约 5 133.33 hm^2，含水田 3 053.33 hm^2，旱地 2 080 hm^2，且所淹没耕地多为××江和××河及其他支流两岸的冲击河漫滩及 1～2 级河谷阶地，土质好，土壤熟化程度高、土壤相对肥沃，是库区的重要农业用地，大量的良田沃土被淹没，将给库区粮食生产带来较大影响。工程建设征地占用地和库区淹没耕地已按规定给予了补偿，工程建设永久占用和淹没耕地与工程影响区域总面积相比很小，因此，工程建设尚未给当地农业生产造成较大的不利影响。

与此同时，枢纽工程建成后，下游河道的防洪标准提高到 40～50 年一遇，大大减轻了下游约 700 万亩农田的洪灾损失，在一定程度上减轻了下游农田因洪水带来的损失。且水库是个巨大的蓄热体，有利于温度的调节，从而对库区农作物的生长有利。此外，交通建设改善了当地的交通状况，也对农业生产活动的进行、农副产品的流通起到了促进作用。

此外，××水电站兴建后，改变了库区河段滩多水急的水域生态环境，水面的增加，流速的减小，营养物质的增多，有利于鱼类的增殖，这对库区人工养殖渔业的发展起到了很大的促进作用。

（5）水土流失影响调查

建设单位重视水土保持工作，依法编报了"水土保持方案报告书"，工程建设中按照批复的调整水土保持方案报告书和有关法律法规要求开展了水土流失防治工作，实施的工程措施和植物措施有效防治了工程建设期间的水土流失，基本完成了水利部批复的防治任务，建成的水土保持设施质量总体合格；工程建设期间，建设单位建立了完善的管理机构和管理措施，优化了施工工艺，开展了水土保持监理、监测工作，较好地控制和减少了工程建设中的水土流失，水土流失防治指标达到了水土保持方案报告书确定的目标值和现行标准要求。运行期间的管理维护责任落实，符合水土保持设施竣工验收的条件，该工程水土保持设施通过了水利部组织的工程水土保持设施竣工验收。

6. 水环境影响调查

（1）水文、水温及泥沙影响调查

① 试运行期水文情势影响调查

根据××水库 2007—2010 年逐日平均出库流量、逐日平均坝下水位观测资料，在 2007 年 5 月—2010 年 5 月的试运行期间，××水库的坝下逐日平均水位为 217.95～235.72 m，试运行期至 2010 年 5 月 6 日时段内的坝下逐日平均水位的均值为 224 m。

××水电站坝顶高程为 382 m，最大坝高为 192 m，坝底基础垫层顶面高程为 196 m，坝址天然河道河床高程为 206 m，枯水期水面高程为 219 m（枯水期水深为 13～19.5 m）。因此，在试运行期间，××水库的坝下逐日平均水位最低值（217.95 m）仍高于坝址天然河道河床高程（206 m）11.95 m，即试运行期间坝下逐日平均的最低水深为 11.95 m。

××大坝与下游××水库的回水相衔接，当××投入试运行后，××水库正常蓄水位为 223 m，非汛期最低运行水位为 219 m，汛期最低运行水位为 218.5 m，××水库回水水位高程（最低为 218.5 m）对××坝址（坝底高程为 196 m）有一定的顶托影响。

××坝下的××水库水位变动主要受××水库出库流量的影响，××水库每年 5 月为蓄水期，水位从 219 m 开始蓄水，至 10 月月底蓄至正常蓄水位。2007 年 5—10 月，虽然××仅有两台机组投入运行，但该时间段处于××水库蓄水期，××水库水位在 219 m 以上，同时，由于××水库的顶托以及××发电尾水的影响，该时间段内××水库与××水库是相衔接的。此后，随着××其他 5 台机组相继投入运行，通过机组调配，各时间段内均有发电流量下泄，试运行期间坝下逐日平均水位均值（224 m）高于坝址天然河道河床高程（206 m）18 m，××水电站坝址下游未出现断流。

此外，××水库建成后，在其调蓄作用下，××水库设计洪水由××下泄流量与区间洪水组成，能使××水库校核洪水由 10 000 年一遇降低到 5 000 年一遇。××水库试运行时，下游河道枯水期平均流量由 757 m³/s 提高为 1530 m³/s，大大提高了下游枯水期水量，对保障下游地区供水安全有重要作用。

② 水温调查

a. 调查断面布设

从上游往下游依次为：××江库尾（平班坝下）、××江汇口上游 5 km 的××江断面、××江库尾（××坝下）、××江汇口上游 5 km 的××江断面、××江与××江汇合口断面下游 2 km、库中（××）断面、坝前断面、厂房尾水××大桥断面，共计 8 个水体水温专项观测断面，见附图（略）。

b. 调查时间

2009 年 7 月 31 日—8 月 4 日；2010 年 6 月 8 日—6 月 12 日。

c. 调查结果

环评阶段预测××水库水体在考虑天生桥一级、光照水电站下泄低温水影响的情况下，水库水体水温为分层型，且洪水对水温分层几乎无影响，仍处于稳定分层状态，年平均表层水温为 19.9℃，年平均库底水温 8℃。

根据 2009 年 7 月 31 日—8 月 4 日第一次水温观测以及 2010 年 6 月 8—12 日第二次水温观测调查成果可知：

××水库坝前断面中垂线位置的水体水温分层分布的特征明显，与环评阶段预测一致，至断面底部水体水温恒定为 16.3℃（第一次）、16.7℃（第二次），观测期坝前断面库表和库底水温差达 13.5℃（第一次）、8.4℃（第二次）。① 号～⑦ 号发电机组进水口中心线高程为 311.0 m，第一次水温调查时水库水位为 358.34 m，第二次水温调查时××水库水位为 334.14 m，由此可知，进水口高程，即水下 47.34 m（第一次）、23.14 m（第二次），下泄水体水温至少为 22.3℃（第一次）、19.9℃（第二次）。

××大桥处的水温为 22.8℃（第一次）、21.2℃（第二次），比同时段××水库实际下泄水体水温高 0.5℃（第一次）、1.3℃（第二次），与同时段天然河道水温（第一次时段为 25.1℃，第二次时段为 24.3℃）相差 2.3℃（第一次）、3.1℃（第二次），这主要是由于××水库水温结构实际为混合型所致。

③ 泥沙影响调查

a. 库区泥沙影响调查

××河是典型的多泥沙河流，××水电站坝址多年平均输沙量为 5 240 万 t，经××水库削减沉积后，年出库沙量降至 1 500 万 t，每年输沙量减少 3 740 万 t，大大提高了下游各梯级水库的使用寿命。××水库淤积年限为 10 年、50 年和 100 年时，水库淤积量分别为 2.74 亿 m³、12.80 亿 m³ 和 23.56 亿 m³，水库极限淤积量为 23.56 亿 m³，淤积高程为 298.2 m，且在××大坝 290.5 m 高程处设置了两个 5 m×8 m 的底孔，能有效地进行冲排泥沙。

根据调查，××水库试运行至今，未利用其汛期洪水进行冲沙排沙。

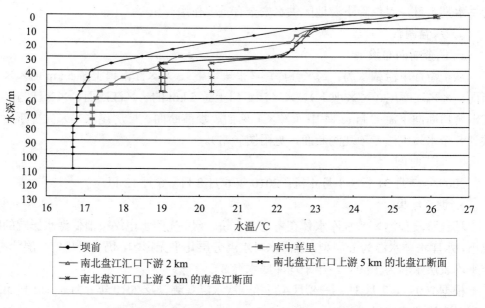

图 6-10　2010 年 6 月××水电站水温观测结果

b. 坝下河段河道冲刷变形影响调查

由于××水库对泥沙的拦截作用，使××水库下游梯级水库泥沙含量较天然河道含沙量明显减少，可减少下游水库的淤积负担，对下游水库运行有利。

由于××河上游来的泥沙大部分落淤在××水库内，使下游浊度减小，水质变清，更有利于沿岸的工农业用水及人畜饮水，同时，下游的浮游生物如浮游植物、维管束植物的光合作用得到加强，对底栖动物繁殖及生存有利，从而有利于天然鱼类的发展，提高鱼产量。此外，××水库与下游已建××水库回水连接，××水库下泄流量对××水电站坝址下游河道的冲刷变形影响较小。根据对××水电站坝下河道的现场调查，未见有明显河床冲刷变形和河岸不稳定的现象。

（2）施工期水环境影响调查

验收收集了××环境监测中心站××水电站施工准备末期以及施工期间，即 2000—2006 年，××水电站工程建设涉及河段的水质监测资料。

由于除××市××县××河六排断面（××县城水厂取水口）外，××环境监测中心站未在××河××水库库区涉及河段（即六排断面上游）设置区控（省控）断面，故库区河段无水质监测资料。根据监测数据可知，××水电站开工前一年，即 2000 年，坝下的××河六排断面（××县城水厂取水口）水质监测年均数据满足《地表水环境质量标准》（GHZB 1—1999）Ⅲ类标准要求，水质状况良好。××水电站施工期间，即 2001—2006 年，坝下的××河六排断面（××县城水厂取水口）水质监测年均数据均能满足《地表水环境质量标准》（GHZB 1—1999、GB 3838—2002）Ⅲ类标准要求。

由此，在枢纽工程施工期，在对××砂石系统、××村砂石系统、混凝土系统以及施工营地等采取了相应的生产废水、生活污水处理措施后，尽管××砂石系统生产废水处理设施底部排洪管渗出废水、××村砂石系统生产废水处理设施排放口废水中的悬浮物存在超标现象，施工区生活污水处理设施污水排放口的水体水质也存在粪大肠菌群数超标情况，但施工期生产废水、生活污水进入××河与河水混合后，至大坝下游的××县城六排断面（××县城水厂取水口）已基本无不利影响，该断面××河水体水质均能满足《地表水环境质量标准》（GHZB 1—1999、GB 3838—2002）Ⅲ类标准要求。

（3）试运行期库区水质监测调查

① 坝前断面水质监测调查

根据××市环境保护监测站的《××水电站施工区环境监测报告》，在 2007 年 1 月—2009 年 3 月，××水电站水库坝前水体水质监测数据均能满足《地表水环境质量标准》（GHZB 1—1999、GB 3838—2002）Ⅲ类标准要求。

② 库中及库尾断面水质监测调查

××环境监测中心站在××水库库区即××县六排断面以上未设置区控（省控）水质监测断面，由《2008 年××省环境状况公报》的监测数据可知，××水库库区的水质监测结果均满足涉及河段水域功能区划的水质类别要求。

③ 试运行期坝下常规断面水质监测调查

根据××环境监测中心站提供的监测数据可知，试运行期间××河六排断面（××县城水厂取水口）水质监测年均数据均满足《地表水环境质量标准》（GHZB 1—1999、GB 3838—2002）Ⅲ类标准要求，水质状况良好。

（4）竣工验收现状监测调查

根据枢纽工程竣工环境保护验收调查工作方案以及方案技术咨询意见的要求，2009 年 7 月，××环境监测中心站进行了水库库区及坝下的水环境质量监测（地表水水质、水库富营养化及底质）。

① 监测点位及坐标

本次验收调查的地表水环境监测点位为：××江库尾（平班坝下），××江与××江汇合口，库中的××，××河与××河汇合口上游 500 m 处，××河与××河汇合口上游 500 m 处，共计 5 个断面，每个断面设左、中、右 3 个采样点。

表 6-41 本次调查地表水环境现状监测点位统计

编号	采样点位名称	地理坐标	
		北纬	东经
A₁	××江库尾（××坝下）	24°48′16″	105°31′18″
A₂	××江汇合口	24°57′52″	106°09′24″
A₃	库中（××）	24°10′15″	106°39′12″
A₄	支流××河汇口以上 500 m（××）	24°14′20″	106°58′47″
A₅	××河支流汇口以上 500 m	25°01′25″	107°01′38″

② 监测时间及频次

2009 年 7—8 月监测一期，连续监测 3 d。

③ 监测结果及分析

本次调查地表水环境监测结果统计表、标准指数计算结果表（略）。根据监测统计结果可知：

a. ××水库库区各断面的总氮均出现超标现象，标准指数最大的为 3.72（8 月 2 日××江库尾断面中垂线采样点），最小的为 1.14（7 月 29 日××河支流汇口以上 500 m 断面中垂线采样点），平均标准指数为 2.19（V 类标准为 2.0 mg/L）。

b. 库中、支流××河汇口以上 500 m、××河支流汇口以上 500 m 等 3 个断面的溶解氧出现超标现象，标准指数最大的为 1.22（7 月 30 日库中断面右垂线采样点、7 月 31 日库中断面中垂线采样点），最小的为 1.06（7 月 30 日库中断面左垂线采样点、7 月 31 日××河支流汇口以上 500 m 断面右垂线采样点），平均标准指数为 0.80。

c. 各监测断面中，仅在 2009 年 8 月 4 日××江库尾断面右垂线采样点出现总磷超标，标准指数为 1.2。

由上所述，××水库库区水体水质已不能满足《地表水环境质量标准》（GHZB 1—1999、GB 3838—2002）Ⅲ类标准要求，其中总氮指标总体已达不到Ⅴ类标准要求。

7. 环境空气影响调查

（1）施工期环境空气影响调查

① 环境空气污染源调查

××水电站施工期的环境空气污染源主要为交通扬尘、砂石系统、混凝土系统、汽车燃油、开挖爆破以及施工期燃煤等。施工产生的主要污染物为 NO_2、CO 和 PM_{10} 等。

② 环境空气影响监测调查

施工期环境空气监测调查采用××市环境保护监测站于 2003—2006 年对施工区环境空气质量的监测资料，并对监测结果进行分析。

××水电站施工期环境空气监测表明：

a. 除部分监测点有几次 PM_{10} 出现超标情况外，其他监测结果均符合《环境空气质量标准》（GB 3095—1996）二级标准，工程施工期对区域环境空气的影响较小。

b. 大坝厂房施工区部分时段出现 PM_{10} 超标，主要是由于在施工高峰期，该区域内各污染源排放的粉尘产生叠加影响。

c. 大法坪砂料生产区部分时段出现 PM_{10} 超标，主要是由砂石系统除尘装置偶有停运所致。

d. ××施工生活办公区部分时段出现 PM_{10} 超标，一方面是由于该区域 PM_{10} 背景值高，另一方面是由于其施工过程中混凝土系统除尘装置偶有停运。

e. ××大桥桥头附近部分时段出现 PM_{10} 超标，主要由于对该段路面洒水不及时所致。

（2）试运行期环境空气影响调查

根据现场调查，本次验收范围内已建成并投入使用的设施为电站厂区管理营地，未设燃煤锅炉，电站厂区管理营地食堂餐饮主要用电和天然气，冬季采用电取暖，所排放污染物对环境空气的影响较小。

由于开挖爆破、砂石加工、混凝土生产等施工活动已基本结束，进驻施工区的车辆和人员数量较少，水电站工程属于非污染建设项目，且为清洁能源项目。

因此，××水电站试运行期对环境空气质量影响小。

（3）竣工验收环境空气监测调查

根据枢纽工程区域环境保护验收调查工作方案以及方案技术咨询意见的要求，调查单位于 2009 年 7 月委托××市环境保护监测站进行了施工区环境空气质量监测，相关监测工作内容及结果如下。

① 监测点设置

$1^{\#}$ 中控楼（地下厂房上部）、$2^{\#}$××村砂石料生产区、$3^{\#}$原××砂石料生产区、$4^{\#}$××生活区、$5^{\#}$××大桥左岸。监测点布设位置见附图（略）。

② 监测项目

SO_2、NO_2、PM_{10}。

③ 监测时间及频次

2009 年 8 月监测一期，考虑区域附近没有排放同种特征污染物的项目。

PM_{10} 每天连续监测 12 h，连续监测 5 d。

SO_2、NO_2 每天监测 4 次，每次 1 h，连续监测 5 d。

④ 监测结果及分析

本次调查环境空气监测结果（略）。本次调查监测结果表明：SO_2、NO_2、PM_{10} 均未超标，环境空气监测结果均满足《环境空气质量标准》（GB 3095—1996）及其修改单二级标准。

（4）环境空气保护措施有效性分析

按照××水电站环境影响报告书及批复、技术措施与试运行阶段环境保护设计等文件的要求，××水电站施工期基本落实了对开挖爆破、水泥和粉煤灰运输、混凝土生产、燃煤锅炉、燃油机械设备尾气、道路运输扬尘的大气污染防治措施，同时，在开挖爆破、砂石加工、混凝土生产的施工活动中，作业人员佩戴个人防护用具，有效地防止了粉尘对人体造成危害。在采取了环境空气污染防治措施之后，施工活动导致的大气污染影响较小，除部分区域部分时段 PM_{10} 未达标外，环境空气质量基本达到《环境空气质量标准》（GB 3095—1996）二级标准。

此外，部分区域由于污染源治理和控制措施不到位，产生了粉尘污染，给周边居民点环境空气质量产生了一定影响，发生了因××砂石系统粉尘污染问题造成的群众投诉事件，但已根据该部分居民点的受影响程度和范围大小，对居民给予了一定的经济补偿。

根据走访调查××县环保局，××水电站工程施工期间，除收到 2006 年 5 月××屯、××屯居民点对××砂石系统作业产生的粉尘带来的污染问题的环保投诉外，未收到其他区域居民因环境空气污染问题的相关投诉。

8. 声环境影响调查

（1）施工期声环境影响调查

① 噪声污染源调查

××水电站施工期的噪声污染源主要为汽车噪声、砂石系统、混凝土系统、大坝施工、开挖、钻孔、爆破等。

② 噪声影响及监测调查

××水电站施工期噪声监测调查主要采用××省××市环境保护监测站于 2003—2006 年对施工区声环境的监测资料，并对监测结果进行分析。

施工期噪声监测结果表明：

××生活区和××生活区内受施工活动产生的噪声影响较小，声环境质量达到《城市区域环境噪声标准》（GB 3096—93）2 类标准。

大坝厂房施工区、××砂石料生产区和××村砂石料生产区的噪声在部分时段超过《建筑施工场界噪声限值》（GB 12523—90）中施工阶段"土石方"的标准限值，主要是由于该时段内施工活动强度大、机械运行和人员活动噪声叠加作用造成。

××大桥桥头（左岸）和××大桥桥头（右岸）的噪声在部分时段超过《城市区域环境噪声标准》（GB 3096—93）4 类标准，主要是由于该时段内施工区运输强度大、运输车辆数量多造成。

（2）试运行期声环境影响调查

根据调查，××水电站厂房为地下形式，对于布置在厂房内的水轮机、发电机、主变压器、空压机、高压风机等电气设备，在选型时均选用符合国家标准的设备，且安装时使用降噪材料等。试运行期间工程运行对区域声环境基本不造成影响。

（3）竣工验收声环境监测调查

根据枢纽工程区域环境保护验收调查工作方案以及方案技术咨询意见的要求，调查单位于 2009 年 7 月委托××市环境保护监测站进行了施工区声环境质量监测，相关监测工作内容及结果如下。

① 监测点设置

$1^{\#}$地下厂房上部（中控楼）、$2^{\#}$××村砂石料生产区、$3^{\#}$××砂石料生产区、$4^{\#}$××生活区、$5^{\#}$××大桥左岸。监测点布设位置见附图（略）。

② 监测项目

等效连续 A 声级 L_{Aeq}。

③ 监测时间及频次

2009 年 8 月监测一期，每天昼（06:00—22:00）、夜（22:00—06:00）各监测 1 次，连续监测 2 d。

④ 监测结果及分析

本次调查声环境监测结果略，本次调查监测结果表明：

a. 1#地下厂房上部（中控楼）声环境质量不能满足《城市区域环境噪声标准》（GB 3096—93）2 类标准以及《声环境质量标准》（GB 3096—2008）2 类标准（昼间 60 dB，夜间 50 dB）的要求，其噪声源主要来自××水电站的机组及其他设备运行。

b. 4#××生活区、5#××大桥左岸（8 月 5 日）夜间声环境质量不能满足《城市区域环境噪声标准》（GB 3096—93）2 类标准以及《声环境质量标准》（GB 3096—2008）2 类标准的要求，其噪声源主要来自当地的交通运输和社会生活噪声。

c. 其余区域声环境质量较好，满足《城市区域环境噪声标准》（GB 3096—93）2 类标准以及《声环境质量标准》（GB 3096—2008）2 类标准的要求。

⑤ 声环境保护措施有效性分析

按照××水电站环境影响报告书及批复、技术措施与试运行阶段环境保护设计等文件的要求，××水电站施工期基本落实了对大坝基坑、××村和××砂石料场加工系统、混凝土生产系统以及交通运输等的噪声防治措施。在采取了噪声防治措施之后，施工活动导致的噪声影响对施工区内的办公区和周边噪声敏感点影响减小。

9. 固体废物影响调查

（1）施工期固体废物影响调查

① 生产废水处理系统废渣影响调查

××砂石系统生产废水处理系统沉淀下来的细砂、石粉由一台意大利产 300/60-VS 型劲马泵经排料管抽送至××沟尾渣库进行堆存，共处置废（泥）渣总量为 141 万 m^3。

××村砂石系统生产废水处理系统压滤后的废渣由运渣车送至××沟尾渣库进行堆存，共处置废（泥）渣总量为 18.3 万 m^3。

施工区混凝土系统生产废水处理系统沉淀后的废渣由运渣车送至××沟尾渣库进行堆存。

② 生活垃圾影响调查

××水电站前方施工区高峰期人数约 8 000 人，后方××生活基地高峰期约 1 000 人，施工区日产生活垃圾为 6 t，年产生活垃圾 2 190 t，整个施工期共产生生活垃圾 15 330 t。

施工区生活垃圾主要来自××沟、××、××坪、××、××堡、××村以及×

××等生活区。施工期生活垃圾中煤渣、砖渣、玻璃、金属等无机物含量高，占 75%左右；垃圾中有机物主要以厨房垃圾为主，木草、塑料、织品、废纸等占 15%左右。

××水电站在前方施工区建设有一套生活垃圾清运系统，生活垃圾清运、公共卫生设施的卫生清理等工作都委托了××物业有限公司承担。××物业有限公司每天对××沟、××、××坪、××、××堡和××村六大营地的垃圾收集清理，集中拉运至××沟渣场进行填埋处理。后方××生活基地建设有一套生活垃圾清运系统，生活垃圾清运、公共卫生设施卫生清理等都委托××××物业有限公司承担，××××物业有限公司每天对该生活基地进行两次卫生清扫，并将生活垃圾清运至××县生活垃圾处理场，基本无不利影响。

（2）试运行期固体废物影响调查

① 生活垃圾影响调查

××水电站试运行期固体废物主要为生活垃圾，生活垃圾由电站生产人员产生。

2007 年 5 月—2008 年年底，××水电站前方施工区和××生活基地共有人员（含零星工程施工人员）约 200 人，该段时间内共产生生活垃圾约 109 t。

2008 年年底至今，××水电站厂区和××生活基地共有人员约 100 人（含扫尾工程施工人员），每天产生生活垃圾 60 kg。

试运行期前方施工区和××生活基地的生活垃圾清运、公共卫生设施的卫生清理等工作都委托××物业有限公司承担，其中前方施工区的生活垃圾填埋在××沟渣场，××生活基地的生活垃圾最终清运至××县生活垃圾处理场。

② 建筑垃圾影响调查

目前，××水电站施工区仅有部分场地进行了清理，其清理出来的建筑垃圾均运至就近的渣场进行堆存，但由于已完成的场地清理均为零星工程，整体的清理工作尚未开展，现阶段已清理的建筑垃圾量未进行专项统计。

③ 水库淹没区及库区水域边界 150 m 范围内固体废物影响调查

根据调查，在××水库的水库淹没区和库区水域边界 150 m 范围内未发现尾矿库和危险废物填埋场，没有发生上述固体废物进入库区河道的现象。

（3）固体废物处理措施有效性分析

××水电站施工期的生产废水处理系统产生的废渣基本送至××沟尾渣库进行了堆存。此外，在前方施工区和××生活基地均设有一套生活垃圾清运系统，生活垃圾清运、公共卫生设施的卫生清理等工作都委托××物业有限公司承担，××物业有限公司基本上每天都对前方施工区和××生活基地的生活垃圾进行清运。

10. 社会影响调查

（1）人群健康影响调查（略）

① 库区传染病影响调查

② 鼠患影响调查

（2）文物古迹影响调查（摘）

根据调查和走访相关部门，××水电站在下闸蓄水前已委托相关专业单位对这些文物进行考察，并按照"复古抢古，不改变文物原貌"的原则，采取了对可移动的文物原物进行搬迁，对不能移动的文物进行临摹修复等文物保护措施。

（3）库区旅游发展影响调查（略）

点评：

水利水电工程由于淹没所带来的社会影响较为突出，主要表现在移民安置、文物古迹淹没和景观变化等方面，在调查时应重点关注工程建设引发的环境问题、采取的保护措施及措施的有效性。由于本案例工程移民数量多、范围广，设计阶段对本工程移民安置区单独编制了环境影响报告书，因此，本案例未开展移民安置环境影响调查。

11. 环境管理与监测计划落实情况调查

（1）环境管理落实情况

××公司全面落实了××水电站枢纽工程施工期和试运行期的环境管理工作，一直为争取把电站建设成一流的环保精品工程而不断改进环保工作内容和深度。经过多年的管理工作实践，"绿色××"环保水保"六到位"管理新模式对××工程的环保水保建设与管理工作发挥了巨大的推动与促进作用，不但××公司全体干部职工的环保水保思想认识明显提高，环保水保管理工作的成效也显著提高，取得了极大的社会效益，也获得了巨大的经济效益和环境效益。

（2）环境监理落实情况调查

为了切实做好××水电站施工区环保水保工作，××公司决定在××水电站施工区引进环保和水保监理，并在国内率先推行环保水保综合监理制度。

2003 年，经招标，××公司委托××公司承担××施工区环保水保综合监理工作，××公司于2003 年7 月14 日正式成立"××水电站施工区环保水保综合监理部"，并于 2003 年7 月17 日进场正式开展监理工作。××水电站施工区环保水保综合监理部已完成监理月报约 90 份、年报 7 份及其他文件若干（监理指令、监理发文、季报、年度季度总结、施工区监理总结等）。

××水电工程推进环保水保综合监理制度，从根本上规范了环保水保建设与管理工作的程序，对有效控制环保水保设施建设的质量、进度和投资，对不断提高环保水保管理工作水平，保护好施工区环境起到了很好的促进作用。

（3）环境监测落实情况调查

2002 年，××公司委托××省××市环境保护监测站进行××水电站水环境、环境空气、声环境质量的监测工作。根据合同要求，××市环境保护监测站每月提交一期环境监测报告，至 2009 年 12 月已提交 96 期。

2004 年 6 月，××公司委托××省水土保持监测总站负责××电站施工区的水土保持监测。监测期分两个时段进行：2004 年 6 月—2006 年 12 月为第一阶段，2007 年年初—2009 年 12 月为第二阶段。××水电站环境监测落实情况对照表（略）。

（4）环境管理和监测措施有效性分析

××公司全面落实了××水电站枢纽工程施工期和试运行期的环境管理工作，一直为争取把电站建设成一流的环保精品工程而不断改进环保工作内容和深度。此外，××公司较好地执行了环境影响报告书、施工区环境保护规划对××水电站环境监测工作的要求，落实了枢纽工程施工区水环境、环境空气、声环境以及水土流失等方面的监测，进行了水库诱发地震的研究和检测，并开展了运行初期的生态调查，为××水电站的环境管理工作提供了较为翔实的科学依据。

> **点评：**
>
> 　　水电工程环境管理应从管理模式、机构、制度、效果等方面进行调查和总结；环境监测计划应结合验收调查结果，提出修改、完善建议（包括具体的点位、频次、因子等），还应调查说明环境监测系统建设情况，包括监测设施和监测能力建设等。另外，应根据实际情况提出继续开展科学考察、连续调查观测、持续生态补偿、对生态敏感目标管理机构给予长期支持等建议。

12. 公众意见调查（摘）

本次公众参与调查共发放个人调查表 300 份，收回有效调查表 288 份，有效调查表的回收率为 96.0%。共发放团体调查表 20 份，收回有效卷 18 份，回收率为 90%。

在个人公众意见调查对象中，有 78.2% 的被调查者对××水电站的环境保护工作满意，有 10.2% 的被调查者对××水电站的环境保护工作基本满意，不满意者仅占 1.6%。不满意者主要是在 2003 年 6 月—2005 年 9 月受××坪砂石系统粉尘污染危害的居民。××县环保局据实说明了施工期间××坪砂石系统周边居民受其噪声、粉尘影响而发生的阻止施工、群众上访问题。××坪砂石系统环境污染上访事件处理过程如下：

2006 年 4 月，××县××水电站工程建设工作协调领导小组办公室、××县环保局根据××屯、××屯居民点群众投诉，就其反映的 2003 年 6 月—2005 年 9 月受××砂石系统粉尘污染危害较大的情况，以"×协办函[2006]7 号"向××公司发文，要求落实××坪砂石系统环境污染危害补助费。

2006 年 5 月，针对××砂石系统作业产生的粉尘对××屯居民点带来影响的问题，××公司责成××砂石系统施工单位向受粉尘影响的群众 115 人每人补偿 500 元，共计补偿 57 500 元。

2005 年 9 月以后，××屯、××屯居民点群众搬迁至××村，不再受××砂石系统粉尘污染危害。

13. 调查结论及建议（摘）

通过本次工程竣工环境保护验收调查可知，××水电站枢纽工程区各专项环境保护工程措施和环境管理、监测以及风险事故防范措施等已按照相关要求基本落实，建议通过对××水电站枢纽工程的竣工环境保护验收。

此外，随着国家对水电工程环保工作的重视程度日益加强，以及××水电工程在××河的地位与作用，××公司仍需继续保持并进一步加强××水电工程后期的环境保护工作，科学、客观地分析××水电站环保工作的经验和教训，因此，调查单位通过本次枢纽工程的竣工验收调查也总结了一些××水电工程后续环境保护工作相关的优化措施建议，主要包括生态环境保护优化措施、环境质量监测与生态调查优化措施以及工程环保调查研究等，以期将××水电站工程建设与运行对区域环境产生的不利影响减缓到其可接受的程度，最终实现××河流域环境的良性发展。

第四节　石油和天然气开采、管道输送类

一、调查重点

石油、天然气开采及管道输送工程具有涉及面广、影响范围大、建设周期长的特点，此外，还具有滚动开发的特点。该类工程环境影响主要体现在以下方面：

施工期是该类工程主要环境影响时期，环境影响主要包括：工程永久征地改变土地使用功能，临时占地和建设活动对植被的破坏和地面扰动易造成生态退化，加剧水土流失，影响农林牧渔业生产；施工对野生动植物（特别是珍稀动植物）的影响；钻井泥浆、钻井废水、施工扬尘等对周围土壤、地表水、地下水、大气的影响；施工噪声对周边居民等敏感目标的影响；施工期井喷等事故带来的生态破坏和环境影响；对自然保护区、风景名胜区等环境敏感目标的影响等。

运行期该类工程环境影响较小，正常情况下，主要为各工艺站场废水、废气、噪声、固体废物等的影响。事故情况下，管道泄漏、站场事故、井喷等的环境风险影响较大，应从环境风险防范和应急措施、应急预案等方面予以重点关注。

针对该类工程的特点及主要环境影响，竣工环境保护验收调查中需关注以下重点：

1. 生态影响调查

（1）野生动植物影响

主要调查工程开发影响区域内、输油气管道沿线两侧主要植被类型分布、野生动物种类、数量及生活习性，有无重点保护野生动植物分布等。

调查油气田开发过程中土壤扰动范围，包括地面工程的占地面积、扰动面积，施工后采取的场地平整、生态恢复等的措施和效果。

调查采取的野生动植物保护和补偿措施；调查施工对野生动物栖息地的影响等。

（2）水土流失影响调查

主要调查工程扰动面积、施工营地等临时占地的设置和恢复情况（包括位置、数量、占地类型、生态恢复措施及恢复效果等）。

调查施工后采取的土地平整、防风固沙（草方格等）、植被恢复等水土保持措施及效果。

调查管道穿越河沟、山地丘陵等处采取的水土保持措施及效果。若项目已经通过水土保持验收，可直接反映其验收结果。

（3）生态敏感目标影响调查

对涉及自然保护区、风景名胜区等重要生态敏感目标的石油和天然气开采、管道输送项目，需设专章调查建设项目对生态敏感目标的环境影响、生态保护与恢复措施的实施情况及效果。

（4）农林牧渔业生态影响调查

调查工程建设对农林牧渔业生产的影响及工程采取的保护和补偿等措施。

2. 钻井废弃泥浆、钻井废水等污染源影响调查

主要调查钻井岩屑、废弃泥浆的主要成分、产生量、处理处置方式（防渗、固化、覆土、植被恢复等）及施工期防雨洪、防泥浆外溢等措施。

调查钻井废水、作业废水的产生量、处理处置方式及去向等。

通过泥浆池周边土壤及地下水监测，分析评价钻井废弃泥浆及钻井废水对周围土壤及地下水环境的影响。重点关注工程钻井、管道建设对农田土壤的扰动情况。

3. 水环境影响调查

油田重点调查联合站、办公区、公寓等处产生的工艺废水和生活污水；气田重点调查集气末站或净化厂、办公区、公寓等处产生的工艺废水和生活污水。油气田开发工程产生的废水主要来自气田开发防凝产生的含甲醇废水及其他生产生活废水，重点调查含甲醇废水的脱醇处理处置设施、处理效果，现在常采取深井回注方式，应调查工程回注方式、回注井位置、回注井深度、回注地层、日回注量、回注井固井及封井措施等，调查分析废水回注对外环境的影响。

对于油田集输管道和原油、成品油长输管道，需特别关注管道是否穿越重要水体或管道下游近距离是否存在水源保护区、集中取水口。应详细调查管道水体穿越方式（下穿、上跨）、施工方式（开挖、盾构、定向钻等）、水体的水质功能类别，以及管道下游近距离的水源保护区、集中取水口等。

4. 大气环境影响调查

调查净化厂和集输工艺站场净化设施、锅炉、加热炉等的废气排放达标情况，以及罐区、阀室等的无组织排放达标情况。此外，应重点关注卫生防护距离设置情况及居民搬迁安置情况。

5. 固体废物影响调查

重点调查钻井岩屑、废弃泥浆，落地油，油卸生产和集输过程中的油泥、油沙，基地的生活垃圾处理处置方式。

6. 环境风险防范及应急预案

主要调查施工及试运行期采取的环境风险防范及应急预案，应注意其可操作性、与地方应急预案的对接联动、备案；调查日常应急演练内容、频次并分析效果；调查施工及试运行期是否曾发生环境风险事故，事故类型、事故影响范围、影响程度，应急措施及效果，主要经验教训等。重点要核查工程环境风险应急物资的配备和应急队伍的培训、演练情况。评述工程现有环境风险防范措施和应急预案的有效性，针对存在的问题提出具有可操作性的改进措施和建议。

7. 环境管理情况调查

重点调查施工期环境管理执行情况，主要包括施工期环境监理执行情况，以及环评文件及批复文件对工程涉及的自然保护区、水源保护区等环境敏感目标提出的环境管理要求落实情况。

8. 公众意见调查（同其他生态影响类项目，略）

二、案例

××气田开发工程竣工环境保护验收调查报告

1. 工程概况

××气田位于××省，跨该省××六县市。气田南北长约 300 km，东西宽 40 km，面积 12 000 km²。南部地处黄土高原，北部地处沙漠南缘，中部为比较平坦的沙漠边缘地带，海拔 1 123～1 823 m，地理位置见图（略）。天然气净化厂和生活基地位于

××县，见图（略）。

　　工程由开采、集输、净化、供电、通信、给排水、供热系统组成，工程地面设施主要包括采气井 178 口、集配气站 46 座、集气支线及干线××km、天然气净化厂 1 座（包括脱硫装置、脱水装置、天然气放空及火炬系统、酸气焚烧装置、甲醇回收装置、污水处理装置等）、生活基地（办公楼、气田宾馆、职工宿舍、生活污水处理装置等）。总平面布置（略）。

　　该项目实际工程内容与环境影响报告书中的工程内容相比较，总体上看，实际工程与环境影响报告书在线路走向、站场单元设施构成等方面基本是一致的，但在工程产能规模、井场数量等方面有较大差别。实际工程与环境影响报告书中的工程主要差别见表 6-42。

表 6-42　工程实际建设内容与环境影响报告书存在的主要差别

序号	工程名称	工程实际建设情况	环境影响报告书工程情况	主要差别
1	建设规模	达到年产天然气 30 亿 m^3	年产天然气 20 亿 m^3，先建中区 15 亿 m^3，整个工程分期建设	实际产能增加 10 亿 m^3
2	井群、站布设	建成采气井口 178 口，集配气站 46 座，集配气总站 1 座，配气站 3 座，清管站 4 座	对中区 15 亿产能，需建采气井 117 口，集气站 14 座、集气总站 1 座、清管站 5 座、配气站 5 座	实际增加采气井 61 口、增加集气站 32 座、配气站减少 2 座、清管站减少 1 座
3	净化厂布设	建成处理能力 200 万 m^3/d 的天然气脱硫、脱水装置 5 套；甲醇回收装置 1 套；混合污水、检修污水、生活基地污水处理装置各 1 套；酸气焚烧两套；放空火炬两套；供水系统一套；集配气总站 1 座；全厂供水、供热及工艺、热力管网等配套工程	计划建成 200 万 m^3/d 的天然气脱硫、脱水工艺装置，辅助生产装置（天然气火炬及防空系统、工业污水处理装置），公用设施（供水及消防系统、供电系统、燃气系统、锅炉房及供热系统和日常机、电、仪修部分设施）	实际工程针对采气时注入防冻剂，特别建成甲醇回收装置处理采气污水。但未建废气处理配套的硫回收装置
4	管道路由	以集配气总站为核心建成东、西、南、北四条干线；建成采气管线 178 条，输气管线 32 条，其中铺设采气管线 689.6 km、注醇管线 689.6 km、集气干线 176.3 km、集气支线 313.1 km	按 15 亿产能需要建成采气管线 350 km、集气支线 56 km、集气干线 91.8 km	因建成产能不同，在建成的管线数量上存在差别

序号	工程名称		工程实际建设情况	环境影响报告书工程情况	主要差别
5	生产工艺	集气工艺	集气工艺采用放射状、树枝状相结合的集气管网流程，采用了高压集气集中注醇、多井加热、橇装脱水、间歇计量、井口保护器、生产数据自动采集与传输、燃气发电、环氧粉末喷涂八项工艺。集气站、集配气总站设收、发球装置，实现不停气清管	井口至集气站为放射状流程，集气站至干线为树枝状流程。对于无人值守的井口，采用自动注醇系统，进站节流降压，经多井加热炉后进行分离、计量、外输。在集气干线设清管站，集气总站设收发球装置，实现不停气清管	实际工程基本符合环境影响报告书设计，在工艺设计上比原设计更合理、先进
		净化工艺	采用成熟的 MDEA 溶液脱硫技术、TEG 脱水工艺，首次采用富液过滤流程，工艺流程更加合理	推荐采用 TEG 脱水、MDEA 脱硫工艺进行天然气净化处理	与环境影响报告要求相同
6	公用工程	给排水	建成 8 000 m³/d 供水站 1 座，水源井 5 口，单井产水量 100 万 m³/h；集气站生活污水蒸发池 46 个	第一供水方案水源地位于县城以北 2.5 km 处一带状区域，取水 3000 m³/d，建水源井 10 口；第二方案水源地位于县以西处一区域，计划建成浅井 10 口或深井 4 口，取水量 3 000 m³/d	采用第一供水方案，水源井比环境影响报告书计划少 5 口井
		供热	建成天然气净化厂供热站 1 座，建筑面积 1 131 m²；10 t/h 蒸汽锅炉 5 台，水处理设备 1 套，自备电站余热锅炉 3 台；供热站配电室 1 座。集气站热水炉 46 台；集气站加热炉 98 台；生活基地供热主要依托局公用事业公司	净化厂 10 t/h 燃气锅炉 1 台，集气站 418 MJ/h 燃气热水炉 14 台，集气总站燃气热水炉 2 台（按中区 15 亿产能设计）	净化厂燃气锅炉总数比环境影响报告书多 4 台，集气站热炉在型号及数量上也存在差别，集配气总站在净化厂内
		供电	建成天然气净化厂自备电站 1 座；35 kV 外界电源的变电站 1 座；35 kV、10 kV 供电线路各 5.9 km、18.4 km；集气站燃气发电机安装 88 台及站厂配电	自备电厂 1 座、35 kV 变电站 1 座，10 kV 供电线路 14 km，及其站自备天然气发电机 18 台（按中区 15 亿产能设计）	在供电线路、燃气发电机数量上存在一定差别
		通信工程	建成一点多址中心通信站 1 座，中继站 6 座，铁塔 6 座；标准外围站 2 座、直放站 12 座；卫星中心站 1 座，卫星地面接收站 8 座，微型外围站 39 座；生活基地天然气净化厂通信光缆 11 km；天然气净化厂 200 门程控交换机 1 套	建设 1 500 m² 的通信楼 1 座、500 线的数字程控交换机、拥有约 30 个数据用户、100 个电话用户的点对多点无线通信中心、2 套电力载波的通信系统、拥有 800 用户的电缆电视系统	采用更先进的通信技术
		交通道路	建成气田道路 1 086.82 km，其中沥青道路 68.8 km，砂石道路 326.7 km，混凝土道路 1.72 km，简易井场道路 689.6 km。建设桥梁 5 座	设计干线公路总工程量 154 km	产能不同，道路长度变化

验收调查期间第一采气厂年生产天然气 24.9 亿 m^3，净化天然气 20.3 亿 m^3，占设计年产量的 83%。本调查监测期间，日产天然气 900 万 m^3，达到设计日产天然气的 90%，符合环境保护验收要求。

> **点评：**
>
>   本案例验收时的项目规模大于环境影响评价时的规模，按《环境影响评价法》要求，需办理变更环境影响评价手续。

2. 周围环境特征

项目周围影响范围内无重要的环境敏感目标。

（1）大气环境

项目影响范围内最主要的大气污染源是××酒厂和××石油化工厂，主要污染物为 SO_2 和 NO_x。环评阶段大气环境现状评价结果表明，所有监测点的所有监测项目，无论是一次测定值还是日平均值，都未超标。

气田开发过程中对大气环境产生主要影响的污染源是天然气净化厂，但对大气环境敏感点县城和净化厂生活区影响很小。

（2）地表水

环评阶段对气田开发区内地表水污染源现状评价结果表明，区内的主要污染源是××酒厂和××纺织厂，主要污染物为 BOD_5、COD。主要涉及的水体有××河、××河、××河，水质较差，其中 NO_2^--N 污染最为严重，均未达到Ⅲ类水质标准的要求；另外××河水中的总硬度、pH 也超过Ⅲ类水质标准，其余河流水质均达到了Ⅲ类水质标准的要求。

（3）地下水环境

区内地下水因受地形、地貌、地质构造、古地理环境以及地下水的补给、径流、排泄等条件影响，化学特征比较复杂。地下水环境中除总肠菌群、Cr^{6+} 及细菌总数严重超标外，其他指标均接近或低于评价标准。

从地下水资源来看，近期气田开发用水量能得到充分保证，但随着开发年限的增长，气田开发用水与地方农业及生活用水等的矛盾将越来越尖锐。

（4）土壤环境

气田所在区域以风沙土和黄绵土为主，此外还有少量盐土、草甸土等。现状监测结果表明：气田区内的土壤尚未受到气田勘探开发影响。

（5）生态环境

气田开发区内的植被以人工植被为主，其中又以防护林占主导地位。由于地形地貌及气象气候等因素的差异，形成了北部风沙滩地区、中部梁峁涧地区、南部丘陵墼区三种不同类型的农业生态环境区，其主要环境问题为：北部风沙滩地区以风蚀为主，土地沙化严重；中部梁峁河涧地区为风蚀与水蚀交互作用的过渡地带，沙化与水土流失并存；南部丘陵沟壑区以水蚀为主，水土流失严重。气田开发区内的生态环境介于中等、劣等级别之间，但稍优于其对照区的环境质量，随着气田区的开发可能会逐步接近对照区的生态环境质量状况。

（6）声环境

人群居住地离集气站和净化厂较远，受影响较小。

3．调查内容

（1）生态影响调查

① 土壤影响调查

a. 泥浆池占地情况调查

在钻井过程中，每钻一口井井场剩余钻井泥浆 20～30 m³，适量投加氢氧化钾调整 pH 值为 7～8；每井产生的岩屑为 60～70 m³，主要成分为硅酸盐和碳酸盐。工程中共建采气井 178 口，合计产生泥浆为 3 560～5 340 m³、岩屑 10 680～12 460 m³。

为防止对土壤的污染，在每口井旁都建有防渗泥浆池（铺设了双面涂有聚四氟乙烯的防渗布），完井后对泥浆池覆土填埋。每个泥浆池面积约 50 m²，共计占地约 8 900 m²。

b. 监测结果分析

对泥浆池及其周围的土壤环境质量进行了监测。选择不同土壤类型区、不同时期设置的具有代表性的泥浆池进行监测，在泥浆池及其边界外 100 m 处（对照）共设 8 个 2 m×2 m 土壤样方。监测项目为 pH、有机质、石油类、总盐。

每个土壤样方取两层样，深度分别为 0～20 cm（混合）和 40～50 cm（混合），每个深度在矩形同一对角线上的 2 个定点及中点采取混合样，并分别进行分析。

除 45# 井泥浆池监测点外，其余 3 个泥浆池监测点的监测值与测点外 100 m 处对照点同等深度的监测值相当，说明泥浆池已进行了覆土填埋处理，没有对表层土壤造成影响。

45# 井泥浆池中 0～20 cm 深度石油类浓度远大于对照点的浓度，有机质与总盐浓度也大于对照点浓度，说明施工时该泥浆池没有进行较好的覆土填埋处理。

c. 措施有效性分析及建议

本工程共有泥浆池约 178 个，总计占地面积约 8 900 m²，数量较多、分布范围较广。从本次调查中选择的有代表性的土壤质量监测点监测结果分析，除少数泥浆池外，各监测点与对照点土壤环境质量监测值均相当，说明总体上泥浆池没有对周围土壤造成明显的影响，泥浆池的防渗和覆土填埋措施有效。

鉴于调查中少数泥浆池覆土填埋措施不利，没有达到对钻井泥浆填埋处置的效果，建议建设单位结合自查，尽快对这些泥浆池采用覆土填埋等措施，以消除降雨淋溶、地表径流冲刷泥浆对周围土壤的影响。

② 野生动物影响调查

该项目气井主要分布于××省××县内，区域土壤以风沙土和黄绵土两种类型为主。该地区地理环境独特，气候成因特殊。调查区主要野生动物有野兔、野鸭、斑鸠、麻雀、田鼠等，无国家和地方重点保护的野生动物。

由于工程占地面积相对较小，施工结束后人员和机械大量撤出，上述影响将逐步减小或消失。

现场调查表明，由于气田地处风沙黄土区，加之车流量很小，气田内的公路对野生动物栖息地切割作用不明显，由此产生的负面影响也较小；通过加强对气田公路的管理和对职工的环境保护教育，偷猎是可以避免的。

因此，可以认为无论是施工期还是运行期，气田对野生动物的负面影响都较小。

③ 植被影响调查

a. 工程永久占地对植被的影响

由于工程占地，使土地利用方式发生改变，不可避免地影响到地表植被，尤其是永久占地，受其影响的植被将无法恢复。本工程建设实际占用林地面积 793 373 m^2（1 190 亩），耕地 406 687 m^2（610 亩），水浇地 116 673 m^2（175 亩）。建设单位在满足安全防护要求的前提下，尽可能对站场及道路两侧进行了绿化。据统计到 20×× 年年底已完成绿化面积 7 万 m^2，绿化工程中使用的杨树、柳树、松树和厂区景观绿化品种云杉、刺柏、紫荆、木槿、小刺柏、玫瑰、月季、草皮等均为当地的适生品种，目前这些人工种植的树木、花草多数长势良好。

b. 工程临时占地对植被的影响

工程临时占地对植被的影响主要表现为施工中的堆压、挖掘、碾压、践踏等影响了植物的生长，甚至导致其死亡。尤其是管沟开挖区域，其上生长的植被受到较大破坏，井场道路修建在一定程度上改变了原有的地形，可能影响到周围植被的供水量，进而影响其正常生长。

为减少上述负面影响，建设单位在施工期及试运行期采取了以下措施：施工作业时尽可能缩小作业宽度，以减少临时占地的面积；合理选线布线，减少填挖工作量；挖掘管沟时分层开挖、分层回填，保持种植土层的稳定，并尽量保持土壤原有的密实度，恢复原来地表的平整度；尽快采取人工补播或种植的方式恢复植被；经过活动沙丘地段时采用阻砂栅栏和苇秆方格进行区域固沙，以减轻土壤侵蚀；采用人工绿化与区域飞播绿化相结合的手段，最大限度地恢复植被。

为了解上述措施的实施效果，对临时占地的植被恢复情况进行了监测。在气田建设中植被破坏比较集中的管线开挖区、泥浆池、气田道路等区域，根据不同的土壤类型，共选择了 18 个植被监测点，每个监测点取 3 个植被样方，其中 2 个为植被调查样方，1 个为植被对照样方，样方面积为 100 m²（10 m×10 m）。调查内容为样方内植物的种类、盖度、长势（目测）。

具体的监测点位和监测结果（略）。监测结果显示，调查样方和对照样方内植物从种类、生活力、盖度来看，没有显著差异。由此表明，管线开挖区、泥浆池、气田道路等临时占地区域的植被经人工种植及自然生长已基本恢复。

④ 水土流失影响调查

该气田开发工程以县城为中心，北至毛乌素沙漠边缘南至黄土高原，北部沙丘起伏、南部梁峁沟壑纵横，南北相距近 400 km。该区域生态环境脆弱、植被稀疏。据有关资料，其主要所处的县城是黄河中游 138 个水土流失重点县之一。

本工程跨度大、影响面广，由于管道施工中管沟开挖造成的土体扰动、堆积、施工便道的建设、施工机械、车辆的碾压及人员践踏对地表植被和土壤结构破坏，穿越河流、沟渠、公路对其边坡造成破坏等，极易造成水土流失。

建设单位在工程建设中坚持开发与水土保持并重的原则，采取了相应的工程和管理措施。

a. 土方填挖工程施工尽量避开雨季，减少因地表径流引发的水土流失；回填土时尽量保持土壤原有密实度，恢复原来地表的平整度，减轻地表径流对表土的冲刷。

b. 施工结束后尽快采用人工补播或种植的方式恢复植被，农田及时复垦，缩短土壤裸露时间，恢复植被抗雨滴击溅土壤、调节地表径流的作用。

c. 在集气管线穿越××沟、××河、××河等处，采取毛石护坡、草袋护坡、沙柳护坡等边坡防护措施，以保证边坡的稳定。

d. 管道穿越公路时，采用顶管或定向钻穿越方式，并对边坡进行了加固，避免了路基边坡的破坏。在道路上，普遍在坡大的地区开设排水沟、导流槽，在必要的地方压设涵管、修筑拦水墙，并在气田公路两侧建设 40 多 km 的沙障。

e. 经过活动沙丘地段时采用阻砂栅栏和苇秆方格进行区域固沙。固沙图片（略）。

从现场调查看，大面积的气田开发没有带来明显的水土流失，大部分的河流、公路边坡防护效果也较好，尚未发现滑坡、垮塌、坡面冲蚀等现象，有效地防止了边坡坍塌带来的水土流失；草方格固沙区域，植被已开始恢复。但也发现个别施工迹地植被还未恢复，如××集气站施工便道，图片（略），存在水土流失隐患。

在气田开发建设过程中，先后投资 4 000 万元，建成排水沟 61.4 km，护坡、护坎 7.1 km，沙障 855 亩，林草防护 320 亩，园林绿化 1 处。

⑤ 存在问题及补救措施建议

建设单位在工程中坚持开发与生态保护、生态建设并重的原则，采取了相应的水土保持、生态恢复及管理措施等，有效地防止了水土流失的发生和生态环境的破坏。

针对本次调查发现的问题建议建设单位：

a. 采取补救措施，结合自查，恢复生态。继续加大投入力度，加强管理和维护，保证植被的正常生长及水土保持工程的防护效果。

b. 对少数覆土填埋措施不利，没有达到对钻井泥浆填埋处置效果的泥浆池，应尽快采取补救措施，以消除降雨淋溶、地表径流冲刷泥浆对周围土壤的影响。

c. 增强工作人员的环保意识，减少生产活动对土壤和植被等的影响；加强管理人员的责任心，及时发现问题并积极处理，尽早消除事故隐患，避免事故发生。

> **点评：**
>
> 　　石油和天然气开采项目生态影响主要发生在施工期，重点表现在对地表植物的影响；由于其分布范围的广泛，常覆盖不同的植被类型，验收调查有一定的难度。需选择代表性点位（不同植被类型、面积、分布、生物量等）进行实测（植被样方调查），并借助遥感等技术手段加以分析，可有效地说明工程建设的影响。

（2）大气环境影响调查

① 大气污染源调查

钻井期的污染主要是使用柴油机时燃料燃烧向大气中排放的废气，其中主要的污染物为总烃、CO、NO_x、SO_2 等。钻井期污染属于阶段性局部污染，随着钻井过程的结束，其影响也将逐渐消失。

工程生产过程中的大气污染源主要有集气站加热炉、重沸炉、热水炉、发电机等燃烧天然气时产生的废气，净化厂内的放空火炬、酸气焚烧装置、供热站锅炉烟囱等产生的废气，以及天然气集输过程中泄漏的烃类气体等。

② 环境空气质量监测结果与分析

本工程环境影响评价时曾在生活基地、一井、净化厂厂址、海滩、五井各设一个监测点，监测结果均未超标。为了调查本项目运行初期的大气污染物的排放对当地环境空气质量的影响，并与项目未建设时的环境空气质量对比，本次调查仍在此 5 处各布设 1 个环境空气质量监测点，监测项目 SO_2、NO_2、NO_x、H_2S，同步记录风速、风向、气温、气压等气象要素。

监测结果（略）表明，5 个监测点中 SO_2 日均浓度值均远低于《环境空气质量标准》（GB 3095—1996）中二级标准限值，SO_2 最大值出现在 1#生活基地，其值为 0.076 mg/m³。

与环评监测结果对比，2#一井监测值低于环评值，4#海滩监测值与环评值相当，5#五井监测值略高于环评值，变化较大的是 3#净化厂（0.058 mg/m³）和生活基地测点（0.076 mg/m³，位于净化厂的下风向），分别比环评时监测值高出 1.42 倍和 3.75 倍，这是由于净化酸气焚烧装置 SO_2 排放浓度超标所致。测点中 NO_2 的日均浓度远低于标准限值，最大值出现在 4#海滩测点，其值为 0.037 mg/m³。现行《环境空气质量标准》中对 NO_x 没有要求，因此，采用环评中标准对其进行分析，本次调查 5 个测点的监测值均低于环评中采用的标准限值，各测点的监测结果与环评时的监测结果相比也变化不大。H_2S 小时浓度低于《工业企业设计卫生标准》（TJ 36—79）中的标准限值，与环评时的监测值相比各测点的 H_2S 小时浓度值也变化不大。

由此可见，本工程目前对工程所在区域的大气环境质量并未造成明显的影响。

③ 大气污染源监测结果与分析

在集气站的加热炉、重沸器处各设 1 个监测点，在净化厂锅炉排气筒和第 II 套脱硫装置天然气脱硫酸气焚烧排气烟道各设 1 个监测点，并在南 1、中 4、北 6 集气站厂界分别设置无组织排放监控点 1 个。集气站加热炉、重沸器烟囱，净化厂脱硫装置酸气焚烧装置和锅炉烟囱监测 SO_2、NO_x、H_2S、NMCH，无组织排放集气站厂界监测 SO_2、NO_x、H_2S、NMCH 浓度，净化厂厂界监测 NO_x、H_2S、非甲烷总烃 NMCH、甲醇浓度。

监测结果（略）及统计情况分析如下：

南 1 站、中 4 站、北 6 站加热炉和重沸炉所排废气中各污染物的排放浓度和排放速率均能达标，且监测值远低于标准值。因气田各集气站加热炉和重沸炉的型号、烟囱的高度均相同，因此，类比分析可知，其他集气站的加热炉和重沸炉也可实现达标排放。

由监测结果（略）可知，净化厂 4# 热水锅炉 SO_2 的排放浓度远低于《锅炉大气污染物排放标准》（GB 13271—2001） I 时段的标准限值；锅炉的烟囱高度为 20 m，满足 GB 13271—2001 中燃气锅炉烟囱不得低于 8 m 的要求。锅炉房共有 5 台 10 t/h 的热水锅炉，经类比可知，其他 4 台热水锅炉也可实现达标排放。

净化厂第 II 套酸气焚烧炉所排废气中 NO_x、H_2S、NMCH 的排放浓度和排放速率均可实现达标排放，且监测数值远低于标准值。SO_2 的排放浓度虽然超过《大气污染物综合排放标准》（GB 16297—1996）表 2 中二级标准限值，排放速率能达标，但根据国家环境保护总局《关于天然气净化厂脱硫尾气排放执行标准有关问题的复函》（环函[1999]48 号），天然气净化厂排放脱硫尾气中的 SO_2 具有排放量小、浓度高、治理难度大、费用较高等特点，其作为特殊的污染源应制订相应的行业污染物排放标准进行控制，在行业标准未出台前，同意天然气净化厂脱硫尾气中排放的 SO_2 暂按《大气污染物综合排放标准》中的最高允许排放速率指标进行考虑。故本工程净化厂酸气焚烧炉排放的 SO_2 可满足环函[1999]48 号文的要求。由于第 I 套酸气焚烧炉设计指标与本次监测的第 II 套酸气焚烧炉指标基本相同，因此，经类比可知，第 I 套酸气焚烧炉烟气中的 SO_2 也可达标排放。

集气站 SO_2 和 H_2S 无组织排放浓度均远低于厂界监控浓度限值，NO_x 和 NMCH 则未检出。

净化厂 H_2S 无组织排放最高浓度值为 0.002 mg/m³，甲醇为 0.30 mg/m³，均远低于相应标准限值；NO_x 和 NMCH 则未检出。

综上所述，集气站的加热炉、重沸炉、净化厂热水锅炉正常运行时所排烟气中各项污染物均可达标，净化厂酸气焚烧炉排放的 SO_2 可满足环函[1999]48 号文的要求，不会对工程所在区域的大气环境产生大的影响。

④ 措施有效性及存在问题的分析建议

通过现场调查可以看出，清管作业和事故放空排入的天然气均已按设计要求设置了放空火炬，这些放空设施在正常使用状态下，可以保证清管作业或事故状态时排放的少量天然气经点燃燃烧后再排入空气中，最大限度地减少天然气直接放空可以引发的火灾和爆炸等危险事故的发生频率。

环境影响报告书中提出的与大气污染物达标排放密切相关的酸气焚烧装置及排放烟囱均已建成（2 座），鉴于目前净化厂及周围环境空气中 SO_2 的日均浓度远低于《环境空气质量标准》（GB 3095—1996）二级标准限值，且敏感点县城距净化厂区距离在 9 km 以上，净化厂酸气焚烧炉烟气中 SO_2 可满足环函[1999]48 号文的要求（考虑排放速率达标），但按该文件要求，在未制定天然气净化厂相应行业排放标准之前，应尽可能考虑硫的综合回收利用，并应继续保留现已预留的脱硫场地。建议待硫磺回收装置建成后，由地方环保局另行验收。

点评：

石油和天然气开采项目对大气环境的影响主要来自净化厂、集输站场内的生产废气。通常生活采用天然气等清洁能源，且站场人员较少，因此，不会对当地环境质量产生明显影响。而对生产废气来说，除正常运行时锅炉的废气外，还会有清管、检修等作业排放的废气，需逐一调查污染源位置、主要污染物排放浓度和排放速率、废气治理措施等情况，并进行污染源达标和措施有效性分析。此外，需特别关注净化厂废气治理措施、SO_2 等污染物达标排放情况和总量指标是否满足管理要求。

（3）水环境影响调查

① 水污染源调查

钻井废水主要是在钻井作业时泥浆的流失、泥浆循环系统的渗漏、冲洗设备及地面的油污、检修排污等产生的污水，其主要污染物为 COD、pH、石油类等。此废水经混凝处理工艺处理后可得到控制。目前工程已完钻，因此，不再产生钻井废水。

工程在生产过程中产生的废水主要有净化厂检修污水、混合污水，净化厂、集气站含醇污水，井下作业废液以及生活污水等。工程运行期主要污染源及污染物（略）。

② 水污染源治理措施调查（略）

③ 水污染源监测结果与分析

净化厂含醇污水处理设施的甲醇加压过滤泵口和回注水汇水管出水口设监测点位，监测因子为 pH、甲醇、硫化物、石油类、酸不溶悬浮物；净化厂混合污水处理设施进水口和保险罐出水口设监测点位，监测 pH、色度、COD、BOD_5、硫化物、石油类、NH_3-N、挥发酚、磷酸盐；生活基地污水处理场出水口设监测点位，监测 pH、色度、COD、BOD_5、NH_3-N、磷酸盐。

监测结果（略）可知，工程的开发建设和试运行后，净化厂废水处理后可达一级排放标准要求，且用于绿化不外排；生活基地污水处理厂排放的废水中 BOD_5 浓度超过《污水综合排放标准》中一级标准限值，但满足《农田灌溉水质标准》，且绝大部分用于生活基地绿化。

各集气站的生活污水排入站区内的生活污水蒸发池，不外排。

另外，气田污水处理采用甲醇回收及污水回灌工艺，在我国尚属首例，其不仅使高压集气中使用的水合物抑制剂——甲醇得到了重复利用，而且降低了生产成本，减轻了气田生产过程中对环境的污染。

④ 地下水影响分析

选取县城自来水厂、××村、××村、××站水井进行地下水监测，监测项目为 pH、总硬度、石油类、NO_2^-、NO_3^-、As、Cr^{6+}、氟化物、细菌总数、大肠菌群等。

由监测结果（略）可见，各监测点中除县城自来水厂的大肠菌群超过《地下水质量标准》（GB/T 14848—93）中Ⅲ类标准外，其余各项指标均能达标。县城自来水厂的大肠菌群超标倍数为 2.7 倍，同时也超过了《生活饮用水卫生标准》（GB 5749—85）标准。

对比环评时县城自来水厂、××村、××村的水质监测结果可知，县城自来水厂的大肠菌群超标则是由于其本底值较高所造成的（环评时即超标）；NO_2^-、NO_3^- 有所升高，主要受所处区域的水文地质环境条件的影响；As 较环评时监测结果有较大变化，仅略低于《地下水质量标准》中Ⅲ类限值，但因其不是工程的特征污染因子，因此，可能与区域水文地质环境条件或其他因素有关；总硬度、氟化物、大肠菌群、细菌总数等因子有所下降，本工程的特征污染因子 Cr^{6+} 降低，说明目前本工程的开发建设对工程所在区域地下水环境质量影响很小。

⑤ 措施有效性分析与建议

工程设计和环评中提出的各项水污染控制设施均已基本建成，并投入使用；且各处理设施均按产能 $30 \times 10^8 \, m^3/a$ 进行设计和建设，可以满足污水处理的要求。

工程各类废水经处理后各项污染物浓度均低于相应的标准限值，除回灌地层、用于绿化外，仅冬季有少量生活污水排放县城污水管网，目前对所在区域的水环境影响极小。

生活基地废水中 BOD_5 超过《污水综合排放标准》中一级标准限值，这是因为污水处理设施运行不稳定所致，建设单位应解决污水处理设施运行中存在的问题，确保该设施实现处于长期稳定达标状态。

> **点评：**
>
> 　　水环境影响调查包括地表水和地下水两方面。在污水处理设施正常运行情况下，对地表水环境产生的影响较小；对于地下水来说，应调查工程影响范围内饮用水水源地的分布和工程采取的保护措施及有效性，还需关注工程回注井的回注方式、回注地层、回注量等，并提出跟踪监测要求。

　　（4）固体废物影响调查

　　气田勘探开发和生产过程中产生的固体废物主要有钻井废弃泥浆、钻井岩屑、净化厂污水处理装置产生的少量污泥和浮渣、清管收球作业产生的少量铁锈粉尘，以及部分生活垃圾。

　　① 钻井泥浆

　　钻井泥浆适量投加氢氧化钾调整 pH 值为 7～8，堆置于泥浆池中经自然风干后填埋处理，并逐步恢复地面植被；同时为了防止泥浆液渗漏污染，泥浆池均铺设了双面涂有氟乙烯的防渗布。每口井完钻后井场废弃泥浆一般为 20～30 m³。泥浆池占地一般约为 50 m²。

　　岩屑的主要成分为硅酸盐和碳酸盐，每钻一井口产岩屑为 60～70 m³，其余为沙子和黄土层。交井后对其进行填埋处理或经清水清洗后部分用于铺设道路、井场，部分与废泥浆一起填埋。

　　现场调查发现，各井场周围的泥浆池现均已不明显。原泥浆池经浓缩固化后覆土填埋，现表面均已被地表植被所覆盖，和周围普通地表区别不大（图片略）。

　　② 净化厂污泥、浮渣及清管杂质

　　净化厂污水处理设施产生的污泥和浮渣、废弃的毛毡、清管作业产生杂物等含石油类固废，年产生量约 10 m³，属于危险废物。目前建设单位将上述危险废物送入 2 m×3 m 污泥干化池中进行集中焚烧的处置措施不符合对危险废物进行处置的规定，需按国家关于危险废物处置处理的规定进行安全处置。

　　③ 生活垃圾（略）

> **点评：**
>
> 　　固体废物影响调查需注意废泥浆等危险废物的处置是否符合有关规范要求。

　　（5）声环境影响调查（略）

　　（6）风险事故防范及应急措施检查

　　① 风险防范措施检查

　　为了消除事故隐患，针对各种事故风险，建设单位在总体布局、工艺设计、设备选型、施工单位选择、监督管理等方面，采取了大量的防范措施，具体如下所述。

a. 厂区的平面布置、压力容器的设计，建筑材料的选择，防雷、防静电防爆等设计严格执行《油气田建设防火规范》及有关规程规范。

b. 整个工艺流程实行密闭生产，确保装置无泄漏。净化装置设置连锁保护和程序控制，南北集气干线设置中间连锁截断阀，气井安装井口保护器。

c. 生产装置设有液位、压力、温度变送器，实现自动检测，自动控制、超限自动报警，确保生产安全。

d. 压力容器、主要设备设置安全阀，防止超压事故。

e. 在重要场所配备可燃气体测爆仪，定期对压容器进行测厚和监察，选用防爆型和隔爆型仪表、设备。

f. 对超过 60℃的管线进行隔热，防止烫伤；对可能发生冻堵的管线进行有效的保温，防止管线冻结。

g. 加强对管线防腐及隐蔽工程管理。气田建设管线全部采用防腐性能好的环氧粉末静电喷涂工艺，严格实行防腐成品管出厂合格证制度；各类隐蔽工程，应用 X 射线、超声波探伤仪等检测手段，促进工程质量。

h. SCADA 和 TPS 自动控制系统的硬件部分采用冗余设计，故障自动切换，保证连续运行，提高了系统的安全可靠性。

i. 在建（构）筑物区域内设置独立避雷针，设备、金属管架、构回及埋地管道均设置接地装置。

j. 对放空气体进行点火，通过燃烧将天然气转化成危害较小的成分，同时加速气体的扩散。

k. 对易产生泄漏的设备、工艺装置采取露天布置，而对于必须设置厂房的有天然气泄漏的操作间、泵房设有自动通风装置和可燃性气体测爆仪。

l. 对设备偶然泄漏和停工检修过程中存在的有毒气体的危害问题，除完善检修制度外，气田还配备了便携式 H_2S 监测仪和检修用的现场通风机、防毒面具、空气呼吸器等；同时在净化厂内设急救站，各集气站配备急救药箱等。

m. 已建立了一整套的各种运行设备和操作规程及事故状态的应急预案。

n. 由于风险事故发生的原因多数是因为管理不力、操作不当、应急能力差等人为因素造成的，因此，工程运行后建设单位从管理上、制度上采取了一系列措施，制定了《采气厂健康安全环保（消防）管理细则》，建立了健康、安全和环境（HSE）管理体系，进行规范化、高效化管理。

从现场检查情况来看，各集气站、净化厂的工作纪律都比较严明，重要工作岗位的工作人员都持证上岗，并定期进行安全培训。据建设单位介绍，自工程运行以来，目前尚未发生过破坏较大的火灾或爆炸等风险事故，说明建设单位采取的上述风险防范措施是较为有效的。

② 改进建议

鉴于本工程各种事故风险带来的环境影响极大，本次调查除要求建设单位继续落实环境影响报告书中提出的各项事故风险防范与应急措施，以及石油天然气企业的各种事故防范操作规范外，建议进一步加强以下几方面的工作。

a. 实际管理工作严格按照 HSE 管理体系制定的程序执行，将各项制度落到实处，并按 HSE 管理体系的要求不断持续改进。

b. 提高集气管线和站场设备的巡检工作质量，保证巡线工作的有效性。

c. 由于事故发生的原因多与操作不当、人员责任心有关，因此，建议对各站场工作人员、巡检人员进行有计划的相关培训，培训内容可以包括：生产工艺流程、设备性能状况等专业知识，使其对生产情况能进行正确判断；天然气相关知识，使其了解天然气的物性、特点；有关消防、安全设施使用的培训，使其具备紧急情况事故应急处理能力。另外，努力提高操作人员的技术素质和心理素质，增强责任心，实行持证上岗和竞聘上岗制度。

d. 定期组织工作人员进行风险事故防范演练，提高风险事故的应急能力。

e. 向气田区附近的居民大力宣传有关安全、环保知识，提高他们对本工程的了解和认识程度，以取得他们的配合，共同维护管道，减少无意和有意的人为破坏。

点评：

　　环境风险是油气田开采类项目验收调查的重中之重。应严格按照环境影响报告书、批复文件及环保部相关文件要求，对环境风险防范与应急措施、环境风险应急预案进行调查，针对存在的问题，提出改进建议。本案例中，环境风险防范应急措施、应急预案调查不足，应予以改进。

（7）环境管理调查（略）

（8）公众意见调查（略）

4. 结论与建议（略）

点评：

　　概括总结工程建设变化情况及其环境影响变化情况。在此基础上，说明工程污染防治、生态保护、环境风险风范与应急措施是否满足相关要求，给出工程是否符合建设项目竣工环境保护验收条件的明确结论，并针对存在的主要环境问题，提出改进措施与建议。

第五节　煤炭开采类

煤炭开采分为地下（井工）开采和露天开采两种形式。煤炭开采与洗选加工的环境影响主要有以下几方面：

① 井工开采地表沉陷或露天开采地表挖损、外排土场占压对地形地貌、地表植被及生态环境产生的影响；井工开采地表沉陷对地面建构筑物，公路、铁路、输电线路等各类地面基础设施及文物古迹的破坏和影响。

② 井工矿采空区覆岩位移、变形或露天矿疏干排水对地下水资源的破坏和影响。

③ 煤矸石堆存对地下水水质和土壤可能造成污染影响；矿井水、露天矿矿坑水、选煤厂煤泥水和工业场地生活污水排放对地表水环境的影响。

④ 工业场地锅炉房排烟，煤炭储装运环节扬尘对区域环境空气质量的影响。

⑤ 煤矿工业场地主要噪声源对周围声环境敏感点的影响等。

一、调查重点

1. 生态影响调查

（1）井工矿

调查井工矿首采区煤炭开采地表沉陷变形、地表植被破坏及生态影响情况；受沉陷影响的地面建构筑物、公路、铁路、输电线路、水利设施、文物古迹等预防和修复情况，预留保护煤柱的落实情况；受沉陷影响的村庄搬迁、补偿、安置情况；受破坏的地表植被恢复计划和实施情况等。

（2）露天矿

调查露天开采地表挖损、外排土场占压对地形地貌、地表植被的破坏情况；受露天开采影响的村庄搬迁、补偿、安置情况；受破坏的地表植被恢复计划和实施情况；外排土场水土流失及治理措施落实情况等。

2. 水环境影响调查

（1）地下水影响调查

调查首采区煤炭开采对周围居民水井（泉）水位、水质的影响情况及受影响居民生活用水的保障措施；煤炭开采对周围饮用水水源保护区、泉域重点保护区水资源、水质的影响；地下水资源保护和水污染防治措施的落实情况等。

（2）地表水影响调查

① 调查矿井水、露天矿矿坑水和工业场地生活污水处理设施的工艺及规模、处理效果和回用情况；选煤厂煤泥水闭路循环设施及其运行情况，煤泥水事故排放防范设施（备用浓缩机、事故储水池等）的建设情况。

② 外排矿井水、露天矿矿坑水和生活污水水质达标情况，有总量控制要求的，应在达标排放的基础上调查水污染物排放总量是否满足要求。

③ 调查受纳水体水环境影响情况。

3. 大气环境影响调查

① 调查工业场地锅炉房大气污染治理措施的落实情况，锅炉烟气达标排放情况，有总量控制要求的，应在达标排放的基础上调查大气污染物排放量是否满足总量控制要求。

② 调查地面生产系统原煤破碎、筛分及转载环节粉尘控制措施；储煤场扬尘控制措施；矸石堆场防自燃措施；露天矿采掘场、排土场和运输道路大气扬尘影响及治理措施等。

③ 调查露天储煤场、矸石堆场粉尘无组织排放监控点浓度达标情况；工业场地周围敏感点环境空气质量达标情况。

4. 固体废物处置及污染影响调查

① 依据《一般工业固体废物贮存、处置场污染控制标准》，根据煤矸石成分和对矸石淋溶液的检测，判定煤矸石的类别，并据此调查矸石堆场的选址和建设是否符合标准要求。

② 调查排矸场拦矸坝、防洪排水工程的建设情况，露天矿排土场边坡治理情况；煤泥、煤矸石、锅炉灰渣、生活垃圾等固体废物的处置措施、排放去向和综合利用情况，分析固体废物综合利用率。

5. 声环境影响调查

① 调查煤矿通风机房、锅炉房、选煤厂主厂房、压风机房、提升机（驱动机）房、坑木加工房以及各类泵房等主要噪声源降噪处理措施的落实情况、降噪效果。

② 调查工业场地、风井场地及瓦斯抽放站厂界噪声达标情况。

③ 调查各厂界周围敏感目标的声环境质量达标情况；运煤道路、运矸道路以及铁路专用线两侧敏感目标的声环境质量达标情况。

二、案例

××矿井、选煤厂一期工程竣工环境保护验收调查报告

1. 工程概况

（1）工程实际建设情况

××矿井一期工程建设规模为 3.0 Mt/a，同步建设选煤厂和铁路专用线。该矿井

井田东西走向长 15.6 km，南北倾斜宽 9.6 km，面积 136.8 km²。井田内含煤地层为石炭系上统太原组和二叠系下统山西组，主要开采××组 3#、6#煤层和××组 8#、9#、15#、15 下共 6 个煤层，设计可采储量 713.8Mt，服务年限为 69.3 a。

矿井采用斜井开拓方式，将煤层划分为上、下煤组分别开采，上组煤包括 3#、6#、8#、9#四层煤，下组煤为 15#和 15 下两层煤。上组煤和下组煤均划分为七个采区。上组 3#煤西一、东一采区为首采区，首采工作面推进长度一般为 2 500 m。采用长壁综采一次采全高采煤法，全部垮落法管理顶板。

矿井开拓开采布置情况见上、下组煤开拓方式布置图（略）、采掘工程平面图（略）。

选煤厂选煤工艺采用 150～13 mm 级重介浅槽分选、13～0.75 mm 级有压入料两产品重介质旋流器分选、−0.75 mm 煤泥采用煤泥分选机分选工艺。煤泥水采用"浓缩＋压滤"的处理流程，实现一级闭路循环不外排。产品煤通过铁路专用线外运。选煤工艺流程图（略）。

矿井主工业场地位于××县城西北约 5.0 km 井田西北边界 A4 村西南侧，占地面积为 40.96 hm²。中央风井场地位于工业场地西南约 2.5 km 处，占地面积为 4.76 hm²。矿井一期工程于 2003 年年底开工建设，2007 年 7 月进入试生产阶段。工程实际总投资为 279 159.06 万元，其中环保投资 7 649.43 万元，占总投资的 2.74%。验收调查阶段实际生产能力已达设计生产能力的 95.92%，符合验收工况条件。

矿井地面总布置图（略）、主工业场地和风井场地总平面布置图（略）。

工程主要由矿井及选煤厂主体工程、辅助工程、公用工程、储运工程等组成，矿井与选煤厂均位于主工业场地内。工程项目组成见表 6-43。

表 6-43　工程项目组成一览

工程类别		实际工程建设内容	对比环评阶段	说明
矿井工程	主斜井	直径 4.8 m，井筒倾角 16°，井筒长度 1 225.5 m，井口标高 1 047.8 m	与环评一致	
	副斜井	直径 5.0 m，井筒倾角 7°，井筒长度 3 452.3 m，井口标高 1 047.6 m	与环评一致	
	中央进风立井	直径 7 m，井筒深度 530 m，井口标高 1 123.8 m	与环评一致	
	中央回风立井	直径 7 m，井筒深度 524 m，井口标高 1 124.0 m	与环评一致	
	工巷工程	井巷长度 49 837.2 m，掘进体积 796 307.9 m³	与环评一致	
	通风机房	机械抽出式通风	与环评一致	
	压风机站	位于中央风井场地，SA-250W 螺杆式空压机 4 台，3 用 1 备	与环评一致	
	井底水仓	有效容积 7 200 m³	有效容积增大	原设计容积为 2 500 m³
	排矸系统	高位翻车机房、排矸车辆	与环评一致	

工程类别		实际工程建设内容	对比环评阶段	说明
选煤厂	原煤准备车间	筛分破碎系统，设置φ150 mm 原煤分级筛	筛孔变化	分级筛筛孔由原设计的 φ200 mm 变为 φ150 mm
	主厂房	块煤重介浅槽分选、末煤无压重介旋流器分选	选煤工艺变更	原选煤工艺为末煤跳汰分选、块煤重介分选
	浓缩车间	φ35 m 高效煤泥浓缩机 2 台（其中 1 台为事故浓缩机），720 m³ 循环水池 1 座	浓缩机直径变化	原浓缩机直径为 φ30 m
	压滤车间	35 m² 隔膜式压滤机 10 台	增加数量	原为 7 台
	煤泥水处理	一级闭路循环系统	与环评一致	
	排矸系统	汽车排矸	与环评一致	
辅助工程	辅助生产系统	综采设备库、机修车间、坑木加工房、器材库、器材棚、软化水间、乳化液泵站、锻工车间、岩粉库、油脂库、汽车库、门式起重机及操作场地、支护材料堆场等	与环评一致	
	矿井水处理站	处理规模 1 000 m³/h，采用"混凝沉淀＋过滤消毒"处理工艺	处理规模增大	原设计处理规模为 150 m³/h
	生活污水处理站	处理规模 3 000 m³/d；采用充氧生物膜法处理工艺	处理规模增大、工艺更先进	原设计处理规模为 1 200 m³/d 的一体化污水处理设备
	瓦斯抽放站	4 台 2BEF-72 型水环式真空泵，2 台高低负压抽放系统，预留储气柜位置	未建储气柜，仅预留位置	原环评要求建储气柜，但目前瓦斯浓度达不到利用要求
储运工程	煤仓	φ18 m 末原煤缓冲仓 2 个，φ15 m 洗末煤装车仓 2 个，φ15 m 末原煤装车仓 2 个，φ15 m 洗块煤装车仓 1 个，φ12 m 中煤仓 1 个，φ60 m 溢流煤场 2 个	新增φ60 m 溢流煤场 2 个（最大储煤量 15 万 t），四周建有防风抑尘网	便于原煤外运前储存，防风抑尘网可有效地防治扬尘污染
	矸石仓	φ12 m 矸石仓 1 个，φ10 m 大块矸石仓 1 个	与环评一致	
	排矸场	1 号矸石场，占地 12.63 hm²，服务年限 7 年，总设计储矸量 300 万 m²，用于排放洗选矸石；2 号矸石场，占地 7.28 hm²，服务年限 10 年，总设计储矸量 240 万 m³，用于排放掘进矸石	与环评一致	
	场外道路	进场公路长 940 m，排矸公路长 3.0 km，风井公路长 2.0 km	与环评一致	
	铁路专用线及装车站	铁路专用线从××铁路××站接轨，上下行总长 11 486.04 m	与环评一致	

工程类别		实际工程建设内容	对比环评阶段	说明
公用工程	供水	略	略	
	供电	略	略	
	工业场地供热	工业场地建锅炉房 1 座，设 SHFX20-1.25-WI 型蒸汽锅炉 2 台、SHFX4-1.25-AI 型蒸汽锅炉 2 台，采暖期全部运行，非采暖期只运行 1 台 SHFX4-1.25-AI 型锅炉，锅炉烟气采用"多管除尘器＋旋流板麻石水膜除尘器"处理，烟气通过 60 m 高烟囱排放	新增	原环评为热电车间集中供热，但因电厂规模不符合产业政策要求，未获批准，热电车间取消，故改用锅炉房供热
	风井场地供热	风井场地锅炉房 1 座，设 CLDZL2.1-85/60-WIII-AIII 型热水锅炉 1 台，ZRL3.5/W 热风炉 4 台；锅炉烟气采用麻石水膜除尘器处理，烟气通过 30 m 高烟囱排放；热风炉烟气采用麻石水膜除尘器处理	与环评一致	
	排水	略	略	
行政福利设施		略	略	

（2）工程变更情况

根据现场调查并对照原环境影响报告书，将××矿井及选煤厂一期工程实际建设内容与环境影响评价阶段的工程内容进行逐一对比分析，部分建设内容发生变更，主要变更内容见表 6-44。

表 6-44 工程变更情况一览

序号	项目	环评时工程内容	实际建设情况	变化原因	环境影响情况
1	井田范围	134.1 km²	136.8 km²	根据国土资源部颁发的 C1000002008×××号采矿许可证确定	增加区域均留设保护煤柱，不受地表塌陷影响
2	生产制度	300 d/a，14 h/d	330 d/a，16 h/d	依据《煤炭工业矿井设计规范》（GB 50215—2005）有关规定	环境影响基本不变
3	热电车间	3×35 t/h 循环流化床锅炉，发电 2×6 MW，燃用中煤	未建	规模不符合产业政策，国家发展和改革委员会未批准热电车间建设	环境影响程度降低

序号	项目	环评时工程内容	实际建设情况	变化原因	环境影响情况
4	选煤工艺	−25 mm 跳汰分选，＋25 mm 重介分选	块煤重介浅槽分选，末煤无压重介旋流器分选	山西省经济贸易委员会晋经贸投资专字[2003] ×××号同意变更	工艺先进，生产耗水量减少，环境影响程度降低
5	单身宿舍	2 栋单身公寓	4 栋单身公寓	在籍人数增加	废水及生活垃圾产生量增加
6	矿井水处理	处理能力 150 m³/h，采用混凝沉淀、过滤工艺	处理能力 1 000 m³/h，采用混凝沉淀、过滤工艺	根据实际矿井涌水量和考虑二期开发建设需要扩大了规模	环境影响基本不变
7	生活污水处理	处理规模 1 200 m³/d，采用埋地式生物接触氧化处理工艺	处理规模 3 000 m³/d，采用充氧生物膜法处理工艺	在籍人数增加	污废水量增加，但处理工艺更先进
8	煤堆扬尘治理措施	储煤方式采用仓储方式，设足够的煤炭缓冲仓、产品仓和封闭堆煤场，煤炭不露天储存	增加 2 个 φ60 m 的溢流煤场，储煤量 15 万 t，四周建设有防风抑尘网并配置洒水措施	考虑运输不畅时临时储煤	煤堆无组织扬尘增加，环境影响加重
9	采暖供热	采用热电车间集中供热	工业场地设 SHFX 20-1.25-WI 型蒸汽锅炉和 2 台 SHFX4-1.25-AI 型蒸汽锅炉各 2 台；采用"多管除尘器＋旋流板麻石水膜除尘器"处理	热电车间未批准建设	环境影响程度降低
10	煤泥烘干	4 台 LR-6 型热风炉	无	洗煤工艺变更后取消煤泥烘干	环境影响程度降低
11	铁路工业站锅炉	DZL240-7/95/70-AⅢ型、DZL1-0.7-AⅡ型锅炉各 1 台	无，铁路工业站采用电采暖		环境影响程度降低
12	瓦斯抽放	瓦斯抽放站及储气罐	建有瓦斯抽放站，储气罐未建，已预留位置	瓦斯浓度达不到利用条件	未实现综合利用
13	筒仓风机	无	所有筒仓均建设有通风机	从安全角度考虑	噪声影响增加
14	占地面积	108.744 hm²	106.18 hm²	施工中设施集约布置，减少占地	环境影响程度降低

> **点评：**
>
> 　　本案例分别叙述了矿井的建设地点、建设规模、井田范围、服务年限、开采工艺、采区设置、首采区及首采工作面位置、项目地面总布置及各工业场地总平面布置、选煤厂生产工艺流程等。给出的工程项目组成一览表详尽、清晰。
>
> 　　本项目的特点是工程变更内容较多，因此，在本案例中，列出了非常详细的工程变更情况一览表，将工程的实际建设内容与环评阶段的工程内容进行了逐一对比分析，并说明了变更的原因和变更依据，工程调查工作较深入细致。

2. 环境保护目标

　　经调查核实，××矿井所在区域未发现重点保护的植物物种及濒危生物物种，也无文物古迹等人文景观，井田范围内及周边无自然保护区和风景名胜区，但在井田东北侧有 SYD1 水源地和 SYD2 水源地，且井田全部位于×××泉域范围内，水源地及×××泉域重点保护区是本项目重要环境保护目标。验收调查期间了解的重要环境保护目与分布情况与环评时一致。

　　本工程主要环境保护目标见表 6-45，水源地与泉域的基本情况及与本项目的关系见表 6-46。

　　环境保护目标图（略），井田首采区内涉及的村庄具体情况表（略），井田与×××泉域的位置关系图（略）。

表 6-45　主要环境保护目标

环境要素		环境保护目标	保护要求
可能受项目污染影响的保护目标	环境空气	位于工业场地周围的村庄；位于排矸场地周围及运矸道路两侧的村庄	符合二类功能区划
	地表水	H2 河	水质满足 GB 3838—2002 中 V 类水质标准
	地下水	排矸场下游地下水水质	水质满足 GB/T 14848—93 中的Ⅲ类标准
	声环境	工业场地东北约 300 m 的 A4 村南；运矸道路西侧 100 m 的 A4 村东；中央风井场地西南约 200 m 的 JJN 村；与铁路外轨中心线距离分别为 200 m 和 300 m 的 GKC 村和 A6 村	满足 GB 3096—2008 中 1 类区标准

环境要素		环境保护目标	保护要求
可能受开采沉陷影响的保护目标	地下水	井田内地下水资源，重点是村庄居民饮用水水井； SYD1 水源地； SYD2 水源地； ×××泉域重点保护区	保证居民生活水源及水源地水资源不受采煤影响
	地表水	H2 河：井田内长度约 15 km； H4 河：井田内长度约 12.6 km； H1 河：井田内长度约 15.5 km； H3 河：井田内长度约 0.5 km	保证河道不受采煤影响
	村庄	全井田受沉陷影响面积约 64.18 km²，涉及 32 个村庄、2 647 户、8 901 人。重点是首采区开采范围内的村庄	留设保护煤柱或及时搬迁，不降低居民生存环境和生活质量不受影响
	生态	沉陷区内的耕地、林地及自然植被、土壤	及时修复，维持耕地面积和质量不变，控制水土流失
	基础设施	××高速公路，井田内长度约 19.2 km； ××铁路，井田内长度约 0.5 km；	留设保护煤柱，保证不受采煤影响

表 6-46 水源地、泉域的基本情况及其与本项目的关系

类别	名称	基本情况	与本项目的关系
水源地	SYD1 水源地	取第四系松散层潜水，一级保护区面积 0.103 km²，二级保护区面积 3.65 km²	位于井田东北部边界
	SYD2 水源地	取奥陶系灰岩岩溶承压水，一级保护区面积 0.062 8 km²	位于井田东部边界
井田内岩溶水	×××泉域	×××泉位于××市××县×××镇附近，出露于××河与××河汇集地段，泉域范围面积约 4 667 km²，调蓄地下水库容 3 780 km²。泉域重点保护区范围约 865 km²，其间包括××和×××两个水源地	井田位于×××泉域西北边界附近。×××泉域重点保护区位于××井田东边界外 35 km 处，××矿井不在×××泉域的重点保护区内。矿井位于重点区域以外，开采符合《××省泉域水资源保护条例》的要求

点评：

　　本案例环境保护目标的调查较为细致全面，分别调查识别了可能受项目污染影响的保护目标和可能受煤炭开采沉陷影响的保护目标，符合煤炭采掘工程的环境影响特点。不足之处是关于 SYD1、SYD2 水源地与本井田的关系没有交代清楚，只说明了在井田边界，未明确这两个水源地的各级保护范围、取水设施与井田的具体位置关系。此外，还应注意不要遗漏因工程变更而新增加的环境保护目标。

3. 调查重点

本次竣工环境保护验收调查的对象及重点是工程建设和生产过程中造成的生态影响、地下水和地表水环境影响、大气环境影响；调查环境影响报告书及批复中提出的各项环境保护措施的落实情况及其有效性，并根据调查与监测结果提出环境保护补救措施。调查对象及重点见表 6-47。

表 6-47　主要调查对象及重点一览

环境要素	调查对象	调查重点
生态	采空沉陷区	首采区地表沉陷变形情况、对地表植被的影响；采取的治理、恢复措施及其有效性
	地面工程设施建设	地表植被破坏、水土流失；施工期环保措施落实情况及其有效性、绿化措施落实情况
	道路建设	地表植被破坏、水土流失、临时取弃土场生态恢复
	煤矸石堆放	场址选择、植被破坏、水土流失、工程防护措施落实情况、生态恢复、综合利用情况
	排水管线敷设	地表植被破坏、水土流失、生态恢复措施
地表水	H1 河	矿井水、生活污水排放对河流水质的影响
	H1、H2、H3、H4 河	煤炭开采沉陷对河流水系的影响
地下水	村庄居民水源井	首采区煤炭开采对居民饮用水水源井水量、水位的影响
	SYD1 水源地	煤炭开采对水源地水资源的影响、项目排水对水源地水质的影响
	SYD2 水源地	煤炭开采对水源地水资源的影响
	×××泉域	煤炭开采对×××泉重点保护区的影响
环境空气	锅炉房	锅炉烟气除尘脱硫措施的落实情况及有效性、锅炉排烟对周围大气环境的影响
	储煤场、排矸场	无组织面源扬尘治理措施及有效性、对周围大气环境的影响
声环境	厂界及 200 m 范围内村庄敏感点	设备噪声治理措施、厂界噪声达标情况、对周围村庄居民生活的影响
固体废物	煤矸石	掘进矸石、洗选矸石产生量、排放量；处置方式及其环境影响；排矸场工程防护措施落实情况、综合利用情况
	生活垃圾、锅炉灰渣	安全处置措施
社会环境	采空区居民点	沉陷对建筑物破坏情况、搬迁安置工作的落实情况、公众意见调查

4. 环境保护措施落实情况调查

工程在设计、施工期采取的环境保护措施落实情况（略）；环评中提出的环保措施的落实情况见表 6-48，环评审批意见提出的环保措施的落实情况（略）。

表 6-48　运营期环评报告书中提出的环境保护措施落实情况

分类		1997 年环评报告要求措施	2003 年环评补充报告要求措施	实际落实情况
水土流失防治		工业场地排水工程、维护挡墙、护坡等水土保持设施	与环评一致	已落实。工业场地排水工程、维护挡墙、护坡等已实施。
		排矸场矸石分层堆放、压实、并覆土绿化	矸石分层堆放并推平压实，对外侧边坡进行林业复垦，矸石堆顶覆土造田进行农业复垦	已落实。排矸场截排水沟、排水涵洞和拦矸坝等水保设施均已建成，渣面防护与植被措施将在生产过程中逐步实现。并通过水利部组织的水土保持设施验收鉴定
		对取土场和堆土场要压实、平整边角并进行绿化	挖填土合理堆放，减少对土地的扰动	基本落实。CZ24 取土场进行了削坡和绿化；DG、YK 取土场生态恢复措施尚不完善，需进一步进行削坡
		公路、铁路专用线工程需合理调配土石方，注意土方的挖填平衡，对弃土、弃石不任意堆放，对护坡及时绿化；护坡及坡度较大的护坡不宜小于 15%	未提出新的要求	基本落实。铁路专用线采用工程措施和植物措施相结合进行水土保持治理，其护坡、边坡绿化、路面硬化、排矸公路路基、风井公路路基、排水工程已完成，已开始绿化
生态环境	绿化措施	排矸场堆满后及时采取土地复垦措施，复垦后种草绿化或发展林果业；工业场地及四周、排矸道路两侧、排矸沟边坡、进场公路、铁路专用线等处设置绿化带，合理选择适宜树种。绿化系数不宜小于 15%	生产区：结合各种生产设施的特点，种植高低结合的乔灌木、场地南北两侧形成形成 30 m 宽的隔离林带。办公居住区：种植绿篱、布置花坛、草坪。道路：多树种混栽，形成沿道路的绿化带。工业场地：绿化系数达 30%。矸石场：选用耐寒树木、边坡和护坡植草皮、撒草籽进行绿化	已实施。工业场地绿化面积 5.06 hm²，绿化系数 15%。风井场地目前部分地面工程还在施工过程中，地面绿化正在进行，预计绿化面积 0.62 hm²，绿化率 15.2%，铁路专用线边绿化面积 14.7 hm²。矸石场尚未进行绿化，服务期满后将尽快开展绿化工作

分类	1997 年环评报告要求措施	2003 年环评补充报告要求措施	实际落实情况
	工业场地：留设保护煤柱		
	村庄：开采 15# 煤时对大村庄留设保护煤柱。开采 3#、9# 煤时采取采前加固，采后维修的措施，或建抗变形房屋	对村庄、风井场地、××县水源地等采取留设保护煤柱保护	基本落实。风井场地及水源地已留设保护煤柱，首采工作面上的 ZZS 自然村居民已全部迁出，新村建设规划与资金已落实
地表沉陷防治	公路：高速公路开采 15# 煤时留设保护煤柱。开采 3#、9# 煤时不留煤柱。采过程中注意巡查，及时修整。其他采动影响和破坏环情况及时修整，保证行车畅通	高速公路：对斜井井筒穿越××高速公路按一级保护留设保护煤柱，确保不受采动影响	已落实。××高速公路两侧留设煤柱，保护等级为 I 级，维护带宽度为 20 m。斜井井筒下穿高速公路及在保护煤柱中布置井下开拓巷道，不会对地面高速公路造成任何影响。××省高速公路管理局以便函同意本矿井筒下穿高速公路，认为井筒下穿不会对其造成任何影响
生态环境	铁路：根据《规程》和本矿井各煤层采深采厚比，煤矿铁路专用线下压煤允许采用全部垮落法开采，采动过程中专人检查，有问题及时处理，保证行车安全	基本与环评一致	已落实。将 H2 河保安煤柱、铁路保安煤柱和井田边界煤柱统一考虑。矿井铁路专用线与设平行××高速公路通过井田东北边界附近，在××高速公路预留的保安煤柱范围内，不受采动影响
	输电线路：采前加固，采动中专人巡视，并与电业管理部门配合，保证输电	基本与环评一致	已落实。派专人对输电线路进行定期巡视，对出现问题的输电线塔（杆）及时加固、维修和防护，保证输电线路的安全
沉陷区治理	要求建设岩移观测站对地表变形进行观测，发现对村庄有影响及时采取修复、搬迁等措施	未提出新的要求	基本落实。目前地表沉陷已造成 ZZS 自然村 21 户村民房屋破坏；村民目前临时安置在××村，租住当地村民房屋，费用由××煤矿支付。新村建设方案、资金已落实。矿井后续开发 30 年工作面开采规划建设单位已制定

分类	1997 年环评报告要求措施	2003 年环评补充报告要求措施	实际落实情况
生态环境 沉陷区治理	针对受塌陷影响地面有轻微变形，但不影响农田耕种和植被生长的塌陷区，考虑对环境无影响，不采取治理措施。 地面塌陷破坏比较严重，出现明显裂缝、坎坎等，影响农田耕种而导致减产，并且由于有可能造成地表潜水下降、影响山林及植被的生长。针对这类塌陷区，应把土地耕种、按裂缝行修补整平、恢复土地耕种，按裂缝坡坎破坏范围，根据国家的有关规定对土地使用者给予合理的补偿。 地面严重塌陷，如出现不连续的塌陷坑，对农田、山林及植被破坏严重，不能生长，针对这类塌陷区，由于对环境破坏严重，使土地绝产，应作为环境破坏征地处理，有条件时可进行林木复垦	裂缝治理：裂缝充填平整，使耕地恢复原状。 塌方或滑坡：采动影响活动期，在塌方或滑坡边缘做排水沟，减少降水进入；对塌方体进行护坡工程，对滑坡采取护坡治理工程；以植物护坡为主，工程护坡为辅。 受采动影响，原坡度大于 25°的破坏农田，结合当地实际情况进行退耕还林还草，土地复垦可按林业复垦进行。 对受影响的土地、农田，由矿方落实资金，根据《土地复垦规定》《中华人民共和国土地管理法》进行复垦，并结合当地退耕还林还草，开展生态恢复工程，使区域内的生态环境质量得到改善	目前开采沉陷主要表现形式为裂缝，下沉不明显。根据调查，沉陷裂缝宽度为 10～30 cm，可见深度为 0～1 m，裂缝延伸长度为 10～120 m，错差为 3～10 mm，向沿工作面走向和地势走向，伴随有局部下沉，破坏不是很严重，农田产生的裂缝主要由农民在耕种过程中自行填补修复，措施有效
水环境	生活污水处理：设置生活污水处理站 1 座，处理能力为 1 000 m³/d，设计采用"一体化污水净水器混凝、过滤、消毒"的处理工艺对矿井水进行处理。全部回用于井下洒水、选煤厂生产补充水、热电车间冷却循环水等，无外排。 矿井水处理：设计处理规模为 3 600 m³/d，采用"一体化净水器混凝、沉淀、过滤、消毒"的处理工艺对矿井水进行处理。部分回用，剩余 600 m³/d 处理达标后外排至 H1 河 煤泥水：采用全封闭循环的煤泥处理工艺	新增：××矿井污水正常排放时，直接排放 H2 河，采取对下游的××县水源地造成影响。采取对下游的生活污水和冷却排污水经处理后排入××县水源地下游的生活污水和冷却排污水在××县水源地排入 H2 河的措施，不会对水源地造成污染影响	已落实。 已建成的生活污水处理站采用充氧生物膜法处理工艺，处理规模为 3 000 m³/d。由于定员增加，处理规模增大，工艺更先进 已落实。 已建成的矿井水处理站，处理规模为 20 000 m³/d。采用"一体化净水器混凝、沉淀、过滤、消毒"的处理工艺对矿井水进行处理。矿井水综合利用率 87.5% 已落实。 煤泥水闭路循环，不外排

分类	1997 年环评报告要求措施	2003 年环评补充报告要求措施	实际落实情况
大气环境	热电车间锅炉(35 t/h×3):3台XSC型湿式脱硫除尘器,除尘率为99.0%,脱硫率为25%;工业站锅炉房(4 t/h,1 t/h):2台XSC型湿式脱硫除尘器,除尘率为95%,脱硫率为20%	热电车间锅炉烟气除尘选用高效脱硫除尘器,加炉内脱硫,除尘效率为99%,脱硫率为70%,锅炉烟气能达到二类区第II时段标准;烟囱高度为100 m,满足环保要求	取消热电车间锅炉房。另外新增锅炉房2座,在工业场地新建锅炉房1座,4台锅炉均安装多管除尘器+旋流板麻石水膜除尘器,除尘效率为97.3%~98.9%,脱硫效率为59.3%~63.4%。在风井场地新建锅炉房1座,采用麻石水膜除尘器,除尘效率为90.3%~92.0%,脱硫效率为58.7%~64.0%
大气环境	选煤厂煤泥干燥炉:采用TCD-15型多管旋风除尘器,除尘率为95%;选煤厂大块破碎间:2台JBC45型袋除尘机组,除尘效率为99.2%;选煤厂筛分破碎间:4台JBC90型袋除尘机组,除尘效率为99.2%	在选煤厂分级筛、破碎机上设密闭吸尘罩,采用箱式布袋除尘机组,通过吸尘罩吸出的含尘气体过滤后排至室外,除尘机组除尘效率为99%,废气中粉尘排放浓度达到《大气污染物综合排放标准》(GB 16297—1996)中表2标准规定的限值	已落实。选煤厂预先筛分车间设2台JBC-120型袋式除尘器;选煤厂筛分准备车间设4台JBC-120型和1台PL-6000型袋式除尘器,除尘效率为99.0%~99.6%
大气环境	无组织扬尘排放治理措施:①转载点扬尘治理:输煤栈桥采用完全封闭形式,对各转载点、卸料点采取洒水及喷雾降尘的防尘措施;②交通运输防尘治理:道路两侧植树种草绿化,减少扬尘;③中梁线栈桥煤场1座采用煤棚围形式,并在煤棚周围植树,形成防护林带;④采用仓储方式储煤,煤炭不设露天储存	基本与环评一致	基本落实。对各转载点、卸料点采取洒水及喷雾降尘的防尘措施;道路两侧植树种草绿化,但地销售煤外运汽车进出场时没有进行冲洗,道路没有及时洒水,运输扬尘较大。新建2个φ60 m溢流煤储煤场(煤场长162 m,宽84 m,面积13 608 m²),最大储煤量为15万t,设于工业场地内,在其四周设置防风抑尘网,配套洒水措施已设计完成,正在进行施工招标
声环境	将产生强噪声的生产车间等集中布置,场地设置绿化带进行绿化降噪,机修车间选用低噪声工艺;对强噪声源如风机安装消声器、空压机安装风机等降噪措施;设隔声罩,对控制室进行隔声处理;设备风管形式、消声器等措施处理,使工业场地厂界和相关心点噪声值均符合相关标准要求	与环评基本一致,对生产强噪声设备采取了有针对性对性的基础减振、降噪和消声,厂界噪声达标,对关心点基本没有影响。限制机动车辆车速、限制鸣笛,减少交通噪声	基本落实。通风机配套有消声器、建有风机房、厂房,采取了柔性接头。泵采取了降噪措施,其他产噪设备绝大部分没有采取降噪措施,工业场地噪声、风井场地厂界噪声和各噪声源强强夜间超标

分类	1997 年环评报告要求措施	2003 年环评补充报告要求措施	实际落实情况
固体废物	矿井排矸：初期用于填高整平工业场地并作为铁路、公路路基填料，多余部分运往矸石场堆放，后期回填塌陷区或作综合利用；作建筑材料等	矿井排矸：与环评基本一致，综合利用考虑建设煤矸石砖厂	已落实。运营期矿井掘进矸石：运至指定 PGC2 排矸场排弃；热风炉炉渣：送掘进矸石场
	洗煤厂矸石：初期运往矸石场排弃，后期回填塌陷区或作其他利用	运至矸石场统一处理	已落实。洗煤厂矸石：运至指定 PGC1 排矸场排弃；新增锅炉废渣：运至洗煤排矸场作为隔绝层使用
	热电车间灰渣：纳入选煤厂洗矸系统统一处理	运至矸石场统一处理	热电车间取消
	工业场地生活垃圾：卫生填埋	工业场地生活垃圾：在矸石场设专门的垃圾填埋场，卫生填埋	已落实。生活垃圾定点收集，由××县垃圾处理厂统一处理
	未对水处理站污泥提出治理措施	水处理站污泥定期外运，用作矸石场表土层肥料	已落实
瓦斯抽放	矿井煤层气（瓦斯气）抽取后，进入 2 个 5 000 m³ 储气罐储存，供矿地锅炉、食堂等使用，剩余部分供当地村庄及××县城居民生活使用	全部供给厂址周围的村庄及××县城部分民用及营业性炉灶	建有瓦斯抽放站，但目前由于瓦斯浓度较低，远未到综合利用的瓦斯浓度下限（30%），瓦斯不能利用，因此储气罐尚未建设，只在瓦斯抽放站东侧预留建设瓦斯储气罐的位置。瓦斯经抽放后直接排空
环境管理与监测	设专门环境管理机构，配备专职管理人员；建立健全、完善的环境管理制度，井纳入日常管理		基本落实。但环境管理机构、管理制度过于粗略，有待完善
	设专门的环境监测机构进行监测，并建立合理的监测制度、配备相应的监测设备和人员	要求严格按环评报告要求执行	未设独立的矿井环境监测站，工业场地的 20 t/h 蒸汽锅炉没有安装在线监测仪，排污口没有进行规范化管理

点评:

　　"环境保护措施落实情况调查"应在全面调查环保措施实际落实情况的基础上,对环境影响评价文件及审批意见提出的各项环保措施一一予以对照核实。本案例由于工程建设内容发生了重大变更,在原环评报告书批复后又根据工程变更情况开展了补充环评,因此,分别对两次环评及审批意见提出的各项环保措施的落实情况进行了对比分析。不足之处是没有在对比分析的基础上对未落实的环保措施进行归纳汇总与分析。

5. 施工期环境影响调查(略)

6. 生态影响调查

(1)区域生态现状(略)

(2)地表沉陷影响调查

　　××矿井投入运行后,在验收调查阶段已开采结束两个工作面,分别为东一采区310101工作面和西一采区310201工作面;正在开采的工作面是东一采区310102工作面和西一采区310202工作面。煤层埋深在520~600 m,煤层平均采厚为2.77 m。开采工作面井上下对照图(略)。

　　① 首采工作面开采地表沉陷变形情况

　　煤矿在开采工作面上方走向方向主断面和倾向方向主断面上均设置了地表岩移观测站对开采沉陷情况进行了观测,根据观测数据可知:首采工作面地面产生了变形下沉,×××村地表沉陷值较大,但由于目前3#煤层开采仅为2年,地表变形处在动态变化过程中,最大下沉值没有达到原环评预测的最大下沉值1 377 mm。

　　地表沉陷形式主要为裂缝,共发现沉陷裂缝14条。裂缝多分布在工作面推进方向,影响范围为100~300 m,影响范围除受采厚、采深影响外,还受地形、地貌和土壤性状影响。沉陷裂缝宽度为10~30 cm,可见深度为0~1 m,裂缝延伸长度为10~120 m,裂缝走向沿工作面走向和地势走向,错差为3~10 cm,伴随有局部下沉。有代表性的沉陷裂缝特性见表6-49,沉陷裂缝情况见图6-11。

表6-49　典型沉陷裂缝特性一览

编号	工作面位置	延伸长度/m	走向/(°)	缝宽/cm	错差/cm
1	310101	30	80	10	5
2	310101	120	75	10	10
3	310101	80	82	20	5
4	310102	40	60	30	6
5	310201	20	40	10	3

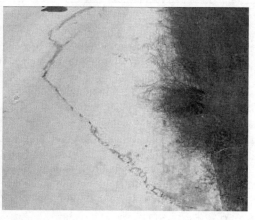

图 6-11　井田内首采区地表沉陷裂缝

② 沉陷对自然植被和农业生态的影响

本区农业耕作方式为旱作，机械化作业为主，人工耕作为辅。种植农作物主要为玉米、谷类等。调查表明，由于矿井开采年限短，地表沉陷以宽度较小的裂缝为主，目前采空区上方裂缝≥30 cm 的仅有 1 条。对于耕地中的裂缝，根据现场调查，当地村民在耕种过程中已自行对裂缝进行填充修复，不影响正常耕种，土地耕种面积没有减少，农作物产量没有明显下降。

从目前的调查结果来看，首采区已开采工作面地表沉陷程度没有原环评预测结果严重，自然植被和农田目前没有受到明显的影响。

③ 沉陷对地面基础设施的影响

a. 对××高速公路的影响

Ⅰ. 煤柱留设情况

××高速公路大致呈东西向穿过本井田，工程设计中已根据"三下"采煤规程沿高速公路两侧按Ⅰ级保护等级、维护带宽度为 20 m 留设了保安煤柱进行保护，不会受采动影响。

Ⅱ. 斜井井筒下穿对高速公路的影响

××矿井采用斜井方式开采，井筒倾角分别为主斜井 16°、副斜井 7°，其中副斜井井筒距离高速公路最近，井口至高速公路约有 900 m，井口标高为 1 047.0 m，高速公路路面标高为 1 055 m，主、副井筒分别从高速公路下 258 m、100 m 通过。根据斜井工程检查孔资料，工业场地黄土层厚度为 21 m，以下为基岩，岩性为细砂岩、砂质泥岩、中砂岩等。在高速公路下 100 m 附近的岩层为较坚硬的砂岩，两个井筒掘进后采用永久支护（混凝土砌碹），井筒上方岩层及地面无移动变形，对高速公路无任何影响。

Ⅲ. 井下开拓巷道对高速公路的影响

将开拓巷道布置在高速公路下保护煤柱中，使护巷煤柱与保护煤柱合二为一，可大量减少因布置在其他地方而留设的护巷煤柱造成的煤炭损失，煤柱宽度留设以保护煤柱的宽度留设，开采对高速公路无任何影响。山西省高速公路管理局以便函同意本矿井筒下穿高速公路，认为井筒下穿不会对其造成任何影响。

b. 对铁路的影响

××铁路线从井田东南××河东南井田边界附近通过，井田内长度约0.5 km。矿井将H2河保安煤柱、铁路保安煤柱和井田边界煤柱统一考虑。采取留设煤柱措施后，××铁路线将不受采动影响。

④ 沉陷对地表河流的影响

矿井已开采范围内的地表河流有H2河、H1河、H4河、H3河，均为季节性河流。对H2、H3、H4河采取留设保护煤柱的保护措施，并与高速公路、铁路专用线的煤柱合并，合理留设保护煤柱，减小压煤量。从采煤后形成的导水裂隙带的影响可知，井下煤层回采后，不会直接对地表水造成影响。

⑤ 沉陷对地面村庄建筑的影响

矿井已开采范围内的地面建筑物有CZ8、CZ31、ZZS 3个村庄。

设计对CZ8村及CZ8风井（二期工程风井场地）统一考虑预留了保护煤柱，根据现场调查，CZ8村建筑未受到采煤沉陷的影响。

CZ31村位于中央风井场地西侧，根据××地字[2009]49号文，中央风井场地留设了保护煤柱，其中部分煤柱可以对CZ31村进行保护，但村庄南侧、西侧的村民住宅没有全部位于保护煤柱范围内，一旦下部煤层开采，村庄房屋将受到地表塌陷影响。根据现场调查，CZ31村下及南部区域目前只开拓了采区大巷，尚未进行煤炭开采，村庄建筑尚未受到采煤塌陷影响。

ZZS村是××县NYZ镇CZ8村的自然村，位于310101工作面上方，村庄房屋形式为砖房、窑洞、土坯房。矿井开采310101工作面时，对ZZS村没有留设建筑物保护煤柱，现场调查发现居民建筑物多处出现裂缝（现场照片见图6-12），裂缝宽度为1~110 mm，长度最长延伸达10 m，窑洞受影响程度大于砖混结构。对照"三下"采煤规程，建筑的破坏等级达到Ⅳ级，损坏分类为严重损坏。受影响房屋经××集团房地产公司和××公司及××县有关部门认定为危房。目前，ZZS自然村村民已全部迁出危房，在CZ8村租房居住，租房费用由××矿井负担，待搬迁新村建成后统一迁往新居。××公司分别于2008年3月7日、2008年9月9日、2009年3月19日向××县NYZ镇会计核算中心划拨了临时安置费87 000元，总计261 000元。

图 6-12 居民建筑破坏情况

（3）水土流失治理措施调查

① 项目临时施工场地水土流失治理

本项目临时施工场地主要是矿井铁路专用线取土场。本矿井及选煤厂一期工程建设期掘进矸石量为 $79.14×10^4\,m^3$，全部用于填垫工业场地（填方 $35.10×10^4\,m^3$）和铁路专用线路基填方，不足填方主要为铁路专用线填方，所需填的土方来自选定的 3 个取土场。3 个取土场总占地面积为 $7.31\,hm^2$。取土场属于临时占地，工程完工后归还原所有者，实地调查结果表明，施工结束后，建设单位对 3 个取土场均进行了不同程度的削坡和土地整治处理，削坡面积为 $1.74\,hm^2$，削坡后进行了一定的人工播撒紫花苜蓿促进植被恢复，完成绿化面积 $1.41\,hm^2$。3 个取土场生态恢复情况见表 6-50。

表 6-50 铁路专用线施工期取土场生态恢复情况

取土场名称	生态恢复情况
1#取土场（DG）	缓坡地段植被已自然恢复，植被覆盖率为 10%左右；陡坡地段植被尚未恢复，目前，寿阳县有许多单位在此取土，取土场边坡较陡，需要人工对存在滑坡地段进行削坡，并撒播草籽或植树，改善立地条件，促进植被恢复
2#取土场（CZ24）	进行了削坡和绿化处理，取土场分台阶治理，消除了滑坡隐患，同时植被恢复控制了水土流失和恢复景观环境，目前植被覆盖率为 20%左右，选用的树种为油松，并撒播草籽，2#取土场满足环境保护要求
3#取土场（YK）	目前该取土场土地利用性质发生改变，被当地村民变为宅基地（目前正在进行基础施工）。从现场调查来看，需要对 3#取土场进行坡面治理（坡度不能大于 40°），同时采用工程护坡和植被护坡相结合的方式，防止山体滑坡，影响建筑物安全

② 铁路护坡水土流失治理

铁路路基两侧护坡采用工程措施和植被措施相结合的方法，工程措施采取了排水沟、护坡、挡土墙等工程措施；植被措施已完成护坡绿化面积 $14.7\,hm^2$，水土流失得到了有效控制。

③ 排矸场水土流失治理

目前，排矸场截排水沟、排水涵洞和拦矸坝等水保设施均已建成，渣面防护与植被措施将在生产过程中逐步实现。并通过水利部组织的水土保持设施验收鉴定（水利部办公厅办水保函[2008]×××号）。排矸场情况见图 6-13。

图 6-13　排矸场建设前后对比

④ 工业场地水土流失防治（略）

（4）绿化防护措施落实情况

本项目工业场地占地面积为 40.96 hm^2，风井场地占地 4.76 hm^2。

建设单位委托××煤业林业处对工业场地绿化进行设计和施工，绿化采用了园林化绿化形式，厂区共完成绿化面积 1.24 hm^2，滨河绿化带面积 3.82 hm^2；绿化植物主要选择了桐、桧柏、银杏、雪松、国槐、玉兰、千头椿、龙爪槐、云杉等，绿化率达 15%。同时还采取了河道整治、排水工程、围墙等工程措施，对部分河段修筑防洪河堤、清理河床等，累计投入 707.77 万元。河道整治情况见图 6-14。

图 6-14　××河道整治情况

（5）沉陷区村庄保护、搬迁措施的落实

工程实际采取的建筑物保护措施及沉陷区村庄搬迁情况如下：

① 开采对村庄的影响情况

矿井已开采范围内的地面建筑物有 CZ8、CZ31、ZZS 3 个村庄。根据现场调查，CZ8 村与风井（二期工程风井场地）统一考虑预留了保护煤柱，CZ31 村部分与中央风井场地一并留设了保护煤柱，故 CZ8、CZ31 村庄建筑尚未受到采煤沉陷影响。

目前井田开采范围内只有 1 个村——ZZS 村受到东一采区 310101 工作面开采沉

陷的影响，建筑的破坏等级达到Ⅳ级破坏，受影响房屋经××煤集团房地产公司和××公司及××县有关部门认定为危房。

②ZZS村搬迁方案

××县委××书记在××县×××镇主持召开了 ZZS 自然村整体搬迁的专题会议，根据会议形成的"关于 NYZ 镇 CZ8 村 ZZS 自然村搬迁的会议纪要"，对 ZZS 自然村进行整体搬迁，新址选择在 CZ8 村。在新址建成前，ZZS 自然村村民在 15 日内全部迁出危房，CZ8 村村委会协助解决临时租用房屋问题，村民临时搬迁费由××煤集团××煤炭有限责任公司解决。

③搬迁新村建设规划

搬迁新村采用砖混结构，建筑面积 2 400 m²，户均 96 m²，造价 800 元/m²，工程总投资约 242.40 万元。××公司已准备好宅基地购置和房屋建设用资金约 260 万元，搬迁新址选定后，将立即由××煤集团房地产处和××公司对新址房屋进行修建，力争在选址确定后 6～10 个月让搬迁村民住上新居。

④搬迁住房建设进展

根据××纪字[2007]第 88 号会议纪要和××公司与 NYZ 镇 CZ8 村党支部、村民委员会签订的协议书，新村选址宅基地由 NYZ 镇和 CZ8 村负责联系相关批复土地部门办理，宅基地费用由××公司负担。拟选宅基地位于 CZ8 村西南，占地面积 12 亩，选址与当地新农村建设要求一致。但拟选宅基地刚刚选定，新居建设工程尚未开工。

矿井后续开发 30 年工作面开采村庄搬迁规划建设单位已制定。

总体来说，工程目前实际采取村庄建筑物保护措施合适并有效，村庄搬迁安置的方案是可行的，但应加快新村建设的进度，尽快开工建设，确保临时安置的居民尽快迁入新居，早日安居乐业。

（6）建议

①应加快搬迁 ZZS 村搬迁新村建设的进度，要求搬迁新村尽快开工建设，村庄搬迁工作在未来一年内完成，以确保临时安置的居民尽快迁入新居，早日安居乐业。

②为了保证风井场地扬尘达标及环境美观，要求在 3 个月内完成风井场地的绿化工程。

点评：

　　地表沉陷影响调查是井工煤矿生态影响调查的重点，在本案例中，着重针对验收调查期间已开采和正在开采的工作面上方受沉陷影响的村庄、地表农田植被以及水源地、高速公路、铁路、河流等保护目标及受开采沉陷影响村庄的破坏情况、搬迁安置措施进行了详细调查。此外，本案列还调查了排矸场水土流失的影响情况，施工期临时占地（主要是铁路专用线取土场）生态恢复情况等，并针对存在的问题提出了补救措施与建议。生态影响调查内容全面、细致，提出的措施建议恰当、可操作性强。

7. 地表水环境影响调查

（1）地表水环境现状（略）

（2）水污染源调查

本工程生产期间的水污染源主要为矿井水、生活污水和选煤厂煤泥水。

① 矿井水

根据现场调查，目前矿井水实际涌水量为 1 600 m³/d，经矿井水处理站处理后 1 400 m³/d 回用于井下消防洒水、洗煤厂补充水、中央风井场地瓦斯抽放站、空压机房和通风机房补充水，剩余 200 m³/d 通过 11.4 km 钢筋混凝土管网排入 SYD1 水源地下游 1 000 m 的 H2 河。

② 生活污水

根据现场调查，目前生活污水实际产生量为 1 322.6 m³/d，经生活污水处理站处理后 566.4 m³/d 回用，剩余 756.2 m³/d 在与矿井水排水混合后，通过 11.4 km 管道排入 SYD1 水源地下游 1 000 m 的 H2 河。

③ 煤泥水

选煤厂煤泥水采用"浓缩＋压滤"处理工艺，做到一级闭路循环不外排。

④ 项目实际水平衡

项目目前实际给排水平衡图（略）。

（3）水污染源治理措施调查

① 矿井水

矿井目前在中央风井场地建有 1 座井下水处理站，采用混凝、沉淀、过滤、消毒处理工艺，选用 YG-100 全自动反冲洗过滤器 10 台，总处理规模为 1 000 m³/h。

矿井水处理工艺如下：

矿井废水经井下提升进入预沉调节池，加入混凝剂，初步沉淀后，进入吸水井，再经泵提升进入一体化自动反冲洗净水器处理，出水进入清水池。消毒后供井下消防洒水、选煤厂生产补充水、锅炉房、洗衣房、灯房浴室、地面防尘洒水等用水环节。

预沉池及一体化净水器的沉泥和反冲洗水打入湿泥池，混合后经浓缩脱水一体机脱水后，泥饼外运；再生液经中和池中和后直接排放。矿井水处理工艺流程及监测布点图（略）。

② 生活污水

工业场地生活污水经管道收集后进入生活污水处理站，采用充氧生物膜法进行处理。HDOMF 充氧生物膜污水处理装置分为三组，每组处理能力为 45 m³/h，每组设有独立的沉淀池、C/N 滤池、N 滤池，每组可单独运行也可三组同时运行。污水处理站总处理规模为 3 000 m³/d。处理后的水冬季作为选煤厂生产补充水回用，夏季可部分用做绿化用水，剩余部分达标排放；污泥在污泥池内进行好氧消化，上清液回流至调节池内进行再处理。生活污水处理工艺流程及监测布点图（略）。

③选煤厂煤泥水闭路循环措施

选煤厂生产过程中产生的煤泥水经浓缩机沉淀后溢流液返回循环水箱循环使用，底流经压滤机压滤后清水返回浓缩机继续处理或作为循环水循环使用，煤泥水在厂内循环使用，不外排。浓缩车间设有 1 台事故浓缩机，用于处理事故煤泥水。

根据现场调查，选煤厂煤泥水经浓缩＋压滤处理后，能全部回用于洗煤补充水，不外排，满足《选煤厂洗水闭路循环等级》（MT/T 810—1999）中一级闭路循环的要求。

（4）水污染源监测

①矿井水监测

a. 监测布点、时间、监测项目及监测要求（略）

b. 监测结果分析

监测期间矿井水实际涌水量为 1 600 m^3/d，实际运行 1 台 YG-100 全自动反冲洗过滤器，处理设施正常运行，处理负荷达到设备设计负荷的 80%。

监测结果表明，处理后矿井水中各项污染物浓度均达到验收标准和校核标准要求。处理设施对矿井水中 COD、SS、氟化物、硫化物去除效率较好，平均去除率分别达到 77.6%、93.5%、80.7%、84.4%。

②生活污水监测

a. 监测布点、时间、监测项目及监测要求（略）

b. 监测结果分析

监测期间，生活污水实际产生量约 1 300 m^3/d，污水处理设施运行正常。

监测结果表明，生活污水处理设施运行效果良好，处理后生活污水中各项污染物排放浓度均达到验收标准要求。处理设施对 COD、SS、氨氮、动植物油类、BOD_5 的平均去除率分别为 84.5%、63.5%、91.0%、99.4%、85.5%。

③总排污口排水水质监测

a. 监测布点、时间、监测项目及监测要求（略）

b. 监测结果分析

监测结果表明，总排口各项污染物浓度均满足验收标准要求。

（5）废污水排放对地表水环境影响分析

① 目前实际矿井水处理后达标排放量为 200 m^3/d、生活污水处理后达标排放量为 756.2 m^3/d，均通过 11.4 km 混凝土管网排入 SYD1 水源地下游 1 000 m 的 H2 河。

② 监测结果表明，经处理后的矿井水和生活污水均满足验收标准和校核标准要求。

③ 废水总排口排水水质达到《污水综合排放标准》（GB 8978—1996）一级标准限值，符合环评报告中对本项目的排水水质要求。

④ 选煤厂煤泥水实现了一级闭路循环，不外排。

⑤ 项目多余废污水经处理达标后，按照环评报告书的要求，经管道排至 SYD1 水源地下游 1 000 m 的 H2 河，不会对水源地水质造成影响。

综上所述，项目运行期废污水均实现了达标排放，并落实了环评批复文件中要求排水排入 SYD1 水源地下游 1 000 m 的 H2 河要求，项目排水对 H2 河及水源地的影响较小。

（6）水污染源治理措施有效性分析

矿井水处理设施对主要污染物 COD、SS、氟化物去除效率较好，平均去除率分别达到 78.2%、96.0%、80.7%，本次竣工验收监测的所有污染物均达到《污水综合排放标准》（GB 8978—1996）中二级标准要求，并满足校核标准《煤炭工业污染物排放标准》（GB 20426—2006）新建、改扩建最高浓度限值要求。

生活污水处理设施对主要污染物 COD、SS、NH_3-N、石油类、BOD_5 的平均去除效率分别为 84.7%、71.3%、91.5%、99.4%、85.9%，本次竣工验收监测的所有污染物均达到《污水综合排放标准》（GB 8978—1996）中二级标准要求。

矿井水处理站总处理规模为 20 000 m^3/d，生活污水处理站总处理规模为 3 000 m^3/d，目前矿井实际涌水量为 1 600 m^3/d，生活污水实际产生量为 1 332.6 m^3/d。因此，矿井水和生活污水处理站处理规模均能满足废污水处理最大量的要求。

（7）选煤厂煤泥水闭路循环措施可靠性

选煤厂生产过程中产生的煤泥水经浓缩机沉淀后溢流液返回循环水箱循环使用，底流经压滤机压滤后清水返回浓缩机继续处理或作为循环水循环使用，煤泥水在厂内循环使用，不外排。浓缩车间设有一台事故浓缩机，用于处理事故煤泥水。根据现场调查，选煤厂煤泥水经浓缩＋压滤处理后，能全部回用于洗煤补充水，不外排，满足《煤炭洗选工程设计规范》（GB 50359—2005）和《选煤厂洗水闭路循环等级》（MT/T 810—1999）中一级闭路循环的要求。

煤泥水处理系统运行可靠，煤泥水全部闭路循环，不外排。

（8）小结与建议

① 建议将原来排放的 200 m^3/d 矿井水用做工业场地绿化用水，据此落实后可实现矿井水 100%回用；加大生活污水的利用，将排放的 756.2 m^3/d 处理后的生活污水部分回用于生产杂用水、选煤厂生产补充水等，使生活污水利用率提高到 67%，减少新鲜水补充量。整改后矿井水和生活污水回用情况见工业场地水平衡图（略）。

为了增加矿井水和生活污水回用率，需要增大储水设施，并对现有管道系统进行必要的整改，要求在 3 个月内完成改造工程。

② 加强对矿井水处理设施和生活污水处理设施的运行管理，避免操作失误造成污染事故，防止行为不当增加污染来源。

点评：

　　煤炭开采项目主要水污染源为矿井水、工业场地生产生活废污水、选煤厂生产系统煤泥水等。本案例对项目水污染源进行了详细调查，包括废污水来源、产生量、处理工艺、处理规模、处理后去向等。同时，本案例还将工程实际废污水处理效果与环评阶段提出的处理效果进行了对比，调查分析内容较全面。不足之处，未给出项目试运行期的实际给排水平衡图。

　　8. 地下水环境影响调查

（1）井田水文地质条件（略）

（2）地下水环境现状（略）

（3）对村庄水井水位的影响调查

　　调查表明，位于目前已开采区或正在开采区域上方的村庄有 ZZS 村、CZ8 村、CZ31 村。ZZS 村已全部搬迁，CZ8 村、CZ31 村水井的水位与原环评时对比见表 6-51，从表中可以看出，由于当地经济发展对地下水的开采量增大，以及煤炭开采地表变形对地下水分布的影响，使得地下水位下降明显。

表 6-51　村庄水井水位开采前、后对比

水井	时段	水位/m
A4	2005 年 10 月	11.0
	2009 年 4 月	15.0
CZ31	2005 年 10 月	20
	2009 年 4 月	50
CZ8	2005 年 10 月	6.5
	2009 年 4 月	15

（4）对×××泉域的影响调查

① ×××泉域概况（略）

② 煤炭开采对×××泉域的影响

　　×××泉重点保护区位于××井田东边界外 35 km 处，岩溶水由北向南、由西向东，由南向北呈扇形辐聚式汇向×××泉，本井田位于×××泉域的西南边界，弱径流带的开始部分，煤矿开采对泉域的径流影响较小。

　　从补给条件来看，×××泉域主要是大气降水补给，其次为河流入渗补给。本井田不在×××泉域的奥陶系石灰岩裸露区。井田面积 136.48 km²，占整个泉域面积的 2.8%，因此对泉域水量影响轻微。根据井田地质报告分析，本井田范围内并无断层存在，因此不影响泉域补给。

从地层情况来看，×××泉域的水主要是上马家沟组岩溶水，矿井水平开采顺序遵循由浅入深的原则。根据调查，目前首采区东一、西一采区开采上组 3#煤层，开采期间没有发生奥灰突水事故，因此，煤炭开采没有影响到下伏奥陶系峰峰组和上马家沟组岩溶水，对泉域的水资源量与水位未造成影响。

由于目前矿井开采时间较短，煤矿排水对泉域水质的影响难以验证。总体来看，由于井田远离泉域重点保护区，井田处在泉域的弱径流带而没有处在石灰岩裸露区，因此，煤矿达标排放的污废水对泉域水质将不会产生明显的影响。

（5）对水源地的影响调查

① 对 SYD1 水源地的影响

a. SYD1 水源地取第四系松散层潜水，二级保护区面积约 1.8 km^2，××井田设计开拓开采布置时已对水源地留设了足够的保护煤柱，水源地二级保护区位于井田开采范围以外。

b. 矿井目前开采的是首采区东一、西一采区开采上组 3#煤层，煤层开采后形成的最大导水裂隙带顶部距第四系松散含水层底部至少有 250 m 的距离，煤层开采产生的导水裂隙对第四系松散层潜水没有直接影响，此外，目前的开采区域距水源地二级保护区边界最近距离在 3 000 m 以上，远离水源地，采煤沉陷区没有涉及水源地，也没有改变地面降水的径流与汇水条件，目前煤矿开采不会影响 SYD1 水源地第四系松散层潜水的水量。煤矿排水通过管道排入水源地下游，不会对水源地水质造成影响。

② 对 SYD2 水源地的影响

a. SYD2 水源地取奥陶系灰岩岩溶承压水，水源地位于本井田东北角边缘，南邻307 国道。为了保护铁路专用线、高速公路、307 国道和 H2 河安全，煤矿留设有保护煤柱，则水源地位于本井田开采边界 600～900 m 以外。

b. 调查表明，矿井经过 2 年的开采，没有发生奥灰突水事故，水源地水井的水位和水质没有发生变化，目前煤层开采不会对 SYD2 水源地产生影响。煤矿排水通过管道排入到水源地下游，不会对水源地水质造成影响。

（6）地下水环境保护措施有效性分析

本矿目前首采区东一、西一采区开采上组 3#煤层，通过村庄水井开采前后水位调查分析可知，留设煤柱的村庄水井受煤炭开采影响有限，开采后村民水井仍可供水。

本井田距×××泉域重点保护区 35 km，×××泉域的水主要是上马家沟组岩溶水，而本矿煤炭开采不会影响到下伏奥陶系峰峰组和上马家沟组。煤矿在开采过程中采取"先探后掘，有疑必探，边探边采"措施避免了奥灰突水事故的发生，因此，煤炭开采不会影响×××泉域的水资源量。

井田开拓开采设计中已对 SYD1、SYD2 水源地留设了足够的保护煤柱，同时煤矿排水通过管道排到了水源地的下游河段，据调查，采取这些措施后煤矿开采和排水不会影响 SYD1 水源地第四系松散层潜水的水量和水质。

（7）整改建议

① 建议企业与水源地管理部门协作，加强 SYD1、SYD2 两个水源地水情动态观测点，对水源地水位、水量、水质进行跟踪监控，发现问题及时采取针对措施，保证水源地不受影响。

② 加强对开采区村民水井的动态观测，发现问题及时启动村庄供水预案，保证井田内居民生产生活用水不受影响。

> **点评：**
>
> 　　煤炭开采对地下水的影响是一个长期的过程，验收调查时，应重点对已开采和正在开采工作面上方及附近村庄民井水位进行实测，具备条件的，应与环评阶段的观测水位进行对比，分析煤炭开采前后水位的变化情况。在本案例中，通过水位对比分析，发现水位有所下降，因此，调查报告应建议建设单位制定详细的村庄供水应急预案。

9. 环境空气影响调查

（1）环境空气现状调查（略）

（2）大气污染源及治理措施调查

施工期大气污染源主要为工业场地的裸露和受扰动地表在大风气象条件下引起的风蚀扬尘。试运行期的大气污染源主要为锅炉烟气和 SO_2 以及地面生产系统、排矸场扬尘。对大气环境的主要影响为：矿井废气排放，粉尘排放，矿区燃煤的大气污染，煤矸石运输、装卸、堆放过程中矸石粉尘污染，煤炭运输和堆放过程中的扬尘污染。项目验收中，废气污染重点监测来自锅炉废气、动筛车间粉尘，以及工业场地和储煤场的无组织排放。

① 锅炉房

根据现场调查矿井设有两座锅炉房。

a. 工业场地锅炉房

内设 SHFX20-1.25-WⅠ型、SHFX4-1.25-AⅠ型蒸汽锅炉各 2 台，采暖期 4 台锅炉全部运行，非采暖期只运行 1 台 4 t/h 蒸汽锅炉。锅炉烟气采用 GZT 多管除尘器＋HXS 旋流板麻石水膜除尘器二级处理。除尘效率为 97.3%～98.9%，脱硫效率为 59.3%～63.4%。锅炉现设有 2 座 60 m 高烟囱，上口直径为 1.4 m。

b. 风井场地锅炉房

内设 CLDZL2.1-85/60-WⅢ/AⅢ热水锅炉 1 台、ZRL3.5/W 型卧式燃煤热风炉 4 台，只在冬季采暖期运行。热水锅炉和热风炉均采用 HCS 型高效脱硫除尘器进行处理，热水锅炉除尘效率为 90.3%～92.0%，脱硫效率为 58.7%～64.0%；热风炉除尘效率为 94.1%～96.3%，脱硫效率为 59.1%～64.7%。锅炉现设有 1 座 30 m 高烟囱，上口直径为 0.8 m。

② 车间粉尘

在原煤预先筛分车间设置 2 台 JBC-120 型袋式除尘器、原煤准备筛分车间设置 4 台 JBC-120 型和 1 台 PL-6000 型袋式除尘器。分级振动筛、破碎机及车间内含尘气体经袋式除尘器过滤后排至室外，排气筒高度为 18～20 m。

③ 煤堆扬尘

设有 2 个 ϕ 60 m 溢流煤储煤场（煤场长 162 m，宽 84 m，面积 13 608 m²），最大储煤量为 15×10⁴ t，验收调查期间实际储煤量约 3×10⁴ t。

煤场四周已建有防风抑尘网，防风抑尘网上部为钢结构挡风抑尘网，建筑总高度为 16.32 m，总长度为 448.69 m，混凝土强度等级 C25，保护层厚度为 40 mm，工程总造价 771.58 万元。储煤场配套洒水降尘措施已设计完成，正在进行施工招标。

④ 运输扬尘

本矿产品煤主要通过铁路专用线外运，少量地销煤采用汽车运输。目前，地销煤外运汽车进出场时没有进行冲洗，道路没有清扫并洒水，运输扬尘较大。环评要求在今后的生产中运煤汽车必须采用箱式汽车运输，并严禁超载，出场时对运煤车辆进行冲洗，并对运煤道路进行定期清扫和洒水降尘。

（3）大气污染源监测

① 锅炉烟气及车间排气筒监测

a. 监测点位、项目、分析方法（略）

b. 监测结果分析

监测结果表明，工业场地锅炉房烟尘及 SO₂ 排放浓度分别为 155～197 mg/m³、149～173 mg/m³；除尘效率为 97.3%～98.9%，脱硫效率为 59.3%～63.4%；污染物排放浓度均满足验收标准要求。

风井场地热水锅炉房烟尘及 SO₂ 排放浓度分别为 168～186 mg/m³、120～141 mg/m³，除尘效率为 90.3%～92.0%，脱硫效率为 58.7%～64.0%；热风炉烟尘及 SO₂ 排放浓度分别为 78.7～116 mg/m³、136～164 mg/m³，除尘效率为 94.1%～96.3%，脱硫效率为 59.1%～64.7%。锅炉烟气污染物排放浓度满足验收标准要求。

根据监测结果，预先筛分车间和准备筛分车间除尘器出口粉尘最大浓度分别为 20.9 mg/m³、17.1 mg/m³，除尘效率为 99.0%～99.6%。粉尘排放浓度、除尘器效率、排气筒高度均满足校核标准要求。

② 无组织排放大气污染源监测

a. 监测点位、项目及监测方法（略）

b. 监测结果与分析

根据监测结果，煤场周界粉尘最大浓度为 0.869 mg/m³，排矸场周界粉尘最大浓度为 0.244 mg/m³，粉尘排放浓度均满足校核标准要求，实现了达标排放。

（4）瓦斯综合利用调查

目前矿井建设了瓦斯抽放站，对矿井瓦斯进行抽放，以保证矿井生产安全。但由于瓦斯浓度较低，达不到利用条件，因此，抽放瓦斯直接外排，但预留了储气罐建设位置。

（5）大气污染治理措施有效性分析

① 矿井建设过程中基本按照环境影响报告书中要求的环境空气的污染防治措施进行了落实，采用封闭式原煤仓和产品仓，原煤转载、储运等产生煤尘地点设置吸尘罩与袋式除尘器机组进行除尘等。

② 根据监测结果，工业场地蒸汽锅炉房、风井场地热水锅炉房和热风炉房排放的废气中烟尘、SO_2 排放浓度和林格曼黑度均低于验收标准《锅炉大气污染物排放标准》（GB 13271—1991）二类区标准限值和校核标准《锅炉大气污染物排放标准》（GB 13271—2001）二类区 II 时段标准限值。

③ 矿井无组织排放的污染物浓度低于《大气污染物综合排放标准》（GB 16297—1996）无组织排放监控浓度限值，实现了达标排放，同时也符合校核标准《煤炭工业污染物排放标准》中煤炭工业无组织排放限值的要求。动筛车间粉尘排放浓度远远小于 80 mg/m³（标准状态）限值，生产车间产尘点粉尘排放满足标准要求，对环境空气影响很小。

因此，矿井采取的环境空气污染防治措施起到了良好作用，有效防治了环境空气污染。

（6）整改建议

① 工业场地锅炉房设 2 座烟囱，不满足环保要求，应尽快根据实际情况对锅炉房进行技术改造，关停 1 座。

② 建议在 3 个月内尽快完成储煤场洒水降尘设施建设。

③ 出车口雾泡阻尘措施应在半年内尽快完工，对出场运煤车辆进行冲洗，道路必须进行定期清扫并洒水。

④ 按照《锅炉大气污染物排放标准》（GB 13271—2001）的要求，结合地方环保对在线监测设备建设的统一安排，建议 3 个月内完成工业场地锅炉房烟气在线监测仪安装。

⑤ 对矿井瓦斯浓度定期进行监测，一旦达到利用浓度，尽快开展瓦斯综合利用。

点评：

　　本案例按有组织排放污染源（主要是供热锅炉房）和无组织排放污染源（主要为露天储煤场、排矸场、地面生产系统、运煤道路等）进行了调查和监测，分析了大气污染治理措施的效果和有效性，并针对存在的问题提出了补救措施与建议。由于本项目已建设了瓦斯抽放站，调查报告应进一步补充完善瓦斯抽放与利用情况的调查。

10. **声环境影响调查**

（1）声环境敏感点调查

工业场地厂界周围噪声敏感目标为 A4 村，村庄最近住户距离东北厂界北侧 300 m，场地与村庄之间有××国道相隔；西北厂界、西南厂界、东南厂界 800 m 范围内无噪声敏感目标。

中央风井场地附近噪声敏感点为 CZ31 村，村庄最近住户距离厂界西南角 200 m。北厂界、东厂界 800 m 范围内无噪声敏感目标。

运矸道路位于 A4 村东侧，运矸道路运量为 150～200 车/d。村庄最近住户距离运矸道路 100 m，运矸道路东侧 200 m 范围内无噪声敏感目标。

铁路专用线北侧有 A6 和 GKC 两个村庄，铁路专用线运量为 3～4 列/d。GKC 村距离铁路外轨中心线 200 m。

矿井声环境敏感点调查情况见表 6-52，环境敏感点分布图（略）。

表 6-52　××矿井声环境敏感点一览

编号	监测点	与保护目标的相对方位和距离	基本情况（人口）/人	主要影响
1	A4 村南	工业场地东北厂界北侧 300 m	940	生产噪声
2	CZ31 村	中央风井场地厂界西南角 200 m	228	生产噪声
3	A4 村东	运矸道路西 100 m	940	运矸噪声
4	GKC 村	铁路外轨中心线北 200 m	450	火车噪声

（2）敏感点噪声监测

① 监测布点、项目及频次（略）

② 监测结果分析

根据监测结果，4 个敏感点昼间噪声监测值均满足《声环境质量标准》（GB 3096—2008）2 类标准噪声限值，但夜间个别噪声监测值不满足校核标准《声环境质量标准》。A4 村西南住户夜间一次监测值为 50.3 dB（A），超过校核标准《声环境质量标准》（GB 3096—2008）中的 2 类标准噪声限值 0.3 dB（A），CZ31 东北住户夜间一次监测值为 50.7 dB（A），超标 0.7 dB（A）。其余监测值夜间噪声值完全达到《城市区域环境噪声标准》中的 2 类标准限值。

（3）噪声源调查

矿井工业场地噪声源主要有原煤预先筛分车间、原煤准备筛分车间、主厂房、浓缩车间泵房、锅炉房、主斜井井口房、副斜井井口房、机修车间、污水处理间等。中央风井场地噪声源主要有通风机主机室、热风炉间、井口房、绞车房、高位翻车机房、压风机房、净化间、瓦斯泵房等。每个噪声源各类机械设备运行时产生的噪声，均属固定性声源，此外，还有汽车运行时的交通噪声，属流动性声源。

（4）噪声防治措施调查

工业场地及风井场地各噪声源实际噪声治理措施调查情况见表（略）。

（5）噪声污染源监测

① 监测布点、项目及频次（略）

② 监测结果分析

根据现场调查和监测结果可知，工业场地各煤仓通风机没有降噪措施、中央风井场地通风机房降噪措施不理想。

（6）厂界噪声监测

① 监测布点、项目及频次（略）

② 监测结果分析

根据监测结果，工业场地厂界昼间噪声值为 52.3～67.4 dB（A）；夜间噪声值为 50.3～68.9 dB（A）；风井场地厂界昼间噪声值为 53.5～69.4 dB（A）；夜间噪声值为 52.1～68.1 dB（A）。监测结果表明，各厂界部分监测点昼、夜噪声超过验收标准《工业企业厂界噪声标准》（GB 12348—90）Ⅱ类功能区和校核标准《工业企业厂界环境噪声排放标准》（GB 12348—2008）中的 2 类功能区标准限值。

③ 厂界噪声超标原因分析

厂界噪声超标的原因主要有以下几方面：

a. 工业场地各煤仓通风机没有降噪措施，成为工业场地西北、西南厂界昼、夜间厂界噪声超标的原因之一；

b. 工业场地西南厂界紧临本矿铁路专用线、距西南厂界外约 600 m 处为××高速公路，东北厂界紧靠××国道、××铁路，监测期间各道路昼夜交通运输流量较大，使本项目厂界噪声监测受到较大干扰，交通噪声成为工业场地西北、西南厂界昼、夜间厂界噪声超标的原因之二。

（7）声环境保护措施有效性分析

矿井在建设过程中基本按照环境影响报告书中有关的噪声防治措施进行了落实，各车间外所测噪声值明显小于车间内噪声值，说明设置单独隔声间和隔声门窗是有利于环保降噪的。但由于工业场地各煤仓通风机没有降噪措施、中央风井场地通风机降噪措施不理想，其他部分设施的降噪消声措施不到位，加之厂界四周紧邻交通干道，受周围交通噪声的干扰影响较严重，导致工业场地、风井场地厂界噪声均存在超标现象。需进行必要的整改。

（8）整改建议

针对厂界噪声监测结果和工程已采取的声环境保护措施有效性分析，提出以下整改建议：

① 针对煤仓通风机噪声影响较大的情况，要求建设单位马上开展煤仓通风机噪

声治理调研工作，对各类煤仓通风机采取加装出风口消声器（防爆）的措施，降低煤仓通风机噪声影响。尽可能在一年内完成其噪声治理工作。

②进一步做好其他设备噪声控制设施的配置、维护与管理和监控。

③加强对运输车辆的运行管理，夜间禁止运矸，定期进行监测，避免超标现象发生。

点评：

声环境影响调查主要包括煤矿工业场地厂界噪声达标情况调查，项目生产和煤炭运输对厂界周围和运输线路两侧声敏感保护目标的影响等。在本案例中，声环境敏感目标的调查较详细，分别给出了矿井工业场地、风井场地、运输道路、铁路周边的声环境敏感目标分布图及人口数量，以及各厂界或运输线路的距离、方位等，对敏感点的声环境质量进行了监测和分析，但对于个别村庄夜间超标的情况分析不够深入，也未提出有针对性的改进建议，应予以补充完善。

11. 固体废物影响调查

（1）固体废物来源及处置情况调查

矿井固体废物的来源主要是建井期间的井筒与巷道掘进基建矸石、生产期矿井掘进矸与选煤车间洗选矸石、锅炉炉渣、污水处理站污泥和生活垃圾。固体废物产生、处置及排放情况具体见表 6-53。

表 6-53　固体废物产生及排放情况一览

污染物名称	产生量	处置及利用方式	备注
建井期矸石	$79.14 \times 10^4\ m^3$	填垫工业场地（填方 $35.10 \times 10^4\ m^3$）和铁路专用线路基填方	仅建设期产生
生产期矿井掘进矸	200 000 t/a	由汽车装运至 2 号排矸场排弃	运行期
生产期选煤厂矸石	632 900 t/a	由汽车装运至 1 号排矸场排弃	
锅炉灰渣	4 150 t/a	供当地建筑填方用	
热风炉炉渣	1 360 t/a	供当地建筑填方用	
生活垃圾	400 t/a	运至××县垃圾场统一处理	
煤泥	362 900 t/a	与煤炭产品掺混后外销	
矿井水处理站污泥	284 t/a	与煤炭产品掺混后外销	
生活污水处理站污泥	26.6 t/a	与生活垃圾一起运至××县垃圾场统一处理	

（2）矸石环境影响调查

① 排矸场基本情况

一期工程共有 2 个排矸场：1 号排矸场和 2 号排矸场。

a. 1 号排矸场

1 号排矸场位于工业场地东北约 3 000 m 处的一自然荒沟，沟长约 500 m，沟宽 150～300 m，深 20～30 m，矸石场占地 12.63 hm²。该矸石场用于处置洗煤矸石和工业场地锅炉炉渣，可满足洗煤厂排矸 7 年以上。

排矸场下游修建有拦渣坝 1 座，长约 122.2 m，下底宽 10 m，上宽 2 m，高约 15.2 m，底部修建有直径 3 m 排水涵洞，拦渣坝为浆砌石结构。墙体砌石共计 9 922.7 m³，截水沟砌石 153.97 m³，基础砌石 2 696.78 m³，消力池 1 座 3.5 m×2.0 m×0.5 m；截洪沟 1 543 m。采取以上工程措施后有效控制了矸石场内矸石和加强了对下游的保护。堆放过程中采用了分层堆放，层层碾压的做法，并覆盖了黄土层，目前还没有堆到设计标高，无法进行表面绿化。

b. 2 号排矸场

2 号排矸场位于中央风井场地东南约 150 m 荒沟，沟长 500 m，宽 100～150 m，深约 35 m，矸石场占地 7.28 hm²。该矸石场用于处置矿井掘进矸石和风井场地锅炉、热风炉炉渣，可满足矿井排矸 10 年以上。

排矸场下游修建有拦渣坝 1 座，长约 109.8 m，下底宽 8.3 m，上宽 1.8 m，高约 18.4 m，底部修建有直径 2.6 m 排水涵洞，拦渣坝为浆砌石结构，墙体砌石共计 9 457.87 m³，基础砌石 4 306 m³，3∶7 灰土垫层 3 129.41 m³；截洪沟 1 543 m。采取以上工程措施后有效控制了矸石场内矸石和加强了对下游的保护。

堆放过程中采用了分层堆放，层层碾压的做法，并覆盖了黄土层，目前还没有堆到设计标高，无法进行表面绿化。

② 矸石自燃

本井田现开采的煤层为 3# 煤层，原煤硫分为 0.19%～0.53%，平均为 0.31%，矸石含硫低，实际调查 1 号排矸场和 2 号排矸场均未发生过矸石自燃现象。

③ 排矸场扬尘

对排矸场无组织排放监测结果表明，排矸场扬尘对环境的影响较小，排矸场区域无组织排放粉尘浓度最大值为 0.240 mg/m³（标准状态），满足《煤炭工业污染物排放标准》（GB 20426—2006）中无组织排放相应限值要求。

④ 矸石浸出毒性分析

a. 布点采样及分析项目（略）

b. 监测结果分析

煤矸石浸出试验结果及分析表（略）。

煤矸石浸出液中各污染物的浓度均未超过《危险废物鉴别标准—浸出毒性鉴别》

（GB 5085.3—1996）和《污水综合排放标准》（GB 8978—1996）一级标准限值，且pH 值为 6～9。根据《一般工业固体废物贮存、处置场污染控制标准》（GB 18599—2001），本矿井煤矸石为第Ⅰ类一般工业固体废物。排矸场按第Ⅰ类一般工业固体废物建设管理是合理的。

⑤ 排矸场水土保持措施调查

建设单位委托××水土保持生态环境建设中心对排矸场进行了专门设计，并通过水利部组织的水土保持设施验收鉴定，目前排矸场截排水沟、排水涵洞和拦矸坝等水保设施均已建成。1 号和 2 号排矸场水土保持措施实施情况表（略）。

⑥ 排矸场选址分析

根据两个排矸场的实地调查，结合《一般工业固体废物贮存、处置场污染控制标准》（GB 18599—2001）选址要求分析，排矸场的选址基本符合要求，但调查时排矸场未按照《环境保护图形标志—固体废物堆放（填埋）场》（GB 15562.2—1995）的规定设置环境保护图形标志。

⑦ 矸石综合利用

本项目环评报告没有提出具体的矸石综合利用方案。验收阶段煤矿矸石仅作填沟处置，在堆至设计标高后填沟造地。

点评：

　　对于新建项目，环评阶段一般无法对本矿矸石采样进行浸出毒性分析，因此，本案例在验收阶段对本矿矸石进行了浸出毒性实验，确定矸石是属于Ⅰ类一般工业固体废物。调查报告中对照环评报告书和审批意见的要求对矸石的实际处置方式进行调查，分析了存在的问题并提出了相应的改进措施。但对于矸石的综合利用，应根据目前国家和行业相关政策规定，建议建设单位积极寻求矸石综合利用的途径。

---

12. 环境管理与监测计划落实情况调查（略）

13. 清洁生产与总量控制（略）

14. 公众意见调查（略）

15. 调查结论与建议（摘录）

调查认为：××矿井及选煤厂一期工程不存在重大的环境影响问题，环境影响报告书及其批复、环境影响评价补充报告及其批复要求的环保措施基本得到落实，有关环保设施已建成并投入正常使用，居民搬迁安置新居建设宅基地选址已确定、建设资金已落实，搬迁安置住房建设工程即将开工。按照环境保护部关于建设项目竣工环境保护验收的有关规定，该工程具备工程竣工环境保护验收条件，可以安排项目竣工环境保护现场检查验收。

点评：

验收调查结论应概括总结全部调查工作内容，客观、明确地从技术角度论证工程是否符合建设项目竣工环境保护验收条件。本案例调查结论的写法属于第五章中"调查结论部分"第（8）项"对项目竣工环境保护验收的建议"中第①类情况。

该煤矿建设项目的特点是工程建设内容变更较大，因此，建设单位按照《环境影响评价法》的规定，开展了工程变更环境影响评价，本案例针对这一特点开展了较深入细致的工程调查工作，并对两次环评文件及审查意见提出的各项环保措施的落实情况进行了逐一对比分析。在生态影响调查中，对已开采工作面上方的地表沉陷变形进行了定量观测数据分析，对农田植被、地面基础设施、村庄建筑物受影响的程度及搬迁安置工作进展情况进行了较深入的调查，是一份编制质量较好的调查报告。

第六节　输变电工程类

一、调查重点

输变电工程在施工期和试运行期对环境的影响有所不同。

施工期的环境影响主要来自变电站和输电线路施工过程中地表开挖、施工车辆的行驶、施工人员活动产生的地表植被破坏、水土流失及施工废水、扬尘、噪声、弃土、弃渣、生活垃圾、生活污水等；工程占地对土地利用、农业生产产生一定的影响，部分跨河线路段施工可能对地表水产生影响。

运行期的环境影响主要来自变电站（或换流站）和送电线路的工频电场强度（或合成场强）、工频磁感应强度（或直流磁感应强度）、无线电干扰、噪声以及变电站（或换流站）的生活污水和事故（或检修）情况下变压器（或换流变）、高压电抗器产生的含油污水，变电站（或换流站）内的生活垃圾。

针对输变电工程的特点及其主要影响，以下按环境要素列出竣工环境保护验收调查中需关注的重点。

1. 生态影响调查

调查变电站（或换流站）和输电线路塔基等永久占地和临时占地[塔基施工临时

占地、施工便道、施工人员临时驻地、牵张场、材料场、弃土（渣）处置点等]的土地类型、面积，临时占地的植被恢复措施和恢复情况，并对采取的措施进行有效性评估。对工程防止水土流失的防护工程、绿化工程、排水工程等措施及其有效性进行评估。

对涉及生态敏感区的项目，重点调查工程对敏感区的影响及环境保护措施的落实情况。对涉及国家和地方重点保护的动植物栖息地或分布区的项目，重点调查工程对重点保护的动植物的影响和保护措施落实情况。

2. 电磁环境影响调查

调查变电站（或换流站）周围及输电线路沿线的居民、学校等敏感目标受工程产生的工频电场强度（或合成场强）、工频磁感应强度（或直流磁感应强度）、无线电干扰的影响程度。重点调查工程环境敏感目标基本情况及变更情况，对比分析工程建设前后的电磁环境变化，调查环境影响报告书（表）中提出的电磁防治措施的落实情况，对超标的敏感目标提出降低影响的补救措施。

3. 声环境影响调查

调查变电站（或换流站）周围及输电线路沿线的居民、学校等敏感目标受工程产生的噪声影响程度。重点调查环境影响报告书（表）中提出的噪声防治措施的落实情况，对超标的敏感目标提出防治噪声影响的补救措施。

4. 水环境影响调查

调查工程施工阶段对跨越水体的影响。主要调查工程线路跨越水体的功能，工程施工方式，塔基与河流位置关系等。输电线路在运行期间无废水产生，不会对水环境产生影响。因此，运行期仅针对变电站（或换流站）的生产、生活污水产生量、污水处理设施和处理效果，并对已采取的防治措施进行有效性评估。

5. 环境风险事故防范及应急措施调查

调查变压器（或换流变）、高压电抗器油外泄发生的原因、概率，重点调查变电站内变压器（或换流站内换流变）、高压电抗器事故（或检修）情况下漏油时可能的环境风险以及事故油的处置方式，工程是否制定了风险事故应急预案，是否配备了必要的应急设施。

6. 社会环境影响调查

社会环境影响调查重点为拆迁安置情况、拆迁迹地恢复情况、具有保护价值的文物保护情况及公众参与等。

二、案例

××500 kV 输变电工程竣工环境保护验收调查报告

1. 工程概况

（1）工程地理位置

××500 kV 输变电工程位于××省境内，线路、变电站涉及××市、××市、××市、××市、××市，共 5 个市，线路路径全长 612.862 km。

500 kV 的 A 变电站位于××市南部××乡××村北约 1 km，××公路西侧 800 m，距××市约 23 km。站址附近无乡镇工业及公共服务设施。站址地形平坦，为平原地貌。500 m 内主要为农田，种植有玉米、水稻，无居民居住。

500 kV 的 B 变电站工程……
……

本工程地理位置见图（略）。

（2）工程组成及规模

本工程包括新建 500 kV××电厂—A 变电站输电线路、A—B 变电站输电线路、B—C 变电站输电线路、B—D 变电站输电线路及××I 回 π 入 D 变段输电线路工程；新建 500 kV 的 B 和 D 两个变电站工程；扩建 500 kV 的 A、C 和 E 三个变电站工程。本工程项目组成及规模见表 6-54。

表 6-54　项目组成及规模

项目名称			××500 kV 输变电工程
建设及运行管理单位			××省电力有限公司
建设规模	线路工程	500 kV××电厂—A 变输电线路	线路从××电厂起至 A 变电站止，全长 118.903 km。经过××市规划区段约 11.64 km，将规划区内已建的两个单回 220 kV 线路拆除，利用其线路走廊，新建 1 条 220 kV 同塔双回路和 1 条 500 kV 同塔双回路。××市规划区段按双回路架设，一侧单回路运行，其余按单回路架设。新建杆塔 300 基
		500 kV 的 A—B 变输电线路	线路从 A 变电站起至 B 变电站止，全长 263.949 km。全线为单回、紧凑型架设。新建杆塔 581 基
		500 kV 的 B—C 变输电线路	线路从 B 变电站起至 C 变电站止，全长 111.019 km。一般段线路为常规单回路，××江跨越段线路为双回路架设，单回路运行。新建杆塔 265 基

项目名称			××500 kV 输变电工程
建设规模	线路工程	500 kV 的 B—D 变输电线路	线路从 B 变电站起至 D 变电站止，线路全长 103.755 km。线路为常规单回路。新建杆塔 243 基
		500 kV××I 回 π 入 B 变段输电线路	线路全长 15.236 km，采用单回路架设。新建杆塔 38 基
	变电站工程	新建 500 kV 的 B 变电站	本期安装 1 组 750 MVA 主变压器。本期 3 回 500 kV 出线。装设 1 组 180 Mvar 高压并联电抗器，3×60 Mvar 低压并联电抗器。220 kV 出线 6 回
		新建 500 kV 的 D 变电站	本期安装 1 组 750 MVA 主变压器，2×120 Mvar 高压并联电抗器。本期 500 kV 出线 5 回，220 kV 出线 7 回
		500 kV 的 A 变电站扩建主变工程	扩建 1 组 750 MVA 的主变压器，增加 500 kV 出线 2 回，安装 1 组 180 Mvar 高压并联电抗器
		500 kV 的 C 变电站扩建间隔	扩建 1 回 500 kV 线路间隔
		500 kV 的 E 变电站扩建	扩建 1 组 60 Mvar 低压并联电抗器

（3）工程内容和变更情况

① 工程主要内容

500 kV 的 J—S—H 输变电工程主要工程量和经济指标分别见表 6-55、表 6-56、表 6-57。

表 6-55　输电线路主要工程量及经济指标

序号	项目		××电厂—A 变	A—B 变	B—C 变	B—D 变	××I 回 π 接	合计
			线路分段					
1	线路长度/km		118.903	263.949	111.019	103.755	15.236	612.862
2	导线型式		4XLGJ-400/35 钢芯铝绞线	6XLGJ-300/40 型钢芯铝绞线	4XLGJ-400/35 型钢芯铝绞线	4XLGJ-400/35 型钢芯铝绞线	4XLGJ-400/35 型钢芯铝绞线	
3	交通条件		一般	一般	一般	一般	一般	
4	线路占地面积/hm²	永久	5.15	9.39	4.67	4.40	0.51	24.12
		临时	39.6	70.46	35.7	33.2	4.9	183.86
5	土石方量/万 m³	挖方	8.31	18.44	7.75	7.24	1.06	42.8
		填方	8.31	18.44	7.75	7.24	1.06	42.8
6	杆塔数量/基		300	581	265	243	38	1 427
7	工程静态总投资/万元		21 587	57 134	19 042	16 187	2 461	116 411

表 6-56   新建变电站主要工程量及经济指标

序号	项目		B 变电站	D 变电站
1	建设规模		新建 1 组 750 MVA 主变；3 回 500 kV 出线；1 组 180 Mvar 高压并联电抗器；6 回 220 kV 出线	新建 1 组 750 MVA 主变；5 回 500 kV 出线；7 回 220 kV 出线
2	本期占地面积/hm²		7.0	7.82
3	土石方量/万 m³	挖方	3.12	2.81
		填方	2.97	2.73
4	工程总投资/万元		24 850	27 016

表 6-57   扩建变电站主要工程量及经济指标

序号	项目		A 变扩建	C 变扩建	E 变扩建
1	本期新增占地/hm²		0.297	0	0
2	建设规模		扩建 750 MVA 主变 1 台，1 组 180 Mvar 高压并联电抗器	扩建 1 回 500 kV 出线间隔	扩建 1 组 60 Mvar 低压并联电抗器
3	土石方量/万 m³	挖方	0.25	0.04	0.03
		填方	0.25	0.04	0.03
4	工程总投资/万元		9 720	1 006	327

本工程主要变更情况见表 6-58。

表 6-58   本工程实际建设与环评情况比照

序号	内容		环评	实际建成	变化情况
1	500 kV 线路长度/km	××电厂—A 变	124	118.903	−5.097
		A—B 变	273	263.949	−9.051
		B—C 变	114.9	111.019	−3.881
		B—D 变	108.7	103.755	−4.945
		××I 回 π 接	10	15.236	5.236
		合计	630.6	612.862	−17.738
2	架设方式	××电厂—A 变、A—B 变、B—C 变、B—D 变、××I 回 π 接线路架设方式均未变化			
3	线路塔基数/基	××电厂—A 变	325	300	−25
		A—B 变	617	581	−36
		B—C 变	289	265	−24
		B—D 变	271	243	−28
		××I 回 π 接	27	38	11
		合计	1 529	1 427	−102

序号	内容		环评	实际建成	变化情况
4	线路永久占地面积/hm^2		25.83	24.12	−1.71
5	拆迁量	××电厂—A 变	0	0	施工图设计时，列入拆迁
		A—B 变	0	467 m^2	线路实际施工时，进行了
		B—C 变	290 人、3 300 m^2	0	微调，避开了原拟拆迁民房
		B—D 变	0	0	
		××I 回 π 接	0	0	
6	A 变电站		环评与实际扩建规模、占地及建设方式均无变化		
7	C 变电站		环评与实际扩建规模、占地及建设方式均无变化		
8	E 变电站		环评与实际扩建规模、占地及建设方式均无变化		
9	B 变电站		扩建了 1 回 500 kV 线路间隔，装设 1 组 210 Mvar 高压并联电抗器，1 组低压并联电抗器；其他均无变化		在××直流背靠背联网输电线路工程项目中进行环评
10	D 变电站		站址向东偏北方向移了 1.2 km，其他均无变化		补充作了环评，并经环保部批复

点评：

　　本案例分别介绍了输变电工程变电站、输电线路的建设地点、建设规模、主要工程量、经济指标、扩建工程中现有工程环保情况、工程建设过程、遵循法律程序取得的相应批复文件、变电站平面布置、输电线路路径图、工程变更情况等。

　　本工程由多个变电站和多条输电线路组成，工程项目组成一览表详尽、清晰。在本案例中，详细列出了工程变更情况一览表，将工程的实际建设内容与环评阶段的工程内容进行了逐一对比分析，工程内容变更不大。需注意的是，对工程发生重大变更的，应说明是否办理变更手续；对于未按程序及要求履行手续的，在调查阶段应及时提出补救措施及建议。

2. 调查方法、范围、因子和验收标准、环境敏感目标

（1）调查方法

① 按《建设项目环境保护设施竣工验收监测管理有关问题的通知》中的要求，并参照《建设项目竣工环境保护验收技术规范—生态影响类》《500 kV 超高压送变电工程电磁辐射环境影响评价技术规范》《高压架空送电线、变电站无线电干扰测量方

法》和《环境影响评价技术导则》等规定的方法进行；

② 环境影响分析采用资料调研、现场调查和实测相结合的方法；

③ 采用"点线结合、逐点逐段、突出重点、反馈全线"的调查方法；

④ 环境保护措施调查以核实有关资料文件内容为主，通过现场调查，核查环境影响评价和施工设计所提环保措施的落实情况；已有措施进行改进或提出补救措施；

⑤ 电磁环境影响监测采用能够自动记录矢量值的监测仪器。

（2）调查范围

原则上调查范围与环境影响评价范围一致。

① 生态环境

a. 输电线路：线路两侧 500 m 范围内的区域，以及施工作业场、施工营地、施工便道等临时占地。

b. 变电站：变电站周围 500 m 范围的区域。

② 电磁环境

a. 输电线路：输电线路走廊两侧 30 m 的带状区域为工频电场强度、工频磁感应强度的调查范围；输电线路走廊两侧 2 000 m 为无线电干扰的调查范围，重点是走廊外 100 m 内的范围。

b. 变电站：以变电站站址为中心半径 500 m 的区域为工频电场强度、工频磁感应强度的调查范围；变电站站址围墙外 2 000 m 为无线电干扰的调查范围，重点调查站址围墙外 100 m 内的范围。

③ 声环境

a. 输电线路：输电线路走廊两侧 30 m 带状区域范围的带状区域；

b. 变电站：围墙外 200 m 内区域。

④ 水环境

变电站生活污水排放口和受纳水体。

⑤ 公众意见

变电站周围及输电线路沿线受影响的单位和居民，并征求有关环保部门的意见。

（3）调查因子

① 生态环境：调查本工程施工中植被遭到破坏和恢复的情况、施工中对野生动物的活动和栖息地的影响情况，以及工程占地类型、临时占地的恢复情况、弃土（渣）场的恢复与防护情况等。

② 声环境：等效连续 A 声级。

③ 电磁环境：工频电场强度、工频磁感应强度、无线电干扰值。

（4）验收标准

原则上本调查验收执行标准与工程环境影响评价标准一致。本次验收声环境质量、站界噪声影响评价分别以新颁布的《声环境质量标准》（GB 3096—2008）和《工业企业厂界环境噪声排放标准》（GB 12348—2008）进行校核。

（5）环境敏感目标

① 电磁环境及噪声敏感目标

表 6-59　输电线路验收范围内环境敏感目标

线路名称	敏感点名称	相对变电站位置			塔号	敏感点情况
		方位	与边导线距离/m	线高/m		
××电厂—A变电站线路	××市××县××镇××村××家	西北	23	19	73#～74#	平地，一层平房
	……	……	……	……	……	……
A—B变电站线路	××市××乡××村××家	东南	25	32	382#～383#	平地，一层平房
……	……	……	……	……	……	……

表 6-60　变电站验收范围内环境敏感目标

变电站名称	敏感点名称	相对变电站位置		敏感点情况	备注
		环评情况	实际情况		
D变电站	××市××区××镇××村	N，250 m	N，250 m	一层尖顶民房，约30 户	
C变电站	××市××区××镇××村	—	NE，300 m	一层尖顶民房，约32 户	

② 生态敏感目标

表 6-61　工程线路穿越自然保护区一览

名称	级别	行政区域	主管部门	面积/hm²	批建时间	主要保护对象	与线路的相对位置	穿越长度/km
××河源头自然保护区	市级	××市	环保	19 262	20××年××月	湿地水域生态系统	线路穿越	3

点评：
　　调查时，应将实际环境敏感目标与环评阶段环境敏感目标进行比较分析，如发生很大变化，需分析原因，并提出相应补救措施与建议。

3. 环境保护措施落实情况调查

为核实工程施工期和运行期的环境保护措施的实际落实情况，调查单位对工程进行了现场勘察和详细调查了解。工程在施工和试运行阶段对环境影响报告书和批复所提出的环保措施要求的落实情况见表 6-62 和表 6-63。

表 6-62　环评及设计文件要求的环境保护措施和落实情况

环境问题		环保措施	落实情况
路径选择		1. 对沿线有关的地方政府、军事、林业、矿业、航空、铁路、通信、文物等部门进行了收集资料调研和路径协调工作，并根据有关部门的意见对线路进行了优化。 ……	1. 设计中严格按照这些措施要求进行了路径协调工作。途经的县市都取得了当地县市级政府、规划、国土、林业、文物、旅游、地矿等部门的路径协议。优化了路径方案。 ……
生态防护和水土保持		1. 尽可能避开林区或沿林区边缘通过，以减少林木砍伐量，保护自然环境。杆塔定位尽可能避开经济作物田地。本工程对林带及行道树尽可能采用高跨方案，以减少树木的砍伐量。 ……	1. 在具体实施中尽可能减少林木砍伐，穿越林区距离较长的 A—B 变线采用单回路紧凑型塔，使线路走廊宽度缩窄，以减少林木的砍伐，保护生态环境。 ……
电磁环境保护措施		输电线路： 1. 500 kV 送电线路不跨越长期住人的建筑物；对住人的房屋，应保证房屋所在位置离地 1.5 m 处未畸变场强不大于 4 kV/m。 ……	1. 500 kV 送电线路下长期住人房屋已拆除，线路附近房屋离地 1.5 m 处未畸变场强均小于 4 kV/m。 ……
声环境保护措施	施工期	应选用低噪声的机械设备，并注意维护保养；禁止打桩机、推土机等高噪声机械在夜间施工；混凝土需要连续浇灌作业前，应做好人员、设备、场地的准备工作，将搅拌机运行时间压到最低限度，同时做好与有关部门的沟通工作	要求的措施在实施过程中基本得到落实。经调查施工期未发生噪声扰民问题
	运行期	1. 从总平面布置上，将本工程噪声较大的设备布置在所址中部，在工艺合理的前提下，充分考虑了重点噪声源的集中布置。 ……	噪声较大的主变均布置在站址中部，减少了对站界噪声影响。 主变噪声大部分低于 70 dB（A），仅 B 变主变噪声在 75 dB（A）左右。 ……
水环境保护措施	施工期	设备堆场、砂石清洗等建筑工地废水采取有组织排放方式，通过沉淀、物化后排放	设备堆场、砂石清洗等排水经沉淀处理后散排于附近土壤中，未对环境造成影响

环境问题		环保措施	落实情况
水环境保护措施	运行期	1. 变电站排水系统采用分流制，即生活污水排放系统和雨水排水系统。生活污水经过处理达到排放标准后，排至站外。新建和扩建变电站污水处理均选用 USPT-I-1 型地埋式污水设备，可满足本期新建和扩建变电站污水处理的需要。生活污水经处理达标后排放。 ……	1. 新建和扩建的 5 个变电站排水系统均采用分流制，即生活污水排放系统和雨水排水系统分流。生活污水均设有污水处理设施，处理后的水基本用于站内绿化，无法利用时达标后外排。 ……
环境管理	施工期	1. 对施工人员进行文明施工和环保知识宣传培训。 ……	1. ××省电力有限公司在工程建设过程中，设立工程监理部；对施工中的每一道工序都按照设计文件要求，严格检查施工是否满足环保要求，并不定期地对施工点进行抽查监督检查。 ……
	运行期	在运行主管单位分设环境管理部门，配备相应专业的管理人员，对当地群众进行有关超高压输电线路和设备方面的环境宣传工作	运行单位设立了工程环境保护领导小组，并组织专业人员对工程环保工作进行定期检查。变电站和送电线路运行部门设有环保管理人员，检查督促环保防治措施落实情况。并负责对当地群众进行有关超高压输电线路和设备方面的环境宣传工作
环境监测		输电线路沿线及各变电站的工频电、磁场，无线电干扰监测工作可委托相关单位完成，各项监测内容包括工频电磁场、无线电干扰、噪声。监测频次及时间为工程正式投产后进入常规运行阶段按××省电力有限公司要求定期监测，一般每年 1 次	运行单位定期沿线巡查，拍摄照片，了解工程沿线生态环境质量的变化情况，委托有资质单位对线路和变电站的工频电场强度、工频磁感应强度、无线电干扰和水质状况进行例行监测。发现问题及时汇报，以便采取补救措施

表 6-63　环评批复文件要求落实情况

环评报告书批复要求	落实情况
1. 积极配合地方政府做好居民拆迁的环境保护工作。对处于输电边导线垂直投影线外侧水平间距 5 m 以内，边导线最大风偏空间距离小于 8.5 m 以及离地 1.5 m 高度处的工频电场强度超过 4 kV/m 或工频磁感应强度超过 0.1 mT 的居民住宅必须全部拆迁。线路经过或邻近居民区时按报告书要求的高度采取增高铁塔的措施。在输电线路边导线外 20 m 范围内，严禁新建医院、学校、居民住宅等建筑	1. 边导线垂直投影线外侧水平间距 5 m 以内房屋已按要求拆迁完毕。并按规定进行了赔偿工作。在居民区附近经过时，增加了导线的对地高度。线路在邻近民房时，最低线高均超过 20 m。在 500 kV 输电线路边导线外 20 m 范围内，目前没有新建医院、学校、居民住宅等建筑
……	……

由表 6-62 和表 6-63 可知，本工程在施工和运行中严格实施环保措施，确保工程中产生的噪声、电磁场、废水、废油、固体废物不影响环境，环保措施落实到位。

> **点评：**
> 　　本案例中列表逐一给出了设计文件、环评及批复要求的环境保护措施落实情况，并采用大量照片进行佐证，明确本工程环保措施落实到位，提出的补救措施合理可行。

4. 生态环境影响调查与分析

（1）自然生态影响调查与分析

① 植被影响调查与分析

通过对线路沿线地区植被情况的收集资料调查，本工程用地范围内均无原始林区、亦无国家级或省（区）级保护植物，现有林区基本为人工造林，其他植被则有灌木、农作物等。植物种类多以杨树、松树及山杏树等常见物种为主，其生长范围广，适应性强。

本工程在选线阶段已就路径走向分别报请了当地林业部门，各局均出函同意工程路径走向。线路通过林地时，以尽量不砍树为原则进行选线并采取加高塔身、缩小送电走廊宽度等措施，以减少树木的砍伐量，保护生态环境。

施工结束后及时拆除施工临时道路，新建的少量临时设施也予以清除，恢复原有的地表形态。线路穿越林区时，抬高架线的高度，线路基本是在林区上方通过，对树木的生长留足 14 m 的净空（照片略）。

本工程建设全线路共砍伐树木约 3.1 万棵，其中大部分为杨树、松树、桐树。建设单位已赔偿树木砍伐费用 1 037 万元，其中树木赔偿费 730 万元、森林植被恢复费 242 万元、支付育林金 65 万元。

由现场调查可知，变电站内除道路等硬化地面外均采取了相应的绿化措施。线路沿线平原区域塔基周围恢复情况良好，山区处塔基周围也采取绿化措施恢复原地貌。总之，工程建设未对区域内植物造成明显的不利影响，也未引起区域内天然植被种类和数量的减少。

② 对动物的影响调查

本工程输电线路占地为空间线性方式，且均在 400～500 m 的距离内才有 1 个占地约 0.016 hm² 的地面塔基座，施工方法为间断性的，施工通道则尽量利用已有的小道，土建施工局部工作量较小，施工人员的生活区则安置在人类活动相对集中处，施工中产生的噪声主要是局部区域需爆破产生的声音，影响程度较大，但其影响时间很短。因此，本工程的施工对野生动物的影响为间断性，且为暂时性的。施工完成后，部分野生动物仍可以到原栖息地附近区域栖息。因此，本工程对当地的动物种群结构不会产生明显影响。

通过现场调查，未发现输电线路产生的工频电磁场给动物的行为或健康带来不利影响。

（2）自然保护区影响调查

A—B变电站线路穿越了××市"××河源头自然保护区"，线路在××村南500 m处穿越××河，穿越处河宽约20 m，不通航。××河源头自然保护区宽度约为3 000 m，线路在保护区内设有铁塔6基，占地0.088 hm²，均位于平原水源涵养地，主要是农田和林地。

××河源头自然保护区为T市市级保护区，分平原水源涵养和山地水源涵养，对其定位为可以进行开发活动，但需保护水源水质。在线路可行性研究阶段的路径征求意见时，××市环保局已出具意见，明确"该线路对我市境内的××河源头自然保护区的影响不大，原则性通过，但在施工中应注意保护植被，避免水土流失"。××市政府也发函同意线路经过。

经现场调查及向××市环保局了解，线路施工期间未在保护区范围内设置牵张场，大型施工机械未进入保护区范围；在施工期间未在保护区范围内进行爆破开挖；施工人员也未在保护区范围内排放生活污水和油污水，施工期未对区内土壤造成污染。塔基余土均回填至塔基处堆放，铁塔基础回填后及时进行植被恢复，未造成水土流失及对保护区内生境产生明显影响。

建设单位及施工单位十分重视保护区内施工环保管理，对施工人员进行环境教育、生物多样性保护教育及有关法律、法规的宣传教育。经现场调查及相关管理部门确认本工程建设对该保护区造成的影响很小（照片略）。

（3）农业生态影响分析

① 工程占地和施工对农业生态的影响调查

工程建设对土地的使用包括永久性占地和临时性占地两类，其中：永久占地为变电站和线路塔基占地；临时占地包括牵张场地、施工简易道路、材料堆放场地、堆土场、放线施工区等。根据现场调查，工程实际占地面积均小于环评报告书和设计面积，说明建设施工单位在施工阶段因地制宜、优化布置、合理调配，有效地降低了占地对环境的不利影响。

工程施工结束后对临时占地及时进行平整恢复，因此，线路施工对农作物影响很小。从现场调查结果看，佳绥哈输电线路工程没有遗留施工痕迹，全线生态已经恢复到原有状况。

线路工程经过农业区，工程施工结束后余土及时回填塔基、平整施工场地，工程永久占地只占用了少量塔腿面积，塔基下方和线下均不占用土地，沿线居民在线路下方及塔基周围全部恢复耕种，工程占地对农业影响很小。

② 工程运行对农业生态的影响分析

通过对已运行的 500 kV 输电线路下方的农田、果林、山林进行实地考察，输电线路产生的工频电磁场未影响农业作物的生长和产量。

线路走廊内的农作物生长正常，未发现受到输电线路影响。也未发现由于工程建设破坏水利设施、堵塞河流通道、污染水体等现象，未对农业用水及灌溉造成不良影响。

（4）水土流失影响调查

本工程的水土保持设计和施工与主体工程建设同步进行，工程建成投产后道路固化、排水沟、排水管道及绿化等水保措施也一并建设完成。

变电站的施工生产、生活用地、材料堆放等全部在站区围墙内空隙地解决，不另外租地，减少了引起水土流失的面积。在变电站工程设计及施工工艺中，对建设区主要开挖填方、施工部位分别采取了分级开挖、浆砌护坡措施，站区及进站道路采取了道路固化、排水沟、排水管道、排水管涵及绿化等水保措施，防护效果能满足水土保持的要求。

输电线路在路径选择时，已尽量避开林区，并采用加高铁塔跨越、飞艇放线等方案，减少林木砍伐；避开陡坡和不良地质段，采用全方位高低腿塔基础，减少降基，采用原状土开挖基础，合理确定基面范围。在部分山区塔基处设置了截洪沟、护坡等水保设施。输电线路塔基区目前已基本恢复原有植被，除塔基硬化部分，大部分塔基自然恢复情况良好。临时堆土堆料区、牵张场地和架线施工区已基本恢复原有植被。施工结束后，除少数施工道路被当地居民沿用外，其余已基本恢复原有土地功能，无施工痕迹（照片略）。

对于线路塔基施工产生的弃土（渣）采取了工程措施和植物措施予以防护，调查中未发现随意倾倒渣土。

点评：

本案例生态影响调查分析以占地、动植物、自然保护区、农业生态影响及生态恢复和水土保持措施调查为重点，调查内容全面、细致，并以大量的照片作为佐证，起到很好的效果。

---

5. 电磁环境影响调查与分析

（1）电磁环境监测

① 监测点布设、监测内容与频次

根据现场踏勘，依据监测布点原则以及敏感目标实际情况，从调查的输电线路周围敏感目标中筛选出 14 个敏感点设置电磁监测点位，进行工频电场强度、工频磁感应强度、无线电干扰监测。布点原则是：敏感目标若仅有一栋民房，将其作为敏感目标进行现场监测；若有多栋民房，则选取离导线最近的民房作为敏感目标进行监测。本次验收选取了 4 个监测断面：分别在 B—D 变线路 133$^#$～134$^#$、B—C 变线路 2$^#$～3$^#$塔、A—B 变线路 382$^#$～383$^#$及 500 kV××电厂—A 变电站线路 73$^#$～74$^#$。在 A 变电站等 5 个变电站站界四周及敏感目标分别进行工频电场强度、工频磁感应强度和无线电干扰监测。并根据变电站周围地形、进出线方向及站内布置选择了合适的断面进行衰减测量。线路监测点见表 6-64 至表 6-66。监测点位位置见附图（略）。

　　具体监测方法按国家有关监测方法标准和技术规范要求进行。

表 6-64 线路敏感目标监测点位布设情况

序号	监测点名称	与边导线方位及距离/m	线高/m	塔号	环境特征
一	B—D 变线路				
1	××县××镇××村（××家）	东南 30	33	227$^#$～228$^#$塔	耕地
……	……	……	……	……	……
二	B—C 变线路				
1	××县××镇××村（××家）	西北 62	32	44$^#$～45$^#$塔	
……	……	……	……	……	……
三	A—B 变线				
1	××市××乡××村（××家）	东南 25	32	382$^#$～383$^#$	耕地
……	……	……	……	……	……
四	××电厂—A 变线路				
1	××市××县××镇××村（××家）	住房位于线北 53	28	110$^#$～111$^#$	监测点在养牛场旁
……	……	……	……	……	……

表 6-65 线路断面监测点及因子

监测断面	断面特征	监测因子
B—D 变线路	133$^#$～134$^#$塔、地表植被为农田，麦地，线高 18 m，线间距 10 m	工频电场强度、工频磁感应强度、无线电干扰
B—C 变线路	2$^#$～3$^#$塔，地表植被为农田，麦地，线高 16 m，线间距 10 m	
A—B 变线路	382$^#$～383$^#$塔（年丰乡），地表为小路，线高 16 m，线间距 6 m	
××电厂—A 变线路	73$^#$～74$^#$塔，地表植被为农田，线高 16 m，线间距 9 m	

表 6-66　B 变电站及周边敏感目标监测点位

监测项目	监测因子	监测内容
站界	工频电场强度、工频磁感应强度	变电站站界四周共设置 10 个测点，点位在站界外 5 m、距地面 1.5 m 高处
	无线电干扰	变电站站界四周共设置 10 个测点，测量四周围墙 20 m 处、距离地面 2 m 高处的无线电干扰，频率 0.5 MHz
断面	工频电场强度、工频磁感应强度	以围墙为起点，测点间距 2 m，距地面 1.5 m 高，测至 30 m 处，30 m 以外测点间距为 5 m，测至背景值止
	无线电干扰	与工频电磁场相同方向，以围墙为起点，距地面 2 m 高、0.5 MHz 下 1 m、2 m、4 m、8 m、16 m、32 m···2^nm 的值，测至本底值止（中间加测 20 m，频率为 0.15 MHz、0.25 MHz、0.5 MHz、1.0 MHz、1.5 MHz、3.0 MHz、6.0 MHz、10.0 MHz、15.0 MHz、30.0 MHz）

······

② 监测期间天气、监测方法和所有仪器（略）

③ 监测结果

××省辐射环境监督站于 201×年×月×日对选定的监测点位按监测规范和技术要求进行了监测。监测期间线路运行工况为：最大受入有功功率为 532 MW，最高电压为 537 kV，电流为 567 A；变电站运行工况为：最大受入有功功率为 549 MW，最高电压为 539 kV，电流为 647 A。监测结果（略）。

（2）电磁环境影响分析

① 输电线路对敏感目标影响分析

各测点工频电场强度监测值范围为 0.002～1.775 kV/m，所有敏感目标工频电场强度小于 4 kV/m 标准限值。

各测点的工频磁感应强度为 0.03×10^{-3}～1.68×10^{-3} mT，小于 0.1 mT 的标准限值。

从现场调查情况和监测结果来看，工程经过敏感目标时均采取了适当避让和架高线路的方式，有效避免了工频电磁场的影响。

各测点在 0.5 MHz 频率下的无线电干扰值为 31.58～41.26 dB(μV/m)，小于 55 dB(μV/m) 标准限值。

本工程沿线各敏感目标环评预测结果，拆迁后民房最近点工频电场强度最大值为 2.335 kV/m，工频磁感应强度为 0.053 mT，由于线高、民房距线路的距离及预测考虑的运行电流等与实际情况存在差异，导致环评预测结果较实际监测值偏高，工程实际运行后对环境的影响小于相应标准限值。

② 输电线路衰减断面电磁环境影响分析

4 个断面地面 1.5 m 处的工频电场强度监测值相比，××电厂—A 变线路断面监测值稍大些，原因是线高较低（16 m），最大值基本位于边相导线附近，工频电场强度最大值为 5.652 kV/m，位于断面边相导线外 1 m，至边线外 5 m 处降至 4.585 kV/m，至边线外 20 m 处已降至 0.779 kV/m，并随着与线路距离的增大，工频电场强度逐渐接近本底值。线下最大值满足 10 kV/m 的农田工频电场强度标准要求。

工频磁感应强度的最大值为 $96.8×10^{-4}$ mT，出现在××电厂—A 变线路监测断面线路中心线下，至边线外 5 m 处，降至 $61.8×10^{-4}$ mT，至 20 m 处降至 $21×10^{-4}$ mT，断面内各监测值均低于 0.1 mT，随着与线路距离的增加，工频磁感应强度减少，并逐渐接近本底值。

4 个监测断面 20 m 处无线电干扰最大值出现在××电厂—A 变线路监测断面，最大值为 45.76 dB（μV/m），各条线路监测断面 20 m 处无线电干扰监测值均满足 55 dB（μV/m）标准的要求，且随着与边导线距离的增加，无线电干扰值逐渐减小。

③ 变电站

监测结果看出，B 变电站 10 个监测点工频电场强度为 0.025～1.085 kV/m，最大值出现在站北 10# 监测点，最小值出现在站南 5# 监测点，从最大值出现的位置来看，与变电站电器设备布置和进出线有关，即 500 kV 配电装置区和 500 kV 进出线一侧的围墙外监测值较高。

工频磁感应强度最大值为 $11×10^{-4}$ mT，出现在变电站西侧。

站界外 20 m 处 0.5 MHz 下的无线电干扰值最大为 50.25 dB（μV/m），各监测点均满足 55 dB（μV/m）标准的要求。

从 B 变电站衰减断面测量数据看出，B 变电站围墙外 1 m 处工频电场强度值为 0.158 kV/m，围墙外工频磁感应强度最大出现在变电站围墙外 4 m 处，最大值为 $2.6×10^{-4}$ mT。随着与变电站距离的增加，监测值逐渐减小，至 50 m 处，已接近背景值。

变电站衰减断面无线电干扰值在站界外 1 m 处最高，随着与变电站距离增加逐步减小。

……

④ 验收工况分析

验收调查现状监测期间，线路输送电压均已达到设计额定电压等级。输送功率最小的 B—C 变线路监测期间为 60.32 MW，占设计输送功率（720 MW）的 8.38%。

在线路电压运行恒定，导线截面积、分裂形式、线间距、线高等条件不变的情况下，工频电场强度和无线电干扰值均不变，仅工频磁感应强度将随着输送功率的增大，即运行电流的增大而增大。根据监测结果，线路工频磁感应强度敏感目标监测最大值为 $6×10^{-4}$ mT，站界工频磁感应强度的监测最大值为 $18×10^{-4}$ mT，参照《500 kV 超高压输变电工程电磁辐射环境影响评价技术规范》（HJ/T 24—1998）附录 A、附录 B、附录 C 推荐的计算模式，推算到设计输送功率的情况下，工频磁感应强度约为现在条件下的 9.62 倍，即最大值为 57.72×10^{-4} mT 和 17.32×10^{-3} mT，均小于 0.1 mT 的执行标准。因此，即使是在最大设计输送功率情况下，线路运行时的工频电场强度、工频磁感应强度和无线电干扰均能满足相应标准限值的要求。

（3）措施有效性分析

由监测结果可知，本工程输电线路和各变电站周围电磁环境状况良好，线路沿线及变电站周围各敏感目标工频电场强度、工频磁感应强度监测值全部达标，线路沿线及变电站无线电干扰监测值全部达标，工程建设采取的各项减轻工频电磁场和无线电干扰等环保措施起到了良好的防治效果。

6．声环境影响调查与分析

（1）声环境敏感目标

根据敏感目标的调查范围、敏感目标与变电站和输电线路距离及线路高度，以距离近、线高低为原则选取声环境敏感目标。声环境敏感目标与电磁环境敏感目标相同。

（2）声环境验收监测

① 监测点布设、监测内容与频次

根据现场踏勘情况，线路敏感目标和断面噪声监测点位选择与工频电磁场相同。监测因子为 L_{Aeq}，监测 2 次（昼间和夜间）。

变电站站界和敏感目标噪声监测点位同工频电磁场监测点位，站界监测点位设于围墙外 1 m 处，昼间、夜间各监测 1 次。站界监测如噪声超标，则监测断面，直至达标。

具体监测方法按国家有关监测方法标准和技术规范要求进行。

② 监测结果

××省辐射环境监督站于 201×年×月×日对选定的监测点位按监测规范和技术要求进行了监测。监测结果（略）。

（3）声环境影响分析

由验收监测结果可知，在目前输送功率下，输电线路各敏感目标昼夜声环境质量均可满足相应标准的要求。

验收监测结果表明，A 变电站、C 变电站、D 变电站、E 变电站站界噪声监测值均满足相应标准的要求。B 变电站北侧站界噪声超 2 类标准，但衰减到距站界 25 m 处即能满足 2 类标准，超标区为 B 变电站将来进行串补工程建设的预留场地。D 变电站、C 变电站附近的敏感目标噪声监测值均满足标准。

（4）声环境保护措施分析与建议

工程在变电站噪声防治及输电线路噪声防治方面均采取了措施，如选用低噪声设备，在线路架设中，减少导线表面磨损，降低可听噪声等，使线路两侧声环境敏感目标监测值全部达标。变电站站界噪声监测结果除 B 变电站外均达到《工业企业厂界噪声标准》（GB 12348—2008）中 2 类标准限值要求。因此，工程采取的降噪措施有效，对声环境影响较小。建议建设单位继续加强对设备的检查维护，减缓噪声影响。

> **点评：**
>   电磁环境和声环境影响调查是输变电工程环保验收的重点。本案例选择变电站和输电线路沿线周边有代表性的环境敏感目标进行了验收监测，并根据监测结果提出了切实可行的污染防治对策与措施。

7．水环境影响调查

（1）输电线路水环境影响调查

线路跨越的河流主要是××江、××河，其中 A—B 变线路跨越××江、××河处、B—D 变线路跨越××河处均使用一挡跨越，B—C 变线路跨越××江段约 1.5 km，线路在××江的滩涂上设有一基塔。另外，输电线路在运行期间无废水产生，因此，不会对水环境产生影响，也不会对河道的泄洪能力产生影响。线路跨越通航河流均按设计规程要求满足通航线高要求。

线路施工期间水污染源主要包括施工人员生活污水和生产废水。施工期间，施工人员主要租住在附近村镇，生活污水处理利用原有化粪池；在自建施工营地处，施工生活用水排入自建的流动式厕所，不直接排入当地江、河、湖泊、水库等。

施工生产废水主要包括设备堆场、砂石清洗排水等。该部分排水主要利用小型沉淀池沉淀处理后溢流排放，未对附近水环境造成影响。灌注桩基础处设置沉淀池，产生的泥浆水均经过沉淀处理。

（2）变电站生活污水环境影响

经现场调查，变电站运行期无工业废水产生，排水主要为运行人员的生活污水。B 变电站、D 变电站每班工作人员在 3 人左右，每日产生的污水量约 0.4 m^3。A 变电站、C 变电站和 E 变电站每班工作人员在 6～9 人，每日产生的污水量约 1 m^3。根据国家电网公司的智能化要求，各变电站将逐步实现无人值守，届时生活污水量将大大减少。

各变电站生活污水经一体化处理设施处理达标后，夏秋季用于站内绿化、喷洒，冬季由环卫部门定期清运，不外排。

> **点评：**
>   水环境影响调查重点是变电站运行期间的生活污水排放及线路施工经过水体所造成的环境影响。本案例调查了变电站生活污水产生量、处理工艺、处理规模、处理后的回用和外排情况；线路跨越水体的名称、功能区划、用途，跨越方式等是否符合环评及批复要求等。调查内容全面，分析到位。

8. 社会环境影响调查

（1）拆迁与安置情况调查

本工程变电站均不涉及拆迁。输电线路仅在 A—B 变输电线路××市境内有 1 处房屋拆迁，拆迁面积为 467 m²。在 201×年 6 月现场调查期间，该房屋尚未拆除，经向××市电力公司发出整改通知后，××市电力公司及时与该房业主协商，于 201×年 5 月，达成拆迁补偿协议，并在 201×年 6 月将该房屋拆除。房屋拆迁前后情况见照片（略）。

（2）文物保护措施调查

本工程环评报告书中要求避让××国家级文物区、××省级文物区、××省级文物区、××县级文物区，根据到有关部门的调查，均已避让。

本工程××电厂—A 变线路在××市经过××县的××遗址附近，该遗址为国家重点文物保护单位。设计单位在线路路经设计中，征求地方文物管理部门的意见，并进行了避让。

本工程××电厂—A 变线路在××市××县经过的××遗址群，该遗址群为第五批全国重点文物保护单位。设计单位在线路路经设计中，征求地方文物管理部门的意见，在文物管理部门的指导下进行选线立塔。本次调查走访了××县文物管理所，经文物管理所实地踏勘，确认线路在该遗址北侧通过，线路塔基不在文物保护区保护范围和建设控制地带内，未对该遗址造成影响。

点评：

输变电类项目社会环境影响调查重点是拆迁安置。本案例中，对环评和工程提出的居民拆迁及安置进行逐一核实调查，发现输电线路下方有 1 处居民房屋没有拆除，不符合环保验收要求，调查单位及时提出该房屋需尽快拆迁并补偿安置的建议。提出的建议合理可行，避免了纠纷。

---

9. 环境风险事故防范及应急措施调查

（1）环境风险因素调查

变电站在运行过程中可能引发的环境风险事故隐患主要为变压器和高抗油外泄，变压器和高抗油属危险废物，如不安全收集处置会对环境产生影响。但变电站在正常运行状态下无油外泄，只有在变压器或高抗出现事故或检修时才会有油外泄。本工程主要环境风险因素即为变电站变压器油和高抗油的外泄。

（2）环境风险应急措施

① 变压器在进行检修时变压器油通过专用工具收集，存放在事先准备好的容器

内，检修工作完毕后，将油放回变压器内，无废油外排；

② 变压器下铺设一层鹅卵石，四周设有排油槽并与事故油池相连，在事故排油或漏油情况下，所有油水混合物将渗过卵石层并通过排油槽到达事故油池，在此过程中，卵石层起到冷却油的作用，不易发生火灾；

③ 本工程 C 变电站和 E 变电站前期工程中已设置了事故油坑和事故油池，确保事故情况下无废油外泄，且均通过环保竣工验收，本期工程仅扩建间隔，无主变或高抗油；

④ 本工程 B 变电站、D 变电站和 A 变电站的变压器和高抗下方均设置有事故油坑，油坑与事故油池相连（B 变电站主变和高抗油池分别为 90 m³、35 m³；D 变电站主变和高抗油池分别为 85 m³、22.5 m³；A 变电站已建主变和高抗油池分别为 100 m³、40 m³），能满足事故情况下单台主变压器或单台高抗的全部漏油，确保事故情况下无废油外排；

⑤ 事故油外泄进入事故油池内后，由具备相关资质的危废部门处理，不会对环境产生影响。××省电力公司下属变电站事故油池均由变压器生产厂家回收利用。本次验收的各变电站自带电运行以来，未发生过环境风险事故。

点评：

在输变电工程中，最可能引发环境风险事故的是变压器和高压电抗器油外泄。本案例调查了变电站内的事故油坑和事故油池的建设情况、应急预案建立情况，分析了是否满足环评及批复要求，但调查报告中应附回收协议及回收单位的相关资质。

---

10. 公众意见调查（摘）

本次公众意见调查主要在工程的影响区域内进行，调查对象主要为输电线路、变电站周边的居民、企事业单位和环境管理部门等，主要采取现场听取意见和分发调查表的形式进行。

本次调查，对变电站及输电线路周边居民共发放调查表 86 份，收回 86 份，回收率 100%。

本工程 90% 以上的被调查者对生态恢复措施表示满意。公众对本工程环境保护工作满意和基本满意的比例为 88.4%，11.6% 表示不关心。可见公众对本工程的环境保护工作总体上是肯定的。

通过走访当地环保部门可知，本工程施工期间管理比较规范，基本落实了环评及批复要求，工程在施工期和运行期未接到有关该工程的环保投诉。

11. 调查结论与建议（摘）

综上所述，本工程在设计、施工和运行初期采取了行之有效的污染防治和生态保护措施，环境影响报告书及其批复中提出的各项措施和要求已经全面落实，项目对区域环境的影响很小，建议通过本工程的竣工环境保护验收。

点评：

本案例验收调查结论从工程基本情况、环境保护措施落实情况、设计、施工期环境影响、生态环境影响、电磁环境影响、声环境影响、水环境影响、社会环境影响、环境管理、公众意见、补救措施与建议等方面概括总结了全部调查工作内容。从技术角度客观、系统地论证了本工程符合建设项目竣工环境保护验收条件。